数学软件与实验

主　编　王绍恒　王良伟
副主编　邹黎敏　冯玉明

科学出版社
北京

内 容 简 介

本书重点介绍了三款数学软件——Mathematica、LINGO 和几何画板，对他们的功能、语法及基本使用方法进行了介绍。读者阅读本书便能了解软件的基本功能，并能根据实际需求有选择性地学习相关章节的内容。

本书可作为普通高等院校理工科学生及参加数学建模竞赛学生的学习用书，也可作为教师、科研人员、工程技术人员，以及其他数学爱好者的参考资料。

图书在版编目(CIP)数据

数学软件与实验/王绍恒，王良伟主编．—北京：科学出版社，2017.9
ISBN 978-7-03-053790-4

Ⅰ.①数⋯ Ⅱ.①王⋯ ②王⋯ Ⅲ.①数学-应用软件 Ⅳ.①O245

中国版本图书馆 CIP 数据核字(2017)第 139638 号

责任编辑：任俊红 李淑丽 / 责任校对：桂伟利
责任印制：张 伟 / 封面设计：华路天然工作室

科 学 出 版 社 出版
北京东黄城根北街 16 号
邮政编码：100717
http://www.sciencep.com

北京虎彩文化传播有限公司 印刷
科学出版社发行 各地新华书店经销
*
2017 年 9 月第 一 版 开本：787×1092 1/16
2022 年 8 月第九次印刷 印张：22 1/2
字数：533 000

定价：59.00 元
(如有印装质量问题，我社负责调换)

前　言

本书是根据各类大、中学数学实验课程的需要,在编者多年从事数学实验及数学建模等课程教学时所用自编讲义基础上编写而成的,可作为教师、科研人员、工程技术人员,以及其他数学爱好者、理工科学生及参加数学建模竞赛的学生的学习用书.本书首先在绪论中对常用的八款数学软件进行了简要介绍,然后分别对能涵盖绝大多数功能而且应用广泛的三款数学软件 Mathematica、LINGO、几何画板的功能及使用方法进行了较深入的探讨,编写时尽可能从数学实验的实用性角度出发,并注重内容的广度.由于加强了实用性,加强了帮助功能的使用方法,比较适合于学生在教师引导下进行自主学习,边学边实验.如果对书中没有提到的内容有更深层次的要求,完全可以通过书中所述软件的帮助功能进行自主学习.将本书作为实验教材使用时,可以根据实验学时及不同专业的需求对书中内容进行适当取舍.例如,关于数学软件 Mathematica 在数论中的应用及在群论中的应用两部分,主要是针对科研工作者及数学专业高年级学生而编写的.

在 Mathematica 软件的使用过程中,有些命令具有上下文相关性,必须先将前面的命令运行了,才能运行后面的命令,否则得不出书上所述结果,例如 1.3.2 节中在运行 Plot[f[t],{t,0,2}] 之前必须运行 Clear[x];f[x_]= Sin[x]+ x^2.但也有可能因为前面命令的执行对后面的命令产生干扰.每当运行一个命令未得出预期结果时,如果检查语法也无错误,则有可能是因上下文相关命令而引起的,可以通过单击菜单 Kernel→Quit kernel 退出内核后再运行.书中给出的命令,如果指定了版本的,必须在指定版本或更高版本下运行,如果没有特别的版本说明,可以在 5.0 版本下运行.

LINGO 软件是一款解决优化问题的软件,程序中出现的字符不分大小写,但除了注释语句外,所有的字符只能用半角,特别是空格要用半角.

几何画板软件主要是针对研究几何图形的几何性质及研究解析几何中图形与数量的关系而设计的,特别适合数学、物理等学科的课件制作及作为学生研究几何图形性质、绘制几何图形的平台.

限于篇幅及方便指导教师灵活处理,除个别章节外,没有给出专门的练习,教师可以根据不同专业给出相应的上机练习题.

本教材的主编为王绍恒和王良伟,副主编为邹黎敏和冯玉明.其中,王良伟编写了第一篇,邹黎敏编写了第二篇,王绍恒编写了绪论及第三篇,冯玉明对全书的命令及程序进行了反复调试.

由于本书涉及的内容广泛,编者水平有限,书中难免会有不妥之处,敬请读者给予批评指正,可发电子邮件至 wshcher@163.com.感谢您选择并阅读本书!如果您在使用本书过程中遇到困惑,也可以随时与编者联系,编者一定会及时与读者共同探讨或给予帮助.

编　者

2017 年 3 月于重庆三峡学院

目 录

第二篇　优化与建模软件 LINGO

第三篇　几何画板软件

绪论 常用数学软件简介

数学实验软件平台

随着计算机技术的发展,软件引入数学教学便出现了数学实验.

数学实验的目的是提高学生学习数学的积极性,提高学生对数学的应用意识,并培养学生用所学的数学知识和计算机技术去认识问题和解决实际问题的能力.数学实验不同于传统的数学学习方式,它强调以学生动手为主的数学学习方式.在数学实验中,计算机的引入和数学软件的应用为数学的思想与方法注入了更多、更广泛的内容,使学生摆脱了繁重乏味的数学演算和数值计算,从而使学生有时间去做更多的创造性工作.数学实验促进了数学与其他学科之间的结合.

"数学实验"已作为一门课程在如今的大学里较广泛地开设,并逐步向有条件的中学普及,现在国外小学还开设数学实验室或实验角,准备各种各样的教具、操作用具供教学使用,许多用发现法教学的课程就在数学实验室中进行.

数学实验软件平台由若干种数学软件组成,它提供各种功能强大的运算、统计、分析、求解、作图等,是实验室的主要组成部分.在 20 世纪 50 年代,计算机的强大功能主要表现在数值计算上,部分表现在逻辑运算上.通过指令,用代码表现的计算机语言编制程序来完成特定的数学计算任务.20 世纪 60—80 年代很流行的用于科学计算的以 ALGOL、FORTRAN 等为代表的算法语言、商用的 COBOL 语言等,以及更容易入门掌握的 BASIC 语言等,都可以说是我们现在所称的数学软件(Mathematical Software)的基础,曾经解决了数学中较多的复杂计算.但这些软件缺乏图形功能,更没有符号演算功能.在 20 世纪 70—80 年代出现了一种处理数学问题的应用软件,即我们现在所称的数学软件(或数学软件包),当时数学软件的发展经历着一个"八仙过海、各显神通"的阶段.有人统计过,到 1986 年,已经有成百个数学软件,到了 20 世纪 80 年代末、90 年代初,经过优胜劣汰的竞争,逐渐出现了功能更强的数学软件,如 Maple、Maxima、Mathematica 等,也出现了比较专用的强有力的软件,如统计方面的 SAS、优化方面的 CPLEX、LINDO、LINGO 等.下面将介绍其中适用于大学生数学建模竞赛及大学数学教学方面的一部分数学软件.

Maple

Maple 是加拿大滑铁卢大学(University of Waterloo)研制的一种计算机代数系统.经过近 20 多年的不断发展,数学软件 Maple 已成为当今世界上最优秀的几个数学软件之一,它以良好的使用环境、强有力的符号计算能力、高精度的数字计算、灵活的图形显示和高效的可编程功能,为越来越多的教师、学生和科研人员所喜爱,并成为他们解决数学问题的工具.运用 Maple 软件,可以方便地解决微积分、解析几何、线性代数、微分方程、计算方法、概率统计等数学分支中常见的计算问题.

1980 年 9 月,加拿大滑铁卢大学的符号计算研究小组成立,开始了符号计算在计算机上实现的研究项目.数学软件 Maple 是这个项目的产品.Maple 的第一个商业版本 Maple 3.3 是 1985 年发布的.几经更新,Windows 操作系统下的 Maple V Release2(即 5.2 版)面世后,Maple 被广泛地使用,得到越来越多用户的认可.特别是 1994 年,Maple VR3 发布后,兴起了 Maple 热.1996 年年初,Maple VR4 发布.1998 年年初,Maple VR5 发布.2014 年 10 月发布 Maple 18.02,2015 年 5 月发布 Maple 2015.1,Maple 是目前世界上最为通用的数学和工程计算软件之一,称为数学家的软件.

Maple 软件主要由三部分组成:用户界面(Iris)、代数运算器(Kernel)、外部函数库(External Library).用户界面和代数运算器是用 C 语言编写的,只占整个软件的一小部分,当系统启动时,即被装入.Iris 负责输入命令和算式的初步处理、显示结果、函数图像的显示等;Kernel 负责输入的编译、基本的代数运算,如有理数运算、初等代数运算,还负责内存管理.Maple 的大部分数学函数和过程是用 Maple 自身的语言写成的,存于外部函数库中.当一个函数调用时,在多数情况下,Maple 会自动将该函数的过程调入内存,一些不常用的函数才需要用户自己将它们调入.另外,有一些特别的函数包也需要用户自己调入,如线性代数包、统计包,这使得 Maple 在资源的利用上具有很大的优势,只有最有用的东西才留在内存,这是 Maple 可以在较小内存的计算机上正常运行的原因.

MATLAB

MATLAB 是 MathWorks 公司推出的一款高性能的数值计算和可视化软件,经过多年大量坚持不懈的改进,现在 MATLAB 已经更新至 MATLAB2016a 版本(2016 年 8 月发布),其中 4.x 在 Windows 3.1 操作系统下工作,5.x 在 Windows 95 操作系统下工作.MATLAB 集数值分析、矩阵运算、信号处理和图形显示于一体,构成了一个方便的、界面友好的用户环境.在这个环境下,对所要求解的问题,用户只需简单地列出数学表达式,其结果便以人们十分熟悉的数值或图形方式显示出来.

有关该软件的发行版本、发行价格和其他最新信息,都可以从 MathWorks 公司的网络站点 http://www.mathworks.com/ 获取.

MATLAB 的含义是矩阵实验室(Matrix Laboratory),最初主要用于方便矩阵的存取,其基本元素是无须定义维数的矩阵.经过几十年的完善和扩充,现在已发展成为“线性代数”课程的标准工具,也成为其他许多领域课程的使用工具.在工业环境中,MATLAB 可用来解决实际的工程和数学问题,其典型应用有通用的数值计算、算法设计,各种学科(如自动控制、数字信号处理、统计信号处理等)领域的专门问题求解.

MATLAB 语言易学易用,不要求用户有高深的数学和程序语言知识,不需要用户深刻了解算法及编程技巧.MATLAB 既是一种编程环境,又是一种程序设计语言.这种语言与 C、FORTRAN 等语言一样,有其内定的规则,但 MATLAB 的规则更接近数学表示,使用更为简便,可使用户大大节约设计时间,提高设计质量.MATLAB 是用于科学和工程计算的高级语言.

Mathematica

Mathematica 软件是美国 Wolfram 研究公司开发的一个功能强大的科学计算软件.它提供了范围广泛的数学计算功能,支持在各个领域工作的人们进行科学研究和工程中的各种计算.它的主要使用者包括从事各种理论工作(数学、物理等)的科学工作者,从事实际工作的工程技术人员,高等、中等学校教师和学生等.这个系统可以帮助人们解决各种领域中涉及比较复杂的符号计算和数值计算的理论和实际问题.从某种意义上来讲,Mathematica 是一个复杂的、功能强大的解决计算问题的工具.它可以自动地完成许多复杂的计算工作,如求一个表达式的积分、做一个多项式的因式分解等.人们可以操作、指挥它去一步一步地处理研究领域里的或工程中的实际问题,就像机械工人操作机床加工复杂的工件一样.Mathematica 的发布标志着现代科技计算的开始,它的很多功能在相应领域内处于世界领先地位,自从 20 世纪 60 年代以来,在数值、代数、图形和其他方面应用广泛.Mathematica 是世界上通用计算系统中最强大的系统,自从 1988 年发布以来,它已经对如何在科技和其他领域运用计算机产生了深刻的影响.过去,人们只能用纸和笔作为工具去处理这样的问题,用自己的头脑去记忆、考察和判断.有关该软件的发行版本、发行价格和其他最新信息,都可以从 Wolfram 公司的网络站点 http://www.wolfram.com/ 获取.

Mathematica 是一个集成化的计算机软件系统.它的主要功能包括三个方面:符号演算、数值计算和图形绘制.Mathematica 可以完成许多符号演算的数值计算工作.例如,它可以做各种多项式的计算(如四则运算、多项式展开、因式分解)、有理式的计算;它可以求多项式方程、有理式方程和超越方程的精确解或近似解;做数值和一般表达式的向量和矩阵的各种计算.Mathematica 软件还可以求解一般函数表达式的极限、导函数,求积分,做幂级数展开,求解某些微分方程等.使用 Mathematica 软件,可以做任意位整数的精确计算、分子分母为任意位整数的有理数的精确计算(如四则运算、乘方等);可以做任意精确度的数值(实数值或虚数值)的数值计算.这个系统的所有内部定义的整函数和数值(实数值和复数值)计算函数也都有这样的性质.使用 Mathematica 软件,可以方便地作出以各种方式表示(如直角坐标方程、极坐标方程、参数方程等)的一元和二元函数的图形,可以根据需要,自由地选择画图的范围和精确度.通过对这些图形的观察,人们可以迅速形象地把握对应函数的某些特征,这些特征仅仅从函数的解析表达式一般是很难认识的.

Mathematica 系统的能力还不仅仅在于具有上述这些功能,更重要的是在于它把这些功能融合在一个系统里,使它们成为一个有机的整体.在使用 Mathematica 软件工作的过程中,使用者可以根据自己的需要一会儿进行符号演算,一会儿作图,一会儿进行数值计算.这种灵活性为使用者带来很大的方便,经常能使一些复杂的问题变得易如反掌,使问题处理起来得心应手.在学习和使用的过程中,读者一定会进一步体会到这些便利.Mathematica 还是很容易扩充的系统,它用于描述符号的表达式和对它们的计算的一套记法实际上构成了一个功能强大的程序设计语言,用这种语言可以比较方便地定义用户需要的各种函数,如符号计算函数、数据计算函数、作图函数或其他具有复杂功能的函数,完成用户需要的各种工作.系统本身提供了一批用这个语言写出来的完成各种工作的程序包,在需要时可以调入程序使用.用户可以用这个语言写自己专门用途的程序或软件包.

MathCAD

MathCAD,又称 MCAD,即数学 CAD,是 MathSoft 公司推出的一套数学应用软件,主要用于工程问题的求解和记录.MathSoft 公司自从 1986 年推出第一套 MathCAD 软件到今天,已经对 MathCAD 作了多次改进和功能扩充.现在,MathCAD 已成为一种具有多种功能、交互式强且应用十分广泛的应用软件.有关该软件的发行版本、发行价格和其他最新信息,都可以从 MathSoft 公司的网络站点 http://www.mathsoft.com/ 获取.

MathCAD 是一种交互式的数值系统.用户可以通过 MathCAD 直接进行各种数学计算.例如,代数运算、三角函数运算、解方程、生成各种随机数、求导和微分的运算、积分运算、矩阵运算、解不等式、分解因式等.除了这些较为基本的数学运算,用户还可以应用进行各种数理统计工作并且生成图形,也可以生成其他各种曲线或图形及数学表格,还可以进行线性回归、各种矢量运算和复数运算等.

MathCAD 不仅是一款在数学计算和数值分析方面很全面、方便的软件,在自然科学的其他领域也具有十分广泛的应用.用户应用 MathCAD 可以很轻易地解决热学、电学等物理方面的问题,也可以用来解决在化学、机械工程以及医学、天文学的研究工作或学习中所遇到的各种问题.MathCAD 为广大学生,特别是理工科大学生的学习提供了很大方便.MathCAD 的使用操作十分简单,不要求用户具有精深的计算机知识,对于任何具有一定数学知识的人,都可以十分容易地学会使用.因此,MathCAD 是一种大众化数学工具.但是,对于数值精度要求很严格的情形,或者是对于计算方法有特殊要求的情况,MathCAD 就显得不那么十分适合了.

LINDO

LINDO 是一种专门用于求解数学规划问题的优化计算软件包,版权现在由美国LINDO 系统公司(Lindo System Inc.)所拥有.LINDO 软件包的特点是程序执行速度快,易于方便地输入、修改、求解和分析一个数学规划(优化问题),主要用于求解线性规划、非线性规划、二次规划和整数规划等问题,也可以用于一些线性和非线性方程组的求解,以及代数方程求根等.LINDO 中包含了一种建模语言和许多常用的数学函数(包含大量概率函数),可供使用者建立数学规划问题模型时调用.因此,LINDO 在教学、科研和工业界得到广泛应用.有关该软件的发行版本、发行价格和其他最新信息,都可以从 LINDO 系统公司的网络站点 http://www.lindo.com 获取.

LINGO

LINGO 是 Linear Interactive and General Optimizer 的缩写,即"交互式的线性和通用优化求解器",是由美国 LINDO 系统公司推出的,可以用于求解各种规划模型,也可以用于一些线性和非线性方程组的求解等,功能十分强大,是求解优化模型的最佳选择.LINGO 是使建立和求解线性、非线性和整数最优化模型更快、更简单、更有效率的综合工具.其特色在于内置建模语言,提供十几个内部函数,可以允许决策变量是整数(即整数规划,包括 0-1 整数规划),方便灵活,而且执行速度非常快.能方便地与 Excel、数据库等其他软件交换数据.LINGO软件已能完全代替 LINDO 的功能,因此,未学过 LINDO 的读者可以直接学习 LINGO.

SAS

SAS 系统是大型集成软件系统,具有完备的数据存取、管理、分析和显示功能.在数据处理和统计分析领域,SAS 系统被誉为"国际上的标准软件系统".

SAS 系统于 1966 年由美国北卡罗来纳州州立大学开始研制,1976 年成立美国 SAS 软件研究所,并开始对 SAS 系统进行维护、开发、销售和培训等工作.1985 年推出了 SAS/PC(6.02)版本.自 SAS 系统推出以来,它的版本更新很快,功能也不断增加.1997 年下半年推出 6.12 版本,目前已推出 9.2 多国语言版.

SAS 由大型机系统发展而来,其核心操作方式是程序驱动.经过多年的发展,现在已成为一套完整的计算机语言,其用户界面也充分体现了这一特点:它采用 MDI(多文档界面),用户在 PGM 视窗中输入程序,分析结果以文本的形式在 OUTPUT 视窗中输出.使用程序方式,用户可以完成所有需要做的工作,包括统计分析、预测、建模和模拟抽样等.但是,这使得初学者在使用 SAS 时,必须要学习 SAS 语言,入门比较困难.SAS 的 Windows 版本根据不同的用户群开发了几种图形操作界面,这些图形操作界面各有特点,使用时非常方便.但是由于国内介绍它们的文献不多,并且也不是 SAS 推广的重点,因此,SAS 还不为绝大多数人所了解.

几 何 画 板

几何画板(The Geometer's Sketchpad)是一款通用的数学、物理教学环境,提供丰富而方便的创造功能,使用户可以随心所欲地编写出自己需要的教学课件.软件提供充分的手段帮助用户实现其教学思想,只需要熟悉软件的简单使用技巧即可自行设计和编写应用范例,范例所体现的并不是编者的计算机软件技术水平,而是教学思想和教学水平.可以说,几何画板是最出色的教学软件之一.它对系统的要求很低:PC 486 以上兼容机、4M 以上内存、Windows 3. x 或 Windows 95 简体中文版.

第一篇　Mathematica 软件

Mathematica 是美国 Wolfram 研究公司生产的一种数学分析型的软件,以符号计算见长,也可以实现无误差的精确计算及高精度的数值计算功能和强大的图形绘制功能.若无特别申明,本章命令可以在 5.0 版本下运行.

数学软件 Mathematica 的基本系统主要是用 C 语言开发的,因此,可以比较容易地移植到各种计算机和运行环境上.至今已发布了在微型机上可以用的 MS-DOS 386 版本.在 Windows 系统上运行的 4.0 版本的用户界面和使用方式都利用了 Windows 的能力和方法,使用起来比较方便.Mathematica 5.0 已能完美地使用中文,2011 年已发布 8.0.4 版本,2017 年 6 月 28 日发布 Mathematica 11 中文版.

Mathematica 作为计算领域的终极应用软件而享誉世界,但它的能力远不仅限于此,它是唯一一个将计算与完整工作流程完全融合的开发平台.从一个最初的创意出发,到最终个人或企业解决方案的部署,从始至终,乃至中间的每一环节,都可以由它来实现.

Mathematica 是一个交互式的计算系统,在使用 Mathematica 软件进行计算时,计算是在用户和 Mathematica 系统之间互相交换、传递信息数据的过程中完成的.用户通过输入设备(主要是计算机的键盘)给系统发出计算的指示(命令),Mathematica 系统在完成了给定的计算工作后,把计算结果告诉用户(主要通过计算机的显示器).从这个意义上来说,Mathematica 可以看成一个非常高级的计算器.它的使用方式也与计算器类似,只是它的功能比一般的计算器更强大得多,能接受的命令也丰富得多.用这个系统的术语,Mathematica 接受的命令都被称为表达式,系统在接受了一个表达式后就对它进行处理(这个处理过程称为对表达式求值),然后把求得的值(计算结果)送回来.

与一般的程序设计语言不同,Mathematica 的处理对象不限于数(整数、有理数、实数、虚数).它的处理对象是一般的符号表达式,也就是具有一定的结构和意义的复杂符号表示.数是一种最简单的表达式,它们没有内部结构.数学中的代数表达式也是符号表达式的例子,它们可以具有相当复杂的结构.一般来说,一个表达式是由一些更简单的部分构成的.数和代数都是 Mathematica 能够处理的对象.

不同计算机上 Mathematica 系统的基本部分是一样的,只是它们的系统界面形式、用户与系统交互的方式可能有所不同.Mathematica 的界面经历了由行文形式(DOS)到图形形式(Windows)的转换.使用行文形式界面的系统时,用户一行一行地输入命令,一个命令输入完毕,Mathematica 系统就立刻处理这个命令,并且返回计算结果.图形方式界面的系统使用起来更灵活,使用者不但可以用键盘输入,还可以利用鼠标等输入设备,可以通过菜单等方式向系统发出命令.

　　Mathematica 软件于 1988 年 6 月首发 1.0 版,此后不断更新,2003 年 6 月发布 5.0 版本,该版本已能满足数学教学中的多数要求.2008 年 11 月发布了 Mathematica 7.0,该版本开始把新建文档分为笔记本、幻灯片、演示项目三种,菜单命令也增加较多,并对菜单进行了较大调整,2011 年 3 月发布了 Mathematica 8.0.1 简体中文版,该版本增加了 500 多个新函数,功能涵盖更多应用领域.并拥有更友好、更高质量的中文用户界面、中文参考资料中心及数以万计的中文互动实例,使中国用户在学习和使用 Mathematica 时更加方便快捷. 2017 年 4 月已发布 Mathematica 11.1.1 版本. 本篇介绍本软件的主要目的是解决数学中的各种计算问题,因此对其中的格式、图形、面板等功能未作介绍.

　　本篇的内容主要以 Mathematica 5.0 版本为主,需要在更高版本下才能运行的命令将给出提示,并尽量用键盘输入命令的方式.这种方式输入的命令可以在本系统与 Word 之间相互复制.

第 1 章　Mathematica 软件的基本用法

1.1　软件安装、启动与运行

1.1.1　Mathematica 的安装

软件来源：直接向美国 Wolfram 研究公司购买，或向联系购买，也可向作者免费索取演示版.下面给出 Mathematica 5.0 软件的安装步骤.

（1）准备软件，软件安装包中包含的文件如图 1-1 所示.

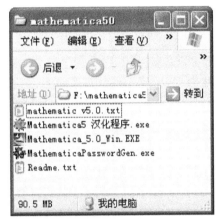

图 1-1　软件包含的文件

（2）双击文件 Mathematica_5.0_Win.EXE，显示窗口如图 1-2 所示.有"Full"与"Minimal"两个单选框，建议选 Full（默认选择）.

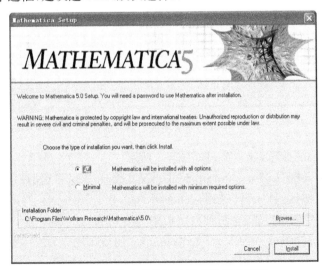

图 1-2　软件安装的默认选项及安装路径

如果要改变安装目标位置,单击"Browse"按钮在显示窗口(图1-3)进行修改.

图1-3　改变安装路径的窗口

如果不必改变安装目标位置,单击"Install"按钮自动进行安装,显示窗口如图1-4所示.

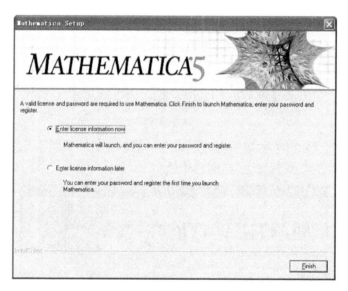

图1-4　软件安装完成后注册前的窗口

(3) 单击"Finish"按钮,显示窗口如图1-5所示.

(4) 在文本输入框"License Number"中输入"1234-1234",这时"OK"按钮由灰色变成黑色,单击"OK"按钮,显示窗口如图1-6所示.

(5) 将"MathID"中的代码复制到剪贴板中.

(6) 双击文件 MathematicaPasswordGen. exe,出现如图1-7所示窗口.

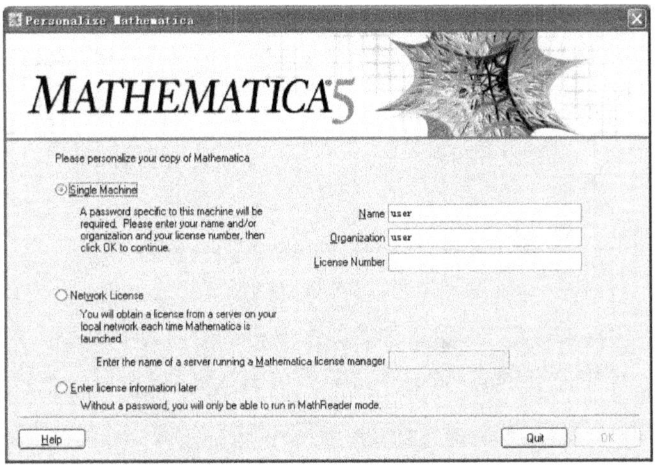

图 1-5 软件注册窗口

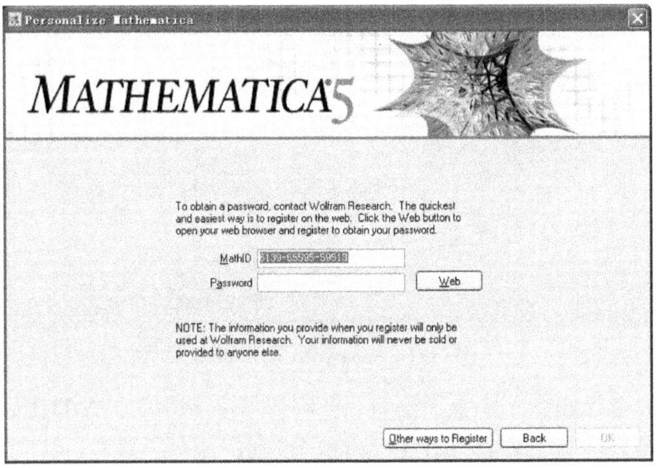

图 1-6 MathID 代码生成窗口

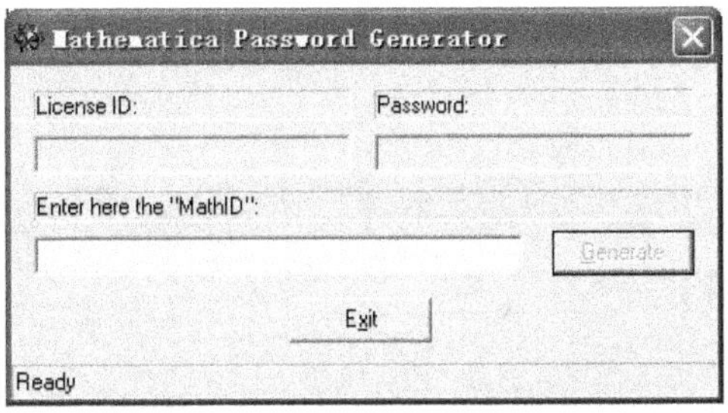

图 1-7 生成 Password 前

　　将剪贴板中的代码粘贴到文本输入框 Enter here the"MathID"中."Generate"按钮由灰色变成黑色,单击"Generate"按钮后出现如图 1-8 所示窗口.将"License ID"下方的代码复制到剪贴板中.

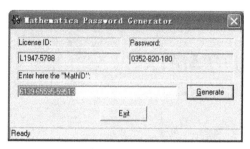

图 1-8　生成 Password 后

（7）从任务栏选择安装窗口（图 1-6），单击"Back"按钮，用剪贴板中的代码替换输入框"License Number"中原有内容"1234-1234"后单击"OK"按钮，显示窗口如图 1-9 所示.

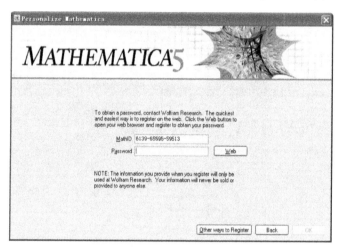

图 1-9　Password 输入窗口

（8）从任务栏选择如图 1-8 所示窗口，将其中"Password"下方的代码复制到如图 1-9 所示窗口中的文本输入框"Password"中，再单击"OK".

（9）如果显示窗口如图 1-10 所示，表示注册失败，需从第（4）步起重复上述操作. 如果出现窗口如图 1-11 所示，表示安装成功. 单击"OK"按钮，完成安装. 再单击如图 1-8 所示窗口中的"Exit"按钮关闭该窗口. 单击"开始""程序""Mathematica 5"启动软件，进入软件的工作界面.

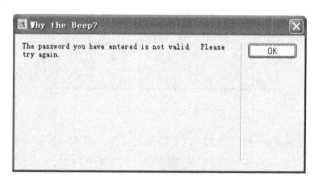

图 1-10　注册失败提示

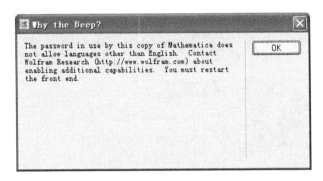

图 1-11　注册成功提示

　　(10) 如果希望汉化该软件的菜单(建议不汉化),在退出程序后双击如图 1-1 所示的文件"Mathematica5 汉化程序. exe",单击"下一步"按钮,单击"我同意"按钮,再单击"下一步"按钮,显示窗口如图 1-12 所示.

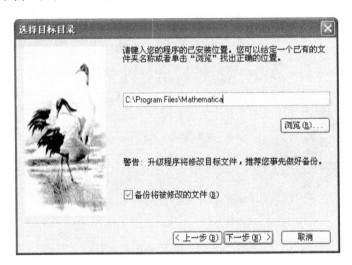

图 1-12　汉化时目标位置的设置

　　用安装软件的目标位置(如 C:\Program Files\Wolfram Research\Mathematica\5.0)替换默认位置 C:\Program Files\Mathematica(也可以通过单击"浏览"按钮进行选择),单击"下一步"按钮,显示如图 1-13 所示窗口. 再单击"下一步"按钮,显示窗口如图 1-14 所示,单击"完成"按钮即可完成软件汉化.

1.1.2　Mathematica 的启动

　　假设在 Windows 环境下已安装好 Mathematica 5.0,启动 Windows 后,在"开始"菜单的"程序"中单击 Mathematica 5,就启动了 Mathematica 5.0,在屏幕上显示如图 1-15 所示的 Notebook 窗口,系统暂时为文件命名为"Untitled-1",直到用户保存时重新命名为止.

图 1-13　汉化成功的提示

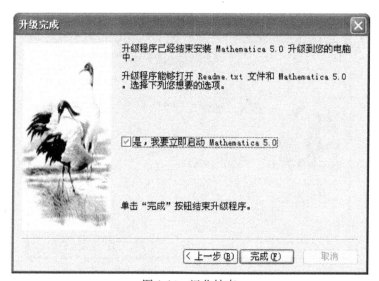

图 1-14　汉化结束

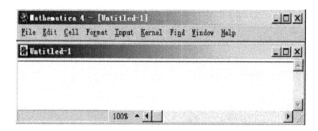

图 1-15　Mathematica 工作界面

1.1.3　Mathematica 的运行

输入 1+1,然后按下小键盘上的"Enter"键(或快捷组合键"Shift+Enter". 注意:直接按"Enter"键是表达式换行). 这时,相当于向系统发出了加法"1+1"的指令,系统开始计算并输出计算结果,并给输入和输出分别附上次序标识"In[1]:= "和"Out[1]= ",注意 In[1]是计算后才出现的;再输入第二个表达式 Expand[(x+y)^5],按快捷组合键"Shift＋Enter",相当于向系统发出了将(x+ y)^{5}展开的指令,运行后,系统分别将输入和输出标识为"In[2]:= "和"Out[2]= ",如图 1-16 所示.

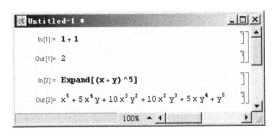

图 1-16　命令输入形式与运行结果输出样式

为了节省篇幅,本书后面不再把"In[i]= "与"Out[i]= "写出.如将"In[1]:= 1+1,Out[1]=2"写成"运行 1+1 得 2".

注意　Mathematica 的计算核心不是进入系统后马上启动的,只有在给出了确实的计算指令后才开启,因此 Mathematica 的第一条命令的执行速度相对会慢一些,这是正常现象.

说明　如果把本系统的输出结果复制到 Word 文档或 PPT 中,在没有安装 Mathematica软件的计算机上打开这些文件时,这些复制的内容可能无法正常显示,但只要安装了该软件就立即能正常显示.建议将带有 Mathematica 软件的输出结果的 word 文档转换成 PDF 格式后进行打印.

1.2　基本用法及命令格式

1.2.1　常量

1. 数值类型

在 Mathematica 中,基本的数值类型有 4 种:整数、有理数、实数和复数.

如果计算机的内存足够大,则 Mathematica 可以表示任意长度的精确整数及实数,而不受所用计算机字长的影响.整数与整数进行四则运算的结果仍是精确的整数或是有理数.例如,2 的 100 次方是一个 31 位的整数,运行 2^100 得 1267650600228229401496703205376,运行1/2+1/3 得$\frac{5}{6}$.

当两个整数相除而又不能整除时,系统就用有理数来表示.

实数既可以是精确值,也可以用浮点数表示,Mathematica 中实数的有效位数可取任意位数,用于满足具有任意精确度的近似实数.当然,在计算时,也可以控制实数的精度.实数有两种表示方法,一种是小数形式表示;另一种是指数形式表示.例如,运行 0.239998 *2 得 0.479996,运行 0.12*10^11 得 1.2×10^{10}.

实数也可以与整数、有理数进行混合运算,结果还是一个实数.例如,运行 2+1/4+

0.5 得 2.75.

在 Mathematica 中,复数是由实部和虚部组成的,实部和虚部可以用整数、有理数、实数表示,用 I 表示虚数单位. 例如,运行 (3+0.7I)*2 得 6+1.4i.

2. 不同类型数据的转换

在 Mathematica 的各种应用中,通常对数据的类型有不同要求. 例如,公式推导中的数据常用整数或有理数表示,而数值计算中的数据常用实数表示. 一般情况下,在输出行"Out[n]"中,系统根据输入行"In[n]:= "的数字类型对计算结果作出相应的处理. 如果用户对数据有一些特殊的要求,就要进行数据类型转换.

在 Mathematica 中提供以下几个函数达到转换数据类型的目的,如表 1-1 所示.

表 1-1　数据类型转换函数

函数格式	意　义
N[x]	将 x 转换成默认 6 位精度的实数
N[x,n]	将 x 转换成近似实数,精度为 n 位
Rationalize[x]	给出实数 x 的有理数近似值
Rationalize[x,dx]	给出 x 的有理数近似值,误差小于 dx

例如,运行 N[5/3] 得 1.66667,运行 N[5/3,20] 得 1.6666666666666666667.

注意　在 Mathematica 4.0 版本中,当 $0 \leqslant n \leqslant 16$ 时,系统自动以 6 位有效数字输出计算结果,在更高版本中不受此限制.

Rationalize[x] 给出 x 的有理数近似值,如运行 Rationalize[0.68] 得 $\frac{17}{25}$;运行 Rationalize[0.68111] 得 $\frac{68111}{100000}$;运行 Rationalize[0.681111] 得 0.681111. Mathematica 尽量保持计算的精确性. 例如,运行 Rationalize[Pi] 得 π;运行 Rationalize[Sqrt[2]] 得 $\sqrt{2}$.

Rationalize[x,dx] 给出 x 的误差小于 dx 的有理数近似值. 例如,运行 Rationalize[Pi,1] 得 3;运行 Rationalize[Pi,0.1] 得 $\frac{22}{7}$;运行 Rationalize[Pi,0.01] 得 $\frac{22}{7}$. 运行 Table[Rationalize[Pi,10^(-i)],{i,3,9}] 得 π 的此后 7 个不同精度级的有理数依次为 $\frac{201}{64},\frac{333}{106},\frac{355}{113},\frac{355}{113},\frac{75948}{24175},\frac{100798}{32085},\frac{103993}{33102}$.

运行 Table[Rationalize[Sqrt[2],10^(-i)],{i,3,9}] 得 $\sqrt{2}$ 的前 10 个各种精度的有理数分别为 $1,\frac{3}{2},\frac{17}{12},\frac{41}{29},\frac{99}{70},\frac{577}{408},\frac{1393}{985},\frac{3363}{2378},\frac{19601}{13860},\frac{47321}{33461}$.

3. 数学常数

Mathematica 中定义了一些常见的数学常数,这些数学常数都是精确数,如表 1-2

所示.

表 1-2　系统的数学常数及快捷输入方法

符号	键盘输入	快捷键	意义	值
π	Pi	"Esc"+"p"+"Esc"	圆周率	3.14159…
e	E	"Esc"+"ee"+"Esc"	自然对数的底	2.71828…
°	Degree	"Esc"+"deg"+"Esc"	1 度	$\pi/180$
i	I	"Esc"+"ii"+"Esc"	虚数单位	$\sqrt{-1}$
∞	Infinity	"Esc"+"inf"+"Esc"	无穷大	∞
−∞	−Infinity	"−"+"Esc"+"inf"+"Esc"	负的无穷大	−∞
	ComplexInfinity		复无穷大	1/0 的结果
	GoldenRatio		黄金分割数 1.61803…	$\dfrac{\sqrt{5}+1}{2}$
	Catalan		卡塔兰常数	0.915966
	EulerGamma		高斯常数	0.577216

黄金分割数为 $\dfrac{1}{2}(-1+\sqrt{5})\approx 0.618034$. 运行 N[1/GoldenRatio] 得 0.618034. 数学常数可用在公式推导和数值计算中,并根据表达式形式输出精确值或近似值. 例如,运行 Pi^2 得 π^2;运行 N[Pi^2] 或 P^{i}^2. 得 9.8696.

1.2.2　变量

1. 变量的命名

变量的命名规则如下:以字母开头,后跟数字和字母的组合,不能跟具有特殊意义的符号,如 *,?,%,_,/等,长度不限,但 Mathematica 中内部函数和命令都是以大写字母开始的标志符. 为了不与它们混淆,读者在自定义变量时,应该尽量以小写字母开始. 另外,在 Mathematica 中,变量名是严格区分大小写的. 例如,a12,ast,aST 都是合法的变量名,而 12a,z*a 是非法的变量名(提示与建议:给变量命名时,一方面不要用系统保留字,如 Pi,E,C,Sin 等;另一方面,与保留字相比,尽可能有两个以上不一样的字符,否则在运行时,系统会提示是否为拼写错误).

符号 % 表示刚刚计算的结果;%% 表示倒数第 2 个计算结果;%n 表示第 n 行(Out[n] 所在行)那个计算结果. 在进行交互式计算时使用 % 比较方便,但在程序中尽量不用 %.

2. 给变量赋值

在 Mathmatica 中,用等号"="为变量赋值. 变量不必定义数值类型,变量可以表示一个数值、一个数组、一个表达式,甚至一个图形. 例如,运行 x=3 得 3;运行 x^2+2x 得 15;运行 x=%+1 得 16.

可同时对不同的变量赋值. 例如,运行 {u,v,w}= {1,2,3} 得 {1,2,3};运行 2u+3v+w 得 11.

对于已赋值的变量,当不再使用原来的值时,可以用"变量名=."或"Clear[变量名列表]"清除它们的值,如果要清除以 x 为变量名的一个数组中的值,运行 Clear[x]即可.例如,运行 u=.;2u+v 得 2+2u(前面的运行已有 v 的值为 2,而 u 的值 1 已被清除);运行{x[1],x[2],x[3]}={4,5,6}得{4,5,6};运行{x[1],x[2],x[3]}^2 得{16,25,36};运行 Clear[x];{x[1],x[2],x[3]}^2 得{x[1]², x[2]², x[3]²}.

3. 变量的替换

在给定一个表达式后,其中的变量可以取不同的值,这时可用变量替换来计算表达式的不同值.格式为 expr/.x-> val.例如,运行 Clear[x]; f= x/2+1 得 $1+\frac{x}{2}$;运行 f/.x->1 得 $\frac{3}{2}$;运行 f/.x-> 4 得 3.

如果表达式中有多个变量,则可以同时替换.例如,有两个变量时的格式为 expr/.{x->xval,y->yval}.例如,运行(x+y)*(x-y)^2/.{x->3,y->1-a}得(4—a)(2+a)².

1.2.3　内建函数

在 Mathematica 的 Notebook 界面下,可以用交互方式完成各种运算,如绘制函数图像、求极限、解方程等,也可以用它编写像 C 语言那样的结构化程序.在 Mathematica 系统中定义了许多功能强大的函数,称之为内建函数(built-in function),直接调用这些函数可以达到事半功倍的效果.这些函数分为两类,第一类是数学意义上的函数,如绝对值函数 Abs[x],正弦函数 Sin[x],反正弦函数 ArcSin[x],余弦函数 Cos[x],指数函数 Exp[x],以 e 为底的对数函数 Log[x],以 a 为底的对数函数 Log[a,x]等;第二类是命令意义上的函数,如作函数图形的函数 Plot[f[x],{x,xmin,xmax}],解方程函数 Solve[eqn,x],求导函数 D[f[x],x]等.

注意

(1) 在 Mathematica 中,所有函数名严格区分大小写.一般地,内建函数的函数名首写字母必须大写,有时一个函数名由几个单词构成,则每个单词的首写字母也必须大写,如求局部极小值函数 FindMinimum [f[x],{x,x0}]等.

(2) 在 Mathematica 中,函数名和自变量名之间的分隔符用方括号"[ ]",而不是一般数学书上用的圆括号"( )",初学者很容易犯这类错误.

如果输入了不合语法规则的表达式,则运行时系统会提示有信息出错,并且不给出计算结果.例如,要画正弦函数在区间[-10,10]上的图形,输入 plot[Sin[x],{x,-10,10}],运行时系统提示:

General::spell1: Possible spelling error: new symbol name "plot" is similar to existing symbol "Plot".More…

同时,原样输出原命令,系统提示"可能有拼写错误,新符号'plot'很像已经存在的符号'Plot'".由于系统作图命令"Plot"第一个字母必须大写,错误出在"plot"中首字母没有大写.再输入 Plot[Sin[x],{x,-10,10},系统又提示"Syntax::bktmcp: Expression "Plot[Sin[x],{x,-10,10}" has no closing "]"."表示缺少右方括号,并且在命令中将不配对的括号用红色显示.

一个表达式只有按系统语法准确无误地输入后运行,才能得出正确结果.学会看系统出错信息,能帮助我们较快找出错误,提高工作效率.完成各种计算后,单击"File→Exit"退出系统,如果文件未存盘,则系统提示用户保存,文件名以". nb"作为后缀,称为Notebook文件.以后想使用本次保存的结果时,可以单击菜单"File→Open"读入,也可以直接双击该文件图标,系统自动调用 Mathematica 将它打开.

建议　最好在操作中途保存文件,第一次保存时,单击菜单"File→Save"出现"另存为"窗口,选定保存位置并输入文件名后,单击"保存"按钮即可,以后保存直接按快捷组合键"Ctrl+S"即可.

1.2.4 表达式的输入

Mathematica 提供了多种输入数学表达式的方法.除了用键盘输入外,还可以使用工具栏或者快捷方式输入运算符、矩阵或数学表达式.

1. 一维格式输入

形如 $x/(2+3x)+y*(x-w)$ 的表达式称为一维格式,除特殊字符外,所有数学表达式均可用这种格式输入.其优点之一是只用键盘就能完成输入;优点之二是适合在编程中使用;优点之三是可以在 Mathematica 与 Word 之间相互复制命令表达式.在利用 Mathematica 软件处理数学问题时,建议采用一维格式输入命令.这种格式的缺点是有些数学表达式对初学者不够直观.

2. 二维格式输入

形如 $\dfrac{x}{2+3x}+\dfrac{y}{x-w}$ 的表达式称为二维格式,如果为了特殊需要,如为了与数学中的表达式形式相同,可以使用二维格式输入.

方法一:先按一维格式输入:x/(2+3x)+y/(x-w),在变量 x,y,w 未赋值的情况下运行,其结果就是二维格式 $\dfrac{x}{2+3x}+\dfrac{y}{-w+x}$,将其复制到指定输入位置即可.

方法二:使用快捷方式输入二维格式.下面列出了用快捷方式输入二维格式的几种常见形式,如表 1-3 所示.

表 1-3　二维格式快捷输入键

数学运算	数学表达式	按键
分式	$\dfrac{x}{2}$	xCtrl+/2
n 次方	x^n	xCtrl+^n
开平方	$\sqrt{x}$	"Ctrl+2",x
开 n 次方	$\sqrt[n]{x}$	"Ctrl+ 2",x,"Ctrl+ 5",n
下标	x_2	x,"Ctrl+_",2

例 1.1 输入数学表达式

$$(x+3)^4+\frac{a_1}{5\sqrt{6x+y}}$$

可以按如下顺序按键输入：(,x,+,3,),Ctrl+ ^,4,-> ,+,a,Ctrl+_,1,-> ,Ctrl+/,←,5,Tab,Ctrl+ 2,6,x,+ ,y,-> ,-> .

方法三：用工具栏中的基本输入工具栏输入二维格式：单击菜单"File→Plaettes→4BasicInput"，对于常用的特殊字符（图 1-17），只要单击对应按钮即可输入，使用工具栏可输入更复杂的数学表达式.

3. 特殊字符输入

Mathematica 还提供了用以输入各种特殊符号的工具栏. 若要输入其他的特殊字符或运算符号，单击菜单"File→Palettes→6Complete Characters"工具栏，如图 1-18 所示，单击对应的符号即可输入.

图 1-17 数学符号输入工具

图 1-18 字符输入工具

还有几个特殊符号的输入非常方便，例如，先输入"＞＝"，当继续输入后续内容时，"＞＝"自动转换成"≥"，这类符号如表 1-4 所示.

表 1-4 特殊符号的输入

输入符号	显示符号
>=	≥
<=	≤
! =	≠
->	→
==	==

1.2.5　数值的输出形式

在数值的输出中,可以使用转换函数进行不同数据类型和精度的转换.另外,对一些特殊要求的格式还可以使用下列表达式表示形式函数,如表 1-5 所示.

表 1-5　实数表示形式函数

函数格式	意义
NumberForm[expr,n]	以 n 位精度的实数形式输出实数 expr
ScientificForm[expr]	以科学记数法输出实数 expr
EngineergForm[expr]	以工程记数法输出实数 expr

例 1.2　数值的形式转换

运行 A= N[Pi^30,30]得 8.21289330402749581586503585434×10^{14};

运行 NumberForm[A,10]得//NumberForm= 8.212893304×10^{14};

运行 ScientificForm[A]的结果中等式右边与此相同即//ScientificForm[10A]得 8.2128933040274958159×10^{14},但下面的命令输出幂值可被 3 整除的实数;

运行 EngineeringForm[A]得//EngineeringForm= 821.289330402749581586503585434×10^{12}.

运行 EngineeringForm[10A]得 8.2128933040274958159×10^{15}.

1.3　函　　数

1.3.1　系统函数

在 Mathematica 中定义了大量的数学函数可以直接调用,这些函数的名称都表达了一定的意义,可以帮助我们理解.几个常用的函数如表 1-6 所示.

表 1-6　常用数学函数

函数格式	意义
Floor[x]	不大于 x 的最大整数
Ceiling[x]	不小于 x 的最小整数
Sign[x]	符号函数
Round[x]	接近 x 的整数
Abs[x]	取 x 绝对值
Max[x1,x2,x3,…]	取 $x_1,x_2,x_3,…$ 中的最大值
Min[x1,x2,x3,…]	取 $x_1,x_2,x_3,…$ 中的最小值
Random[]	随机产生 0~1 的实数
Random[Real,xmax]	随机产生 0~x_{max} 的实数
Random[Real,{xmin,xmax}]	随机产生 x_{min}~x_{max} 的实数
Random[Integer,{xmin,xmax}]	随机产生 x_{min}~x_{max} 的整数

函数格式	意义
Random[Complex,{a1+ b1I, a2+ b2I}]	随机产生实部在 a1～a2 之间，虚部系数在 b1～b2 之间的复数
Exp[x]	指数函数 e^x
Log[x]	自然对数函数 $\ln x$
Log[b,x]	以 b 为底的对数函数 $\log_b x$
Sin[x],Cos[x],Tan[x],Cot[x],Sec[x],Csc[x]	三角函数(变量以弧度为单位)
ArcSin[x],ArcCos[x],ArcTan[x],ArcCot[x], ArcSec[x],ArcCsc[x]	反三角函数
Sinh[x],Cosh[x],Tanh[x],Coth[x],Sech[x],Csch[x]	双曲函数
ArcSinh[x],ArcCosh[x],ArcTanh[x],ArcCoth[x], ArcSech[x],ArcCsch[x]	反双曲函数
Mod[m,n]	m 被 n 整除的余数，余数与 n 的符号相同
Quotient[m,n]	整除函数(m/n 的整数部分)
GCD[n1,n2,…]或 GCD[s]	$n_1,n_2,\cdots$ 的最大公约数，s 为一数集合
LCM[n1,n2,…]或 LCM[s]	$n_1,n_2,\cdots$ 的最大公倍数，s 为数据集合
n!	n 的阶乘
n!!	n 的双阶乘

Mathematica 中的函数与数学中的函数类似,但不完全一致。Mathematica 中的函数是一个具有独立功能的程序模块,可以直接被调用.同时,每一函数也可以包括 0 个或多个参数,参数的数据类型也比较复杂,对每个函数更加详细的说明可以参见系统帮助,了解各个函数的功能和使用方法是学习 Mathematica 软件的基础.

1.3.2 自定义函数的定义

1. 函数的实时定义

实时定义函数的语法是 f[x_]=expr,其中 f 为函数名,x 为自变量,expr 为表达式.在执行时,系统会把 expr 中的 x 都当做 f 的自变量 x.函数的自变量具有局部性,只对所在的函数起作用.函数执行结束后变量的值也就没有了,不会改变其他全局定义的同名变量的值.

例 1.3 定义函数 $f(x)=\sin x+x^2$,求函数值 $f(3)$,绘制其图形.

运行 Clear[x];f[x_]= Sin[x]+ x^2 得 $x^2+ \sin[x]$;

运行 f[3]得 9+ Sin[3];

运行 Plot[f[t],{t,0,2}]得如图 1-19 所示的图形.

注意 如果运行前 x 已经赋了值,则不能得到上述函数.

对于自定义函数,命令 Clear[f]清除函数 f 的定义,命令 Remove[f]从系统中删除该函数名.例如,运行 Clear[x];f[x_]= Sin[x]+ x^2;Clear[f];?f 得 Global`f;运

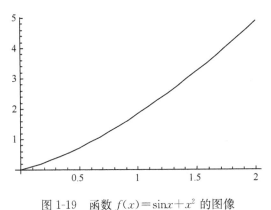

图 1-19　函数 $f(x)=\sin x + x^2$ 的图像

行 Clear[x]; f[x_]= Sin[x]+ x^2; Remove[f];? f 得 Information::notfound:
Symbol f not found. More…

2. 函数的延迟定义

延迟定义函数的语法是 f[x_]:= expr,其中 f 为函数名,x 为形式自变量,expr 为表达式.

实时定义函数与延迟定义函数的比较:后者在"= "前多一个":",其它操作相同. 运行时的区别:实时定义函数在运行后立即按表达式定义函数并存放在内存中,可直接调用;如果定义函数前变量已赋值,将会把当前值直接代入函数表达式中计算出结果,调用函数时自变量的值不会再改变,例如,运行 x= 2; f[x_]= Sin[x]+ x^2 得 4+ Sin[2],运行 f[3]得 4+ Sin[2];延迟定义函数在运行时,其中的变量只是形式变量,不受当前值的影响,只有在调用函数时,才把变量的值代入函数表达式进行计算,例如,运行 x= 2; g[x_]:= Sin[x]+ x^2;g[3]得 9+ Sin[3];.

建议读者在编程时,尽量用延迟定义函数方式定义函数,可以有效防止上下文同名自变量对计算函数值时的干扰.

3. 多变量函数的定义

当函数有多个自变量时,延迟定义函数的格式为 f[x_,y_,z_,…]:= expr,其中 f 为函数名,x,y,z…为自变量,expr 为表达式.

例 1.4　定义函数 $f(x,y)=xy+y\cos x$. 并求函数值 $f(2,3)$.
运行 f[x_,y_]:= x*y+y* Cos[x];Clear[x,y];f[x,y]得 xy+yCos[x];
运行 f[2,3]得 6+ 3Cos[2].

如果采用实时定义,例如:运行 x= 3;f[x_,y_]= x*y+ y*Cos[x];Clear[x,y];
f[x,y]得 3y+ yCos[3],这个并不是我们希望得到的结果.

4. 使用条件运算符或 If 命令定义分段函数

例 1.5　定义下列分段函数,并绘制该函数在区间[−2,2]的图形.

$$f(x)=\begin{cases} x-1, x\geqslant 0,\\ x^2, (x>-1)\&\&(x<0),\\ \sin x, x\leqslant -1,\end{cases}$$

该函数由于 x 取不同值时有不同的表达式. 可以采用两种方法定义,一种办法是使用条件运算符,基本格式为f[x_]:= expr/;condition,当 condition 条件满足时,才把表达式 expr 的值赋给函数 f.其中,"/;condition"的详细用法见8.2.2小节.

通过观察输出的图形可以验证下列函数定义的正确性:

运行 f[x_]:=x-1/;x>=0

f[x_]:=x^2/;(x>-1)&&(x<0)

f[x_]:=Sin[x]/;x<=-1

Plot[f[x],{x,-2,2}]得如图 1-20 所示的图形.

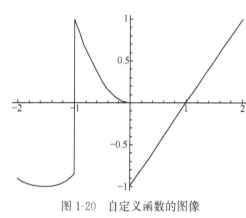

图 1-20　自定义函数的图像

另一种方法是使用 If 语句. If 语句的格式为 If[条件,expr1,expr2],如果条件为真,取 expr1 的值;条件为假,取 expr2 的值. 例1.5 采用 If 语句定义的命令为:

g[x_]:=If[x>=0,x-1,If[x>-1,x^2,Sin[x]]];Plot[g[x],{x,-2,2}]输出的图形与图 1-20 完全一样.

可以看出,用 If 定义的函数 g(x) 和前面的函数 f(x) 相同,这里使用了两个 If 嵌套,逻辑性比较强.关于其他条件命令的进一步讨论请见 8.2.1 小节.

1.3.3　函数的调用格式

无论系统自带的函数还是用户采用延迟方式定义的函数,其调用方式相同.

方法一(函数名前放):格式为 f[expr],如运行 sin[Pi/3]得$\frac{\sqrt{3}}{2}$;运行 Sqrt[2]得$\sqrt{2}$.

方法二(函数名后放):格式为 expr//f,如运行 Pi/2//Sin 得$\frac{\sqrt{3}}{2}$;运行 2//Sqrt 得$\sqrt{2}$.

在两种调用方法中,前者更符合数学习惯,而且能更方便地改变参数.

1.3.4　纯函数形式的函数的定义及调用

在1.3.2中定义的函数都必须有函数名,而纯函数可以不要函数名,这种函数能直接作用于变量,而且还能在定义函数的同时调用函数. 如果你定义并调用一个函数后,不想再次提到该函数的话,函数名是无关紧要的,这时就适合采用纯函数形式定义函数. 纯函数形式的函数及其意义,如表 1-7 所示.

表 1-7　纯函数形式的函数及其意义

函数格式	意义
Function[x,body]	纯函数中的 x 可用任何变量代替
Function[{x1,x2,…},body]	多变量的纯函数
Function[body]或 body&	自变量为 # 或 #1、#2、#3 等的纯函数.

定义纯函数格式的方法有如下几种:

(1) 以单变量 x 为自变量的纯函数格式:Function[x, body];以多变量 x1,x2,…,为自变量的纯函数的格式:Function[{x1,x2,… },body]],其中 body 是函数的表达式. 例如,运行 Function[z,z^2]得 Function[z,z^2],运行 Function[z,z^2][5]得 25,运行 Function[{x,y},x^y][2,3]得 8.

(2) Mathematicar 还允许用户不使用纯函数变量的显式名字,而是通过给出位置数字“#n”来指明变量,在这种格式的纯函数中,#n 表示所提供的第 n 个变量. # 表示第一个变量. 其格式为:Function[body]或其简化形式:body&(注意:千万不要忘记 & 号,否则 Mathematica 软件无法理解和执行这一命令).

例如:运行 Function[#^2]得 # 1^2&;运行 Function[#^2][5]或 # 1^2&[5]都得 25. 运行(#1^2&)[{1,2,3}]得{1,4,9},如果给出函数名也可,例如,运行 f=#1^#2& 得 #$1^{\#2}$&,运行 f[x,y]得 x^y;运行 f[2,3]得 8.

(3) 纯函数可以选择任何数目的变量. ## 代表所有变量,##n 代表从第 n 个变量开始的所有变量. 从下面的例子可以看出他们的用法.

运行 g[x_,y_]:=5x^2+4y^3;g[x,y]得 $5x^2+4y^3$,这时相当于定义了一个二元函数. 这时,下面的三种调用结果都是 $5u^2+4v^3$:g[u,v],g[##]&[u,v],g[##3]&[x,y,u,v].

1.4　表

将一些相互关联的元素放在一起,使它们成为一个整体,既可以对整体进行操作,也可以对整体中的部分元素单独进行操作. 在 Mathematica 中,这样的数据结构称为表(List). 表主要有两个用法:用表{a,b,c}可以表示一个向量 (a,b,c);用表{{a,b},{c,d}}可表示一个矩阵 $\begin{pmatrix} a & b \\ c & d \end{pmatrix}$.

1.4.1　建表

当表中元素较少时,可以直接采取列举的方式列出表中的元素,如{1,2,3}. 表中的元素还可以具有不同数据类型,如运行{Sqrt[2],4,1/2,2.0/5,"Ok"}得{$\sqrt{2}$,4,$\frac{1}{2}$,0.4,OK}. 表的相关操作如下.

1. 表的生成,求导及变量代换

运行 t= {1,2,3}得{1,2,3}.

下例是符号表达式的列表:

运行 1+% x+x^% 得{1+2x,1+2x+x², 1+3x+x³}(别忘记%的作用).

将列表中的表达式对 x 求导:

运行 D[% ,x]得{2,2+2x,3+3x²}.

对求导生成的列表进行变量代换:

运行% /.x-> 1得{2,4,6}.

2. 建表函数

当表中的元素较多,或表中的元素有通项公式时,可以用建表函数生成表中元素,常见命令如表 1-8 所示.

表 1-8　建表函数及表的输出格式函数

建表函数	意义
Table[f,{k,min,max,step}]	给出 f 的数值表,k 由 min 变到 max,步长为 step
Table[f[k],{k,min,max}]	给出 f 的数值表,k 由 min 变到 max,步长为 1
Table[f,max]	给出 max 个 f 的数值构成的表
Table[f,{i,imin,imax},{j,jmin,jmax},…]	生成一个多维表
TableForm[list]	以无线条表格格式显示表 List
Range[n]	生成一个$\{1,2,\cdots,n\}$的列表
Range[n1,n2,d]	生成以 n_1 为初值,步长为 d,终值为 n_2 的表
MatrixForm[List]	以规范格式显示表 List(一维时是列向量,二维时是矩阵)
InputForm[expr]	将表达式 expr 按一维输入格式输出

下面给出以 $i*x$ 为通项的表,i 的变化范围为区间[2,6]中的整数.

运行 Table[i* x,{i,2,6}]得{2x,3x,4x,5x,6x}.

由 4 个 x² 构成的表:运行 Table[x^2,{4}]得{x²,x²,x²,x²}.

用 Range 函数生成一个序列:运行 Range[10]得{1,2,3,4,5,6,7,8,9,10}.

下面这个序列的步长为 2,范围从 8 到 21:运行 Range[8,21,2]得{8,10,12,14,16,18,20}.

Range 中的初值、终值、步长等参数可以不是整数,例如运行 Range[1,9.2,2.2]得{1,3.2,5.4,7.6}.

3. 二维表

上面例子中生成表的参数只有一个,得出的是一维表,Table 也可构造包含多个参数的表.

例 1.6　生成一个二维表.

运行 Table[2i+ j,{i,1,3},{j,3,5}] 得 {{5,6,7},{7,8,9},{9,10,11}}.

注意:i 为外层循环变量,j 为内层循环变量.

使用函数 TableForm 可以采用无线条表格的形式输出一个表:

$$
\text{运行 \% //TableForm 得 //TableForm} =
\begin{matrix}
5 & 6 & 7 \\
7 & 8 & 9 \\
9 & 10 & 11
\end{matrix},
$$

运行 MatrixForm[%] 得 $\begin{pmatrix} 5 & 6 & 7 \\ 7 & 8 & 9 \\ 9 & 10 & 11 \end{pmatrix}$.

运行 InputForm[%] 得 {{5,6,7},{7,8,9},{9,10,11}},又回到了一维输入格式.

1.4.2　表的元素操作

当 t 表示一个表时,t[[i]] 表示 t 中的第 i 个子表.如果 t= {1,2,a,{b,c}},那么 t[[3]] 表示"a";t[[4]] 表示 {b,c}.例如,

运行 t= Table[i+ 2j,{i,1,3},{j,3,5}] 得 {{7,9,11},{8,10,12},{9,11,13}};

运行 t[[2]] 得 {8,10,12};运行 t[[2]][[3]] 得 12;运行 t[[2,3]] 得 12;运行 t[[3,2]] 得 11.

对于表的操作,Mathematica 提供了丰富的函数,详细的说明可以查阅本章后面的附录或者系统帮助.

1.5　表　达　式

1.5.1　表达式的含义

Mathematica 能处理数学公式、表以及图形等多种数据形式.尽管它们从形式上看起来不一样,但在 Mathematica 内部都被看成同种数据类型,即都把它们当作具有某种结构的表达式.Mathematica 中的表达式由常量、变量、函数、命令、运算符和括号等组成,它最典型的形式是 f[x,y].

1.5.2　表达式的表示形式

在输出表达式时,根据不同的需要,有时需要输出表达式成"展开形式",有时又需要输出表达式成因子乘积的形式.

1. 乘积形式与展开形式

运行 (x+y)^4 (x+y^2) 得 $(x+y)^4 (x+y^2)$.

某些表达式运行后的结果可能是很复杂的表达式,这时我们又需要对它们进行化简.处理这种情况的常用函数是变换表达式表示形式函数,如表 1-9 所示.

表 1-9　表达式表示形式函数

表达式表示形式函数	意义
Expand[expr]	按幂次升高的顺序展开表达式
Factor[expr]	以因子乘积的形式表示表达式(可用于因子分解)
Simplify[expr]	进行最佳的代数运算,并给出表达式的最少项数形式

将表达式$(x+y)^{\wedge 4}(x+y^{\wedge 2})$展开:

运行 exp1=Expand[(x+y)^4(x+y^2)]得

$x^5+4x^4y+6x^3y^2+x^4y^2+4x^2y^3+4x^3y^3+xy^4+6x^2y^4+4xy^5+y^6$.

还原上面的表达式为因子乘积的形式:

运行 Factor[exp1]得$(x+y)^4(x+y^2)$,此处运行 Simplify[exp1]可以得到同样的结果.

2. 表达式的化简

不要误认为 Simplify 是用于分解因式的,其实它是以系统认为最简单的形式输出参数的运行结果,如运行 Simplify[1-x^2]只得到$1-x^2$,但运行 Simplify[1/(1-x)+1/(1-x^2)+1/(1-x^4)]得到$\dfrac{3+x+2x^2+x^3}{1-x^4}$.

又如,运行 Simplify[{4Log[4],4Log[10]}]得{Log[256],4Log[10]}. 可见,系统认为 Log[256]比 4Log[4]简单,但 4Log[10]比 Log[10000]简单.

运行 exp2=(Sqrt[2]+ Sqrt[3])^2-(5+2Sqrt[6])得$-5-2\sqrt{6}+(\sqrt{2}+\sqrt{3})^2$,运行 Simplify[exp2]得 0,表明$(\sqrt{2}+\sqrt{3})^2$与$5+2\sqrt{6}$相等.但是,对于下面这个更复杂的常数,Simplify 就无能为力了,而利用 RootReduce 还可以化简.

例 1.7　表达式化简方式

运行 exp3= Sqrt[2]+ 2Sqrt[3]+ 3Sqrt[5]得$\sqrt{2}+2\sqrt{3}+3\sqrt{5}$;运行 exp4= Sqrt[59+12Sqrt[15]+ 2Sqrt[6(19+ 4Sqrt[15])]]得$\sqrt{59+12\sqrt{15}+2\sqrt{6(19+4\sqrt{15}}}$. 在数学上,可以证明这两个常数是相等的,但运行 Simplify[exp3-exp4]得

$$\sqrt{2}+2\sqrt{3}+3\sqrt{5}-\sqrt{59+12\sqrt{15}+2\sqrt{6(19+4\sqrt{15})}},$$

而运行 RootReduce[exp3-exp4]却能得到 0.

又如,运行 exp5=(Sqrt[2]+ Sqrt[3]+Sqrt[6]+3)/Sqrt[5+2Sqrt[6]]得

$$\frac{3+\sqrt{2}+\sqrt{3}+\sqrt{6}}{\sqrt{5+2\sqrt{6}}},$$

运行 Simplify[exp5]仍是此结果,而运行 RootReduce[exp5]得$1+\sqrt{3}$.

3. 条件表达式的化简

有些表达式要在一定附加条件下才能化简,这时可以通过参数 Assumptions 添加这

些附加条件后再化简.

运行 Simplify[Sqrt[a^2]] 得 $\sqrt{a^2}$,运行 Simplify[Sqrt[a^2],Assumptions→a>0] 得 a.

运行 Simplify[Sqrt[(R^2-x^2)^2]] 得 $\sqrt{(R^2-X^2)^2}$,

运行 Simplify[Sqrt[(R^2-x^2)^2],Assumptions→R>x] 得 Abs[R^2-X^2].

4. 多项式的短输出方式

如果多项式形式的表达式的项数较多,在显示时显得比较杂乱,而且在计算过程中没有必要知道每个表达式的全部项;或表达式的项有某种规律,没有必要打印表达式中的全部项. Mathematica 提供了一些命令,可将表达式缩短输出或不输出,如表 1-10 所示.

表 1-10　表达式短输出形式函数

命　令	意　义
Command	执行命令 command,屏幕上不显示结果(命令末带分号";")
Short[expr]	显示表达式的一行形式
Short[expr,n]	显示表达式的 n 行形式

例 1.8　将表达式 $(1+x)^{\wedge 30}$ 展开,并仅用一行显示有代表性的若干项.

运行 short[Expand[(1+x)^30]] 得

$1+30x+435x^2+4060x^3+27405x^4+\ll 21\gg +27405x^{26}+4060x^{27}+435x^{28}+30x^{29}+x^{30}$,

其中 $\ll 21\gg$ 表示中间还有 21 项未显示,实际显示项数由窗口宽度决定.若想将上式分成三行的形式显示,则通过运行 Short[% ,3] 得

$1+30x+435x^2+4060x^3+27405x^4+142506x^5+59775x^6+2035800x^7+5852925x^8+14307150x^9+30045015x^{10}+\ll 9\gg +30045015x^{20}+14307150x^{21}+5852925x^{22}+2035800x^{23}+593775x^{24}+142506x^{25}+27405x^{26}+4060x^{27}+435x^{28}+30x^{29}+x^{30}$.

从例 1.8 可知,将代数表达式变换为你所需要的形式没有一种固定的模式,在一般情况下,最好的办法是进行多次实验,尝试不同的变换并观察其结果,再挑选出你满意的表示形式.

注意　Short[expr,n] 只在界面的显示比例为 100% 时才按指定的行数显示.

1.5.3　关系表达式

已经知道"="表示给变量赋值.现在来学习一些其他的逻辑运算符与关系运算符.关系表达式是最简单的逻辑表达式,常用关系表达式表示一个判别条件.例如,$x>0$,$y==0$.关系表达式的一般形式如下:表达式+关系运算符+表达式,其中表达式可为数值表达式、字符表达式或意义更广泛的表达式,如一个图形表达式等.在实际运用中,表达式常常是数值表达式或字符表达式.Mathematica 中的各种关系运算符,如表 1-11 所示.

表 1-11　关系运算符

命令格式	关系表达式	意义
Equal[lhs,rhs]	lhs==rhs	表达式 lhs 与 rhs 是否相等
SameQ[lhs,rhs]	Lhs===rhs	表达式 lhs 与 rhs 是否完全相同
Unequal[lhs,rhs]	lhs!=rhs	表达式 lhs 与 rhs 是否不等
Greater[lhs,rhs]	lhs>rhs	lhs 是否大于 rhs
GreaterEqual[lhs,rhs]	Lhs>=rhs	lhs 是否大于或等于 rhs
Less[lhs,rhs]	Lhs<rhs	lhs 是否小于 rhs
LessEqual[lhs,rhs]	Lhs<=rhs	lhs 是否小于或等于 rhs
MemberQ[list,form]	form∈list	元素 form 是否属于表 list
x==y==z	x==y==z	都相等
x!=y!=z	x!=y!=z	都不相等
x>y>z	x>y>z	严格递减

　　Equal 与 SameQ 的区别,只要 lhs 与 rhs 的数值相等,Equal[lhs,rhs]取值就是 True,但必须 lhs 与 rhs 完全一样,SameQ[lhs,rhs]才为真,例如,运行 Equal[2,6/3]或 Equal[2.0,6/3]都得 True;运行 SameQ[2,6/3]或 SameQ[2.0,6/3]后者为 False.

　　关于两个变量或两个表达式大小的比较,举例如下,给变量 x,y 赋值并输出 y 的值:运行 x=2;y=9 得 9;运行 x>y 得 false;运行 x<y 得 True; 运行 3^2>y+1 得 False;运行 3^2<y+1 得 True.

1.5.4　逻辑表达式

　　用一个关系表达式只能表示一个判定条件,要表示几个判定条件的组合,必须用逻辑运算符将关系表达式组织在一起,称表示判别条件的表达式为逻辑表达式.

　　常用的逻辑运算符和它们的意义,如表 1-12 所示.

表 1-12　逻辑运算符

逻辑表达式	意义
Not(!)	非
And(&&)	并
Nor(‖)	或
Xor	异或
If	条件

　　LogicalExpand[expr]展开逻辑表达式.

例 1.9　逻辑表达式求值

　　先运行 x=2;y=9 后,再运行 3x^2<y+1&&3^2==y 得 False;运行 3x^2<y+1 ‖ 3^2==y 得 True;运行 Not[3x^2<y+1 ‖ 3^2==y]得 False.

　　当 e1,e2,…中有奇数个真而其余全假时 Xor[e1,e2,…]为真,当 e1,e2,…中有偶数个真而其余为假时 Xor[e1,e2,…] 为假.例如,运行 Xor[1==1,2<3,True,9<7,False] 得 True;运行 Xor[1==1,2<3,True,9<7,8==8] 得 False.

在建立条件表达式时,常常需要运用组合条件,如 test1&&test2&&….当多个 && 或 ‖ 连用时,按如下规则确定值的真假:expr1&&expr2&&expr3…从左到右测试每个表达式 expri,直到其中有一个为假时止,并且整个表达式为假;如果每个表达式 expri 为真,则整个表达式为真.

expr1‖expr2‖expr3…从左到右测试每个表达式 expri,直到其中有一个为真时止,并且整个表达式为真;如果每个表达式 expri 为假,则整个表达式为假.

下面的函数包括两个条件的逻辑并:

运行 f[x_]:=(x!=0&&1/x<3) 定义一个函数,调用此函数时对其中的两个条件表达式进行测试,例如运行 f[0] 得 False,因为对第一个条件表达式的测试为假,因此不进行第二个条件表达式的测试,整个表达式的值为假;运行 f[1/5] 得 False,因为对第一个条件表达式的测试为真,接着对第二个条件表达式测试为假,整个表达式的值为假;运行 f[1/2] 得 True,因为对两个条件表达式的测试都为真,整个表达式的值为真.

根据 Mathematica 处理逻辑表达式的方法,允许你在编程中构造一系列的判别条件,并且只有当前面条件满足时,才处理后面的条件.

1.5.5　表达式中常用的特殊符号

Mathematica 系统中的括号都有专门的用法,具体用法如下:

()	改变运算顺序
[]	引入函数参数
{}	表示一个表
[[]]	取子表
%	调用前面刚刚计算的结果
%%	调用前面倒数第二次的计算结果
%%…% (k 个%)	调用前面倒数第 k 次的计算结果
%n	输出第 n 行(Out[n])的结果(用时要小心,别把行号弄错)
(*expr*)	注释语句,其中 expr 是注释,运行时系统不做任何操作

第 2 章　Mathematica 软件在高等数学中的应用

2.1　基本的二维图形

Mathematica 在直角坐标系中绘制一元函数 $y=f(x)$ 的命令基本格式如下:

Plot[f [x],{x,xmin,xmax},option-> value]

在指定区间 $[x_{\min}, x_{\max}]$ 上按选项定义值画出函数 $y=f(x)$ 在直角坐标系中的图形.

Plot[{f1[x],f2[x],f3[x],…},{x,xmin,xmax},option-> value]

在指定区间 $[x_{\min}, x_{\max}]$ 上按选项定义值同时画出多个函数 $f1[x]$, $f2[x]$, $f3[x]$, …在直角坐标系中的图形.

Mathematica 绘制函数图形时,允许用户设置选项值对绘制图形的细节提出各种要求.例如,要设置图形的高宽比、给图形加标题等.每个选项都有一个确定的名称,以"选项名-> 选项值"的形式放在 Plot 的参数的最右边的位置,一次可设置多个选项,选项依次排列,用逗号隔开,如果不设置选项,就采用系统的默认值,Plot 函数的选项及默认值如表 2-1 所示.

表 2-1　Plot 函数的常用选项及默认值

选项	常用取值	说明	默认值
AspectRatio	1/GoldenRatio,Automatic,正实数	图形的高、宽比	1/GoldenRatio
AxesLabel	string,{string1,string2}	给坐标轴加上标签,只有一个字符串时加在 Y 轴上方	None
PlotLabel	String	给图形加上标签	None
PlotRange	{xmain,xmax}	指定图形在纵坐标方向上的范围	Automatic
PlotStyle	RGBColor[e1,e2,e3], Hue[0.5],PointSize[num]等	图中线条的样式(颜色、粗细等) num 取 0 与 1 之间的实数	Automatic
Frame	True,False	给图形加边框	False
Ticks	二维表,Automatic,None	标记坐标轴上的刻度	Automatic

2.1.1　显函数的作图

例 2.1　用多种方式绘制函数 $y=\dfrac{\sin x^2}{1+x}$ 的图形.

(1)默认状态下绘制显函数的图形.这是绘图函数最基本的用法.

运行 f[x_]:= Sin[x^2]/(x+1);f[x]

Plot[f[x],{x,- 4,4}]

得函数表达式 $\dfrac{\sin[x^2]}{1+x}$ 及函数图形,如图 2-1 所示.

将长宽比例设为 1/2. 运行 `Plot[f[x],{x,0,2Pi},AspectRatio->1/2]` 得如图 2-2 所示的图形.

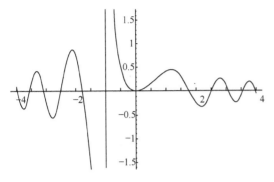

图 2-1　函数图形的默认显示样式

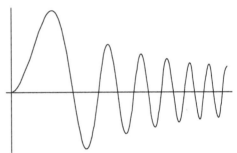

图 2-2　长宽比为 1/2 时函数图形的显示样式

（2）取消坐标轴上的刻度. 如果不希望显示坐标轴上的刻度,可以使用 `Ticks` 选项并取值 `None`.

运行 `Plot[f[x],{x,0,2Pi},Ticks->None]` 得如图 2-3 所示的图形.

（3）标注坐标轴的名称. 如果需要标注坐标名称,可用 `AxesLabel->` 一个字符串或两个字符串的表,只有一个字符串时标记在 Y 轴上方.

图 2-3　坐标轴上的刻度不显示

运行 `Plot[f[x],{x,0,2Pi},AxesLabel→{"time","height"}]` 得如图 2-4(a) 所示的图形.

运行 `Plot[f[x],{x,0,2Pi},AxesLabel->"height"]` 得如图 2-4(b) 所示的图形.

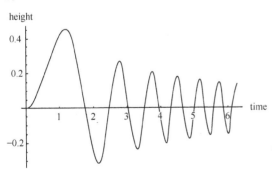

(a) 横纵轴都有标记

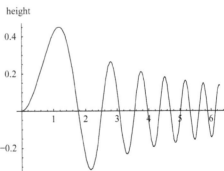

(b) 只有纵轴有标记

图 2-4　标注坐标轴的名称

（4）将两个坐标轴交点取在指定点,并标注图形名称.

运行 `Plot[f[x],{x,0,2Pi},AxesOrigin->{3,0},PlotLabel→"Decay waves"]` 得如图 2-5 所示的图形.

（5）修改 x 方向的刻度,y 轴方向的刻度采用默认值.

运行 `Plot[f[x],{x,0,2Pi},Ticks-> {{0,Pi/2,Pi,3Pi/2,2Pi},Automatic}]` 得如图 2-6 所示的图形.

运行 `Plot[f[x],{x,0,2Pi},Ticks->{Table[t,{t,0,2Pi,Pi/2}],Automatic}]` 可得同样的图形.

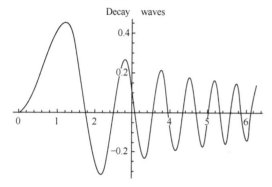

图 2-5　两个坐标轴交点在(3,0),图形有标签　　　　图 2-6　重新标记横轴上的刻度

（6）限制 y 轴的绘图范围.

运行 `Plot[f[x],{x,0,2Pi},PlotRange->{-0.31,0.31}]` 得如图 2-7 所示的图形,图形上超过指定范围的点已被切除.

（7）将图形数据赋值给变量,运行该变量时不显示图形,要调用 Show 命令才能显示.

运行 `g1=Plot[f[x],{x,0,2Pi},DisplayFunction->Identity]`

`g2=Plot[x*Cos[x]/12,{x,0,2Pi},DisplayFunction->Identity]`

`Show[g1,g2,DisplayFunction->$DisplayFunction]` 得如图 2-8 所示的图形.

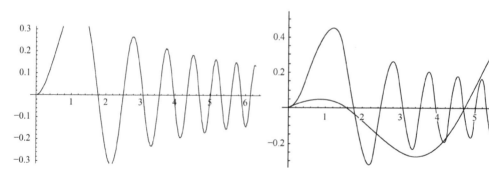

图 2-7　指定了 y 轴的取值范围　　　　　　　　图 2-8　两个图形的叠加显示

2.1.2 数列的作图

Mathematica 用于绘制数值集合的图形的命令与前面介绍的绘制函数图形的命令是相似的,如表 2-2 所示.

表 2-2 绘制离散数据图形的函数

命令格式	意义
ListPlot[{y1,y2,…}]	绘制离散点对(n,yn)构成的图形
ListPlot[{{x1,y1},{x2,y2},…}]	绘制离散点(xi,yi)的图形
ListPlot[List,PlotJoined->True]	绘制顺次连接离散点构成的折线图
TextListPlot[{y1,y2,…}]	绘制在以(i,yi)为坐标的点处显示序号i的图
TextListPlot[{{x1,y1},{x2,y2},…}]	绘制在以(xi,yi)为坐标的点处显示序号i的图
TextListPlot[{{x1,y1,t1},{x2,y2,t2},…}]	绘制在以(xi,yi)为坐标的点处显示数据ti的图.

例 2.2 以多种方式绘制离散数据的图形.

为了直观地展示数列的性质,可以用下列绘图功能进行探讨.

散点图与折线图. 运行 ListPlot[{6,8,7,7,5,4,4,2,1,3},PlotStyle->PointSize[0.015]]得如图 2-9(a)所示的图形;运行 ListPlot[{6,8,7,7,5,4,4,2,1,3},PlotJoined→True]得如图 2-9(b)所示的图形.

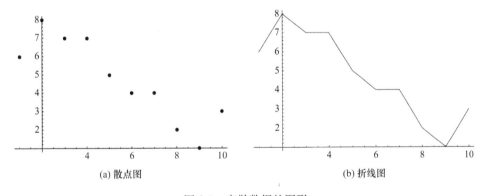

(a) 散点图   (b) 折线图

图 2-9 离散数据的图形

位置序号图. 绘制在点(i,yi)处显示 i 的图,如绘制数列$\left\{\dfrac{n+(-1)^{n-1}}{n}\right\}$的前 20 项,运行

```
<<Graphics`
data=Table[{n,(n+(-1)^(n-1))/n},{n,1,20}];
TextListPlot[data, PlotRange→{0,2.1}]得如图 2-10(a)所示的图形.
```

位置取值图. 绘制在点(i,yi)处显示 yi 的图. 绘制数列$\left\{\dfrac{n}{n+1}\right\}$的前 20 项,运行

```
<<Graphics`;
```

```
data=Table[{n,n/(n+1),n/(n+1)},{n,1,20}];
TextListPlot[data,PlotRange→{0,1.1}]得如图 2-10(b)所示的图形,
```

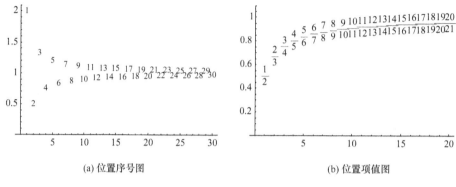

　　(a) 位置序号图　　　　　　　　　　　　　(b) 位置项值图

图 2-10　数列的图形

2.1.3　参数方程表示的函数作图

　　前面介绍的使用 Plot 命令可以绘制出直角坐标系下的显函数图形,使用 ParametricPlot 可以绘制参数方程表示的曲线.下面给出命令 ParametricPlot 的常用形式,如表 2-3 所示.

表 2-3　绘制参数方程表示的函数图形的函数

命令格式	意义
ParametricPlot[{fx[t],fy[t]},{t,tmin,tmax}]	绘出参数方程表示的函数的图形
ParametricPlot[{fx[t],fy[t]},{gx[t],gy[t]},…,{t, tmin,tmax}]	绘出一组参数方程表示函数组的图形
ParametricPlot[{ fx [t], fy [t]}, {t, tmin, tmax}, AspectRatio-> Automatic]	按曲线的真实形状绘制

　　例 2.3　绘制参数方程表示的函数的图形.

　　(1) 绘制参数方程 $\begin{cases} x = \sin 3t \cos t \\ y = \sin 3t \sin t \end{cases}$ 表示的函数的图形.

　　运行 ParametricPlot[{Sin[3t]*Cos[t],Sin[3t]*Sin[t]},{t,0,2Pi}]得如图 2-11 所示的图形.

　　读者可自行运行 ParametricPlot[{Sin[3t]*Cos[t],Sin[3t]*Sin[t]},{t, 0,2Pi},AspectRatio->Automatic],所得图形中三叶大小相同.

　　(2) 绘制长、短半轴长分别为 3、2 的椭圆.

　　运行 ParametricPlot[{3Cos[t],2Sin[t]},{t,0,2Pi}]得如图 2-12 所示的图形.

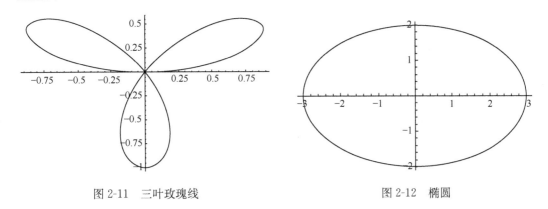

图 2-11　三叶玫瑰线　　　　　　　　　　图 2-12　椭圆

（3）将一个圆与（1）中的参数方程绘制在同一个坐标系下，并按图形的真实形状显示.

运行 `ParametricPlot[{{Sin[3t]*Cos[t],Sin[3t]*Sin[t]},{Sin[t],Cos[t]}},{t,0,2Pi},AspectRatio->Automatic]` 得如图 2-13 所示的图形.

2.1.4　极坐标方程表示的函数作图

在 Mathematica 中也可直接绘制极坐标系下的图形，但在 7.0 以下版本中，要首先调用相关程序包 Graphics 才能完成.

例 2.4　极坐标方程的图形绘制.

命令 `PolarPlot[r[t],{t,tmin,tmax}]` 生成一个以 $r=r[t]$ 为极坐标方程的图形. 例如，同时绘制极坐标方程 $\rho=\dfrac{4}{2+\cos\theta}$ 与 $\rho=4\cos\theta-2$ 的图形.

运行 ≪Graphics`Graphics`

`PolarPlot[{4/(2+Cos[t]),4Cos[t]-2},{t,0,2Pi}]` 得如图 2-14 所示的图形.

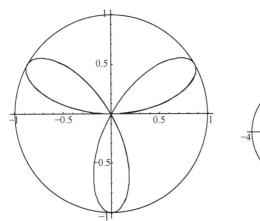

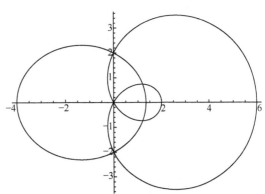

图 2-13　圆与三叶玫瑰线　　　　　图 2-14　极坐标方程 $\rho=\dfrac{4}{2+\cos\theta}$ 与 $\rho=4\cos\theta-2$ 的图形

2.1.5　隐函数的作图

首先用下列命令打开程序包：≪Graphics′ImplicitPlot′，然后执行相关命令

（7.0 以上版本已改进,见 9.4 节）.

例 2.5　分别绘制由方程 $x^2+2y^2=3$,$(x^2+y^2)^2=xy$ 决定的隐函数的图形.

运行 ImplicitPlot[x^2+2y^2==3,{x,-2,2}] 得如图 2-15 所示的图形.

运行 ImplicitPlot[(x^2+y^2)^2==x*y,{x,-2,2}] 得如图 2-16 所示的图形.

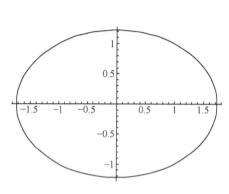
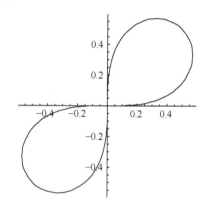

图 2-15　方程 $x^2+2y^2=3$ 的图形　　　　图 2-16　方程 $(x^2+y^2)^2=xy$ 的图形

2.1.6　绘制密度图和等高线图

密度图中各个点的颜色对应着所画函数在各点的值. 按照默认值,随着函数值的增加,在 Mathematica5.0 版本下,图形颜色由黑到白变化,中间过渡色为灰色. 或用 Color-Function(取值 GrayLevel、Hue 等)函数为点值和颜色的关系指定其他的"颜色映射". 在 Mathematica7.0 及以上版本下,图形颜色已默认为彩色显示,用不同色彩代表不用的值.

例 2.6　二元函数 $z=\sin x\sin y$ 的密度图绘制.

运行 DensityPlot[Sin[1/(x*y)],{x,-2,2},{y,-2,2},PlotPoints->40] 得如图 2-17 所示的图形.

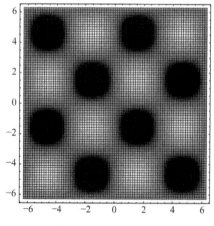
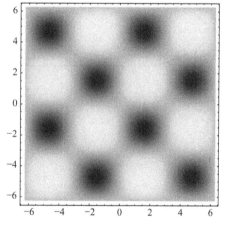

(a) 在Mathematica5.0下的运行结果　　　　(b) 在Mathematica7.0下的运行结果

图 2-17　二元函数 $z=\sin x\sin y$ 的密度图

例 2.7　离散数据的密度图绘制.

由二元函数 $z=\mathrm{Sin}[x*y]$ 生成离散数据存入变量 data 中，再绘制密度图.

运行 `data=Table[Sin[x*y],{x,-2Pi,2Pi,0.05},{y,-2Pi,2Pi,0.05}];`
`ListDensityPlot[data,Mesh->False]` 得如图 2-18 所示的图形.

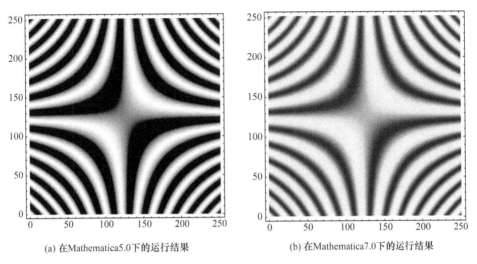

(a) 在Mathematica5.0下的运行结果　　　　　　(b) 在Mathematica7.0下的运行结果

图 2-18　离散数据的密度图

等高线图是将函数值相同的点连成一环线，并直接投影到 xoy 平面形成水平曲线，不同函数值的环线不会相交，若函数值变化缓慢，曲线间的距离就较宽，反之就较窄. 绘制等高线图用命令 ContourPlot，参数的格式与 DensityPlot 基本相同.

例 2.8　绘制二元函数 $z=\sin(xy)$ 的等高线图.

运行 `ContourPlot[Sin[x*y],{x,-5,5},{y,-5,5}]` 得如图 2-19 所示的图形. 二元函数的图形绘制参考 5.4 节相关内容.

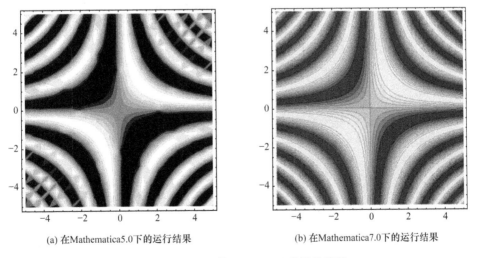

(a) 在Mathematica5.0下的运行结果　　　　　　(b) 在Mathematica7.0下的运行结果

图 2-19　二元函数 $z=\sin(xy)$ 的等高线图

2.1.7 绘制特殊图形

BarChart[list1,list2,…]生成以 listi 为数据的直方图.

运行≪Graphics`

p= Table[Prime[n],{n,1,10}];BarChart[p]得如图 2-20 所示的图形.

运行 BarChart[p,p/2]得如图 2-21 所示的图形.

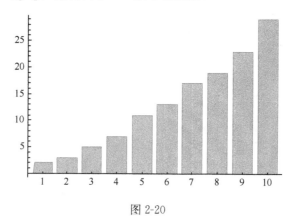

图 2-20

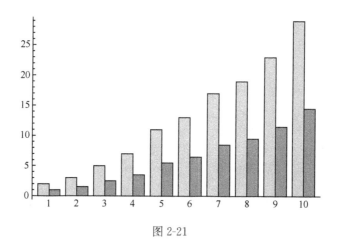

图 2-21

PieChart[list,PieLabels->stringlist}]以 list 中各数值占各数值总和的比例大小绘制饼图,各部分用不同颜色显示,并以 string 中的元素循环进行标记.

运行≪Graphics`

PieChart[{12,45,18,23},PieLabels→{"Joe","Helen","Bob","Wang"},PlotLabel→"Sales"]得如图 2-22 所示的图形.

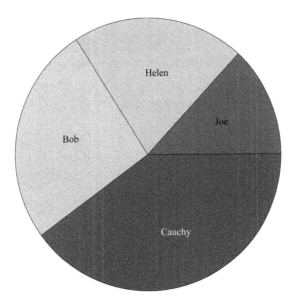

图 2-22　数据的饼图

2.2 极　　限

Mathematica 中计算极限的命令是 Limit，它的使用格式如表 2-4 所示.

表 2-4　极限运算函数

命令格式	意义
Limit[expr,x->x0]	求 expr 当 x 趋向于 x_0 时的极限
Limit[expr,x->x0,Direction->1]	求 expr 当 x 趋向于 x_0 时的左极限
Limit[expr,x->x0,Direction->-1]	求 expr 当 x 趋向于 x_0 时的右极限

极限变量趋向的点 x_0 可以是常数，也可以是 $\infty,+\infty,-\infty$.

例 2.9 计算双侧极限.

(1) 求 $\lim\limits_{x\to\infty}\dfrac{\sqrt{x^2+2}}{3x-6}$，运行 Limit[Sqrt[x^2+2]/(3x-6),x->Infinity] 得 $\dfrac{1}{3}$.

(2) 求 $\lim\limits_{x\to0}\dfrac{\sin x^2}{x^2}$，运行 Limit[Sin[x]^2/x^2,x->0] 得 1.

例 2.10 计算单侧极限.

利用参数 Direction 还可以求左右极限.

(1) 求右极限 $\lim\limits_{x\to0^+}\dfrac{\ln|x|}{x}$，运行 Limit[Log[Abs[x]]/x,x->0,Direction->-1] 得

$-\infty$.

(2) 求左极限 $\lim\limits_{x\to0^-}\dfrac{\ln|x|}{x}$，运行 Limit[Log[Abs[x]]/x,x->0,Direction->1]

得∞.

如果 Direction 值取 Automatic 或缺省操作项 Direction,相当于 Direction 取值-1,即求 expr 当 x 趋向于 x_0 时的右极限,但求 expr 在 x→Infinity 时的极限时相当于 Direction 取值1,分别运行 Limit[Log[Abs[x]]/x,x->0,Direction->Automatic],Limit[Log[Abs[x]]/x,x->0] 的结果都是-∞.

（3）分别运行

Limit[ArcTan[x],x→Infinity]

Limit[ArcTan[x],x→Infinity,Direction→Automatic]

Limit[ArcTan[x],x→Infinity,Direction→1]

的结果都是 $\frac{\pi}{2}$,而运行 Limit[ArcTan[x],x→Infinity,Direction→-1] 的结果是 $-\frac{\pi}{2}$.

（4）分别运行

Limit[ArcTan[x],x→-Infinity]

Limit[ArcTan[x],x→-Infinity,Direction→-1]

Limit[ArcTan[x],x→-Infinity,Direction→Automatic]

的结果都是 $-\frac{\pi}{2}$,但运行 Limit[ArcTan[x],x→-Infinity,Direction→1] 的结果是 $\frac{\pi}{2}$.

由此可见,当左右极限不相等而导致极限不存在时,利用 Limit 命令求极限时应该谨慎,防止片面地用单侧极限代替双侧极限.

如果左右极限均不存在而振荡变化时,将给出函数值振荡的范围,例如,运行 Limit[Sin[1/x],x->0]得 Interval[{-1,1}];运行 Limit[3Sin[1/x]-2,x->0,Direction->-1]得 Interval[{-5,1}].

注意　极限变量不能在此命令前赋值,否则得不出想要的极限.

（5）利用 Resolve 命令按极限定义求极限.

运行

$$Resolve\left[\forall_{\varepsilon,\varepsilon>0}\exists M,M\in Reals\,\forall x,x>M\&\&\lambda\in Reals\left(-\varepsilon<\frac{5x^2-9x+3}{7x^2-2x+11}-\lambda<\varepsilon\right)\right]$$

得 $\lambda=\frac{5}{7}$(注意:此命令不是一维输入方式,如果读者不能直接由键盘输入,可以从系统帮助中查到该命令).

如果有理式的分子次数比分母次数高,则结果为 False,表示这样的 λ 不存在. 为了比较,运行 $Limit\left[\frac{3x^2-5x+7}{7x^2-2x+11},x->\infty\right]$ 可得出同样结果.

2.3　微　分

2.3.1　函数的导数

在 Mathematica 中,当 f 为单变量函数时,命令 D[f,x]给出 f 对 x 的导数;当 f 为多变量函数时,命令 D[f,x]计算 f 对 x 的偏导数,这时假定 f 中的其他变量与 x 无关.该命令的常用格式如表 2-5 所示.

表 2-5　求导数运算函数

命令格式	意义
D[f,x]	计算导数$\dfrac{\mathrm{d}f}{\mathrm{d}x}$或偏导数$\dfrac{\partial f}{\partial x}$
D[f,x1,x2,$\cdots$,xn]	计算高阶(混合)偏导数$\dfrac{\partial^n f}{\partial x_1 \partial x_2 \partial x_n}$
D[f,{x,n}]	计算 f 对 x 的 n 阶偏导数$\dfrac{\partial^n}{\partial x^n}f$
D[f,x,NonConstants->{v1,v2,$\cdots$}]	计算 f 对 x 的(偏)导数$\dfrac{\partial f}{\partial x}$,其中 $v1,v2,\cdots$ 依赖于 x

例 2.11　求导数或偏导数.

(1) 求函数 $\sin x$ 的导数:运行 D[Sin[x],x]得 Cos[x].

(2) 求函数 $\mathrm{e}^x \sin x$ 的 2 阶导数:运行 D[Exp[x]* Sin[x],{x,2}]得 $2\mathrm{e}^x$Cos[X].

(3) 假设 a 是常数,可以对 $\sin(ax)$ 求导:运行 D[Sin[a* x],x]得 aCos[ax].

(4) 如果二元函数 $f(x,y)=x^2 y+y^2$,求对 x,y 的偏导数.

运行 f[x_,y_]=x^2* y+y^2 得 $x^2 y+y^2$;

运行 D[f[x,y],x]得 2xy;

运行 D[f[x,y],y]得 x^2+2y;

运行 D[f[x,y],x,NonConstants->y]得 $2xy+x^2$D[y,x,NonConstants➝{y}+2yD[y,x,NonConstants➝{y}]].

(5) 求高阶导数及偏导数.

运行 D[f[x,y],{x,2}]得 2y;

运行 D[f[x,y],{y,2}]得 2;

Mathematica 可以求函数式未知的函数的导数,其结果与数学上的表示形式相同.

例如,运行 D[x* g[x],x]得 g[x]+g[x]′[x];

运行 D[x* g[x],{x,4}]得 $4g^{(3)}+xg^{(4)}$[x].

对复合函数求导的链导法则同样可用,如运行 D[g[h[x]],x]得 g′[h[X]]h′[X].

求函数 $f(x,y)=\sin(xy^2)$ 对 x 的二阶偏导数,运行 D[Sin[x* y^2],x,x]或 D[Sin[x* y^2],{x,2}]得 $-y^4 \sin[xy^2]$.

求函数 $f(x,y)=\sin(xy^2)$ 对 x 的二阶及对 y 的一阶混合偏导数,运行 D[Sin[x* y^2],x,x,y]或 D[Sin[x* y^2],{x,2},y]得 $-2xy^5 \cos[xy^2]-4y^3 \sin[xy^2]$.

如果要得到函数在某一点的导数值,可以把这点代入导数,例如,运行 D[Exp[x]* Sin[x],{x,2}]/.x->2 得 $2e^2Cos[2]$,其近似值可通过运行 N[%] 得 -6.14986.

2.3.2　全微分

在 Mathematica 中,函数 Dt[f] 给出 f 的全微分;函数 Dt[f,x] 给出 f 的全导数,并假定 f 中未指定为常数的所有变量均依赖于 x. Dt 命令的常用形式及意义如表 2-6 所示.

表 2-6　求微分运算函数

命令格式	意义
Dt[f]	求全微分 df
Dt[f,x]	求 f 对 x 的全导数 $\dfrac{df}{dx}$
Dt[f,x1,x2,…]	求多重全导数 $\dfrac{d}{dx_1}\dfrac{d}{dx_2}\cdots f$
Dt[f,x,Constants->{c1,c2,…}]	求全导数 $\dfrac{df}{dx}$,其中 $c_1,c_2,\cdots$ 是常数

例 2.12　求 x^2+y^3 的全微分、偏导数和全导数。

运行 Dt[x^2+y^3] 得 $2xDt[x]+3y^2Dt[y]$,这个结果是全微分,其中 Dt[x] 相当于 dx,Dt[y] 相当于 dy.

运行 D[x^2+y^3,x] 得 $2x$,这个结果是偏导数,这时把 y 看成是与 x 无关的常数.

运行 Dt[x^2+y^2,x] 得 $2x+2yDt[y,x]$,这个结果是全导数,这时把 y 看成是 x 的函数.

运行 D[x^2+y^3,x,NonConstants->{y}] 得 $2x+3y^2$D[y,x,NonConstants→ {y}],这里 D[y,x,NonConstants->{y}] 表示 $\dfrac{\partial y}{\partial x}$,其中 y 是 x 的函数.

例 2.13　假定 z 是常数,求多项式 x^2+xy^3+yz 的全微分.

运行 Dt[x^2+x*y^3+y*z,Constants->{z}] 得
$2xDt[x,Constants→{z}]+y^3Dt[x,Constants→{z}]+3xy^2Dt[y,Constants→ {z}]+ 2Dt[y,Constants→{z}]$.

如果 y 是 x 的函数,z 是常数,则用命令 Dt[x^2+x*y[x]^3+y[x]*z,x,Constants->{z}] 得 $2x+y(x)^3+zy'[x]+3xy[x]^2y'[x]$,这也是求全导数的结果.

先定义 z 为一个二元函数,再计算 z 的全微分,并按 Dt[x] 与 Dt[y] 合并同类项,运行 z=x^3y+x^2y^2-3x*y^2;Collect[Dt[z],{Dt[x],Dt[y]}] 得
$$(3x^2y-3y^2+2xy^2)Dt[x]+(x^3-6xy+2x^2y)Dt[y].$$

将上式表示为 $f_x dx+f_y dy$ 的标准形式可以如下进行:

运行 %/.{Dt[x]->dx,Dt[y]->dy} 得 $dy(x^3-6xy+2x^2y)+dx(3x^2y-3y^2+2xy^2)$.

若需要计算 f_x,又不知道 y 是否为 x 的函数,所以输出结果中保留 Dt[y,x].运行 Dt[z,x] 得 $3x^2y-3y^2+2xy^2+x^3Dt[y,x]-6xyDt[y,x]+2x^2+yDt[y,x]$,用转换运算将

Dt[y,x]换成 0 即可求得 f_x，例如，运行 Dt[z,x]/.Dt[y,x]->0 得 $3x^2y-3y^2+2xy^2$．

2.3.3　隐函数的导数

借助全导数及解方程的命令，即可求得隐函数的导数．

例 2.14　已知 $5y^2+\mathrm{Sin}y=x^2$，求 $\dfrac{\mathrm{d}y}{\mathrm{d}x}$．

运行 Dt[5y^2+Sin[y]==x^2,x] 得 10yDt[y,x]+Cos[y]Dt[y,x]==2x；

再运行 Solve[%,{Dt[y,x]}] 得 $\left\{\left\{\mathrm{Dt[y,x]}\rightarrow\dfrac{\mathrm{2x}}{\mathrm{10y+cos[y]}}\right\}\right\}$．

2.4　函数的最值

2.4.1　一元函数的最值

求一元函数 $f(x)$ 在整个定义域内的最大值，命令格式为 Maximize[f[x],{x}]，此处"{}"可以省略．求函数 f[x] 在区间 $[a,b]$ 上的最大值，命令格式为 Maximize[{f[x], a<=x<=b},{x}]，当最值不存在时给出提示信息，求最小值的命令是 Minimize[{f[x], a<=x.<=b},{x}]．

例 2.15　求函数 $f(x)=3-(x-1)^2$ 在整个定义域及区间$[3,4]$上的最大（小）值．

运行 Maximize[{3-(x-1)^2},{x}] 得 {3,{x→1}}，表明最大值 $f(1)=3$；

运行 Maximize[{3-(x-1)^2,3<=x<=4},{x}] 得 {-1,{x→3}}，表明在区间 $[3,4]$ 上的最大值 $f(3)=-1$．

运行 Minimize[{3-(x-1)^2},{x}] 得 Minimize::natt: The minimum is not attained at any point satisfying the given constraints．More…，{-∞, {x→-∞}}．表明最小值不存在，并给出结果为负无穷大．

运行 Minimize[{3-(x-1)^2,3<=x<=4},{x}] 得 {-6,{x→4}}，表明在区间 $[3,4]$ 上的最小值 $f(4)=-6$．

运行 Minimize[{3-(x-1)^2,3<=x<4},{x}] 得 Minimize::wksol: Warning: There is no minimum in the region described by the contraints; returning a result on the boundary．More…，{-6,{x→4}} 表明最小值在区间的端点x=4 取得，而指定区间不含端点．

2.4.2　多元函数的最值及条件极值

求二元函数 $f(x,y)$ 在指定区域 cons 的最大值，命令格式为 Maximize[{f[x,y], cons},{x,y}]，求最小值的命令格式类似，有关在边界上取得最大（小）值的说明与一元函数类似，其中 cons 通常是用不等式表示的区域．如果 cons 中的条件是用等式表示，就变成求在指定条件下的条件极值．

例 2.16　求二元函数 $f(x,y)=3-(x-3)^2-(y+4)^2$ 在整个定义域及圆盘 $x^2+y^2\leqslant1$ 上的最大（小）值及在条件 $x^2+y^2=1$ 下的条件极值．

先运行 f[x_,y_]:=1-(x-3)^2-(y+4)^2;f[x,y] 定义函数 f[x,y]．

运行 Maximize[f[x,y],{x,y}] 得 {1,{x→3,y→-4}}；表明最大值 $f(3,-4)=1$；

运行 Maximize[{f[x,y],x^2+y^2<=1},{x,y}] 得 $\left\{-15,\left\{x\to\dfrac{3}{5},y\to-\dfrac{4}{5}\right\}\right\}$，表明在圆盘 $x^2+y^2\leqslant1$ 上的最大值 $f\left(\dfrac{3}{5},-\dfrac{4}{5}\right)=-15$；

运行 Minimize[f[x,y],{x,y}] 得 Minimize::natt:The minimum is not attained at any point satisfying the given constraints. More ⋯. {-∞,{x→Indeterminate,y→Indeterminate}}. 表明最小值不存在，其中 Indeter-winate 表示"不确定的".

运行 Minimize[{f[x,y],x^2+y^2<=1},{x,y}] 得 $\left\{-35,\left\{x\to\dfrac{3}{5},y\to\dfrac{4}{5}\right\}\right\}$. 表明在圆盘 $x^2+y^2\leqslant1$ 上的最小值 $f\left(-\dfrac{3}{5},\dfrac{4}{5}\right)=-35$；

运行 Maximize[{f[x,y],x^2+y^2==1},{x,y}] 得 $\left\{-15,\left\{x\to\dfrac{3}{5},y\to-\dfrac{4}{5}\right\}\right\}$；

运行 Minimize[{f[x,y],x^2+y^2==1},{x,y}] 得 $\left\{-35,\left\{x\to-\dfrac{3}{5},y\to\dfrac{4}{5}\right\}\right\}$.

例 2.17　抛物面 $z=x^2+y^2$ 被平面 $x+y+z=1$ 截成一椭圆，求这个椭圆上的点到原点的距离的最大值与最小值(同济大学《高等数学(下)》第七版第 121 页 Ex11).

运行 Maximize[{Sqrt[x^2+y^2+z^2],z x^2+y^2,x+y+z 1},{x,y,z}] 得

$$\left\{\sqrt{9+5\sqrt{3}},\left\{x\to\dfrac{1}{2}(-1-\sqrt{3}),y\to\dfrac{1}{2}(-1-\sqrt{3}),z\to2+\sqrt{3}\right\}\right\}.$$

运行 Minimize[{Sqrt[x^2+y^2+z^2],z x^2+y^2,x+y+z 1},{x,y,z}] 得

$$\left\{\sqrt{9-5\sqrt{3}},\left\{x\to\dfrac{1}{2}(-1+\sqrt{3}),y\to\dfrac{1}{2}(-1+\sqrt{3}),z\to2-\sqrt{3}\right\}\right\}.$$

2.5　一元函数的积分

2.5.1　不定积分

在 Mathematica 中，计算不定积分的命令格式为 Integerate[f[x],x]，当然也可使用工具栏直接输入不定积分式来求函数的不定积分，输出结果中表达式不带任意常数，对于在函数表达式中出现的除积分变量 x 外的变量，系统统统当作常数处理.求不定积分的结果有下列几种情况.

(1) 能轻易求出结果的不定积分.

例 2.18　求不定积分 $\int(ax^2+bx+c)\mathrm{d}x$.

运行 Integrate[a* x^2+b*x+c,x] 得 $cx+\dfrac{bx^2}{2}+\dfrac{ax^3}{3}$.

对于一些手工计算相当复杂的不定积分，Mathematica 均能轻易求得.

例 2.19　求不定积分 $\int \dfrac{x^3+x^2+2x+7}{x^2+5x+6}\mathrm{d}x$.

运行 Integrate[(x^3+x^2+2x+7)/(x^2+5x+6),x]得

$$-4x+\frac{x^2}{2}-\mathrm{Log}[2+x]+17\log[3+x].$$

（2）某些不能用初等函数表示结果的不定积分，可用 Mathematica 的内部函数表示其结果.

例 2.20　求不定积分 $\int \mathrm{e}^{-x^2}\mathrm{d}x$.

该积分结果不能用初等函数表示，因此，无法通过手工计算，利用命令 Integrate [Exp[-x^2],x] 可以得到结果 $\dfrac{\sqrt{\pi}}{2}\mathrm{Erf}[x]$，其中 $\mathrm{Erf}(x)=\dfrac{2}{\sqrt{\pi}}\displaystyle\int_{0}^{x}\mathrm{e}^{-t^2}\mathrm{d}t$ 不是初等函数，但可以对其进行相关操作，例如，运行 D[Erf[x],x] 得 $\dfrac{2}{\sqrt{\pi}}\mathrm{e}^{-x^2}$，运行 Plot[Erf[x],{x,-4,4}] 得如图 2-23 所示图形.

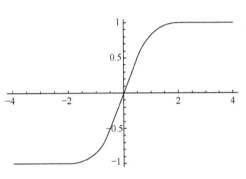

图 2-23　内部函数 Erf[x]在[−4,4]上的图形

又如，求不定积分 $\int \dfrac{1}{\sqrt{1+x^2}}\mathrm{d}x$，运行 Integrate[1/Sqrt[1+x^2],x] 得 ArcSinh[x].

（3）某些不能用初等函数表示的不定积分，用 Mathematica 也无法表示，这时原样输出结果.

并不是所有的不定积分都能求出来. 例如，求 $\int \sin\sin x\mathrm{d}x$，Mathematica 就无能为力，只能输出一个不定积分表达式. 运行 Integrate[Sin[Sin[x]],x] 得 $\int \mathrm{Sin}[\mathrm{Sin}[x]]\mathrm{dx}$，与（2）类似，这里也能对其结果进行相应操作.

如果被积函数表达式未知，当然也无法积分，这时也是直接以不定积分的形式输出结果. 例如，运行 Integrate[g[x],x] 得 $\int \mathrm{g}[x]\mathrm{dx}$，但运行 Integrate[f'[g[x]]*g'[x],x] 得 f[g[x]].

此外，积分变量还可以是一个函数，例如，运行 Integrate[Sin[Sin[x]],Sin[x]] 得 -Cos[Sin[x]].

2.5.2　定积分

定积分的计算仍是用命令 Integrate，只需在不定积分命令基础上再添加积分上、下限.

（1）求通常定积分.

命令格式为 Integrate[f[x],{x,min,max}]，也可使用工具栏按二维格式输入.

例 2.21　求定积分 $\int_{-4}^{4} xe^x dx$.

方法一:先求不定积分,再用牛顿-莱布尼兹公式计算.

运行 Clear[x];F[x_]=Integrate[x*Exp[x],x];F[4]-F[-4] 得 $\dfrac{5}{e^4}+3e^4$.

方法二:直接用求定积分的命令格式,运行 Integrate[x*Exp[x],{x,-4,4}],

得 $\dfrac{5+3e^8}{e^4}$.

　　注意　这两种方法比较,方法二更方便,这里使用方法一求解只是为了验证牛顿-莱布尼兹公式的正确性,在使用中定义 F[x] 时,"="前不能带":",否则在调用时会报错,

运行 Clear[x];F[x_]:=Integrate[x*Exp[x],x];F[4]-F[-4] 报错如下:

Integrate::ilim:Invalid integration variable or limit(s)in 4.More…

$$-\int -\frac{4}{e^4}d(-4)+\int 4e^4 d4$$

从错误信息可知,在调用 F[x] 时先给变量 x 赋值 4,进行不定积分时报错. 如果一定要用延迟定义方式定义 F[x],可以通过添加 Evaluate 进行强制计算.

运行 Clear[x];F[x_]:=Evaluate[Integrate[x*Exp[x],x]];F[4]-F[-4] 就能得出正确结果.

(2) 求广义积分.

上述求定积分的命令对收敛的广义积分也有效.

例 2.22　求无界函数的广义积分 $\int_0^5 \dfrac{1}{\sqrt{25-x^2}}dx$.

运行 Integrate[1/Sqrt[1-x^2],{x,0,5}] 得 $\dfrac{\pi}{2}$.

例 2.23　求无穷区间的广义积分 $\int_1^\infty \dfrac{1}{x^4}dx$.

运行 Integrate[1/x^4,{x,1,Infinity}] 得 $\dfrac{1}{3}$.

　　就算广义积分发散到无穷大也能给出结果,例如,运行 Integrate[1/x^2,{x,-1,1}] 得 ∞. 但对于发散且非无穷大的情况,系统会给出一个提示,例如,运行 Integrate[1/x,{x,0,2}] 时提示

Integrate::idiv: Integral of $\dfrac{1}{x^2}$ does not converge on {0,2}.More…

$$\int_0^2 \frac{1}{x}dx$$

(3) 求含参积分.

当参数的取值范围对积分值有影响时,如果不指出参数的限制条件,积分会很费时间或无法求解,而把条件加上后就变得快速且容易. 添加参数满足的条件可以通过在 Integrate 中可添加可选项 Assumptions 和 GenerateConditions 进行.

例 2.24　求定积分 $\int_0^{\sqrt{a^2-h^2}} \dfrac{ax}{|a^2-x^2|}\,\mathrm{d}x$.

先定义被积函数,运行 f[x_]:= a*x/Abs[a^2-x^2];

再运行 Integrate[f[x],{x,0,Sqrt[a^2-h^2]},Assumptions->a>h&&h>0]

得 $a\mathrm{Log}\dfrac{h}{a}$,运行时间很短,但是,如果把条件 h>0 改为 a>0,运行

Integrate[f[x],{x,0,Sqrt[a^2-h^2]},Assumptions->a>h&&a>0]要费较长时间,且结果很复杂 (此处不再给出结果,读者运行程序即可见到),如果全部条件去掉,运行

Integrate[f[x],{x,0,Sqrt[a^2-h^2]}],就得不出运行结果了,作者运行了 20 分钟都没有等到计算结果.完整的结果长达 38 屏.

如果广义积分的敛散性与某个参数的取值有关,系统将以条件表达式形式给出积分结果.

例 2.25　讨论积分 $\int_1^\infty \dfrac{1}{x^p}\,\mathrm{d}x$ 的敛散性.

运行 Integrate[1/x^p,{x,1,Infinity}]得

If[Re[p]>1],$\dfrac{-1}{-1+p}$,Integrate[x^{-p},{x,1,∞},Assumptions→Re[p]≤1]]

结果的意义是,当 p 的实部 1 时,积分收敛,其值为 $\dfrac{1}{-1+p}$;否则,原样输出积分表达式.

在 Integrate 中设置选项 Assumptions 或 GenerateConditions 的值就能得到收敛情况下的积分值.

运行 Integrate[1/x^p,{x,1,Infinity},Assumptions->{Re[p]>1}]

得$\dfrac{1}{-1+p}$.

运行 Integrate[1/x^p,{x,1,Infinity},GenerateConditions->False]也得到同样的结果.

又例如,运行 Integrate[Exp[a*x],{x,0,Infinity },Assumptions->a<0]与运行 Integrate[Exp[a*x],{x,0,Infinity },GenerateConditions->False]的结果都是 $-\dfrac{1}{a}$.

当积分中参数不只一个时,将对参数分别进行讨论,例如,运行 Integrate[1/x^p,{x,a,Infinity}]得

If[a==0 &&Re[p]> 1‖Re[p]> 1 &&(Im[a]≠0‖Re[a]≥0),$\dfrac{a^{1-p}}{-1+p}$],

Integrate[x^{-p},{x,a,∞},Assumptions→Re[p]≤1‖a≠0&&Im[a]==0 &&Re[a]<0].

该命令在 8.0 版本下运行结果为

ConditionalExpression[a^{1-p}/(-1+p),(a> 0‖a∉Reals)&&Re[p]>1].

（4）原函数不是初等函数时的定积分.

有些原函数虽然存在,但不是初等函数,这时定积分的值往往以系统内部函数的形式给出.

例 2.26　求定积分 $\displaystyle\int_0^1 e^{-x^2}\,dx,\int_0^\infty e^{-x^2}\,dx.$

运行 `Integrate[Exp[-x^2],{x,0,1}]` 得 $\dfrac{1}{2}\sqrt{\pi}\,\mathrm{Erf}[1]$.

运行 `Integrate[Exp[-x^2],{x,0,Infinity}]` 得 $\dfrac{\sqrt{\pi}}{2}$.

例 2.27　求定积分 $\displaystyle\int_0^\pi \sin\sin x\,dx$

运行 `Integrate[Sin[Sin[x]],{x,0,Pi}]` 得 $\pi\,\mathrm{StruveH}[0,1]$,由 `StruveH[0,1]//N` 得其中 $\mathrm{StruveH}[0,1]$ 近似等于 0.568657.

如果被积函数未知,计算结果原样输出.例如,运行 `Integrate[f[x],{x,0,Pi}]` 得 $\displaystyle\int_0^\pi f[x]\,dx.$

2.5.3　数值积分

数值积分是解决求定积分的另一种有效方法,它可以给出一个近似解.特别是对那些用 `Integrate` 命令无法求出的定积分,数值积分更能发挥巨大作用.

它的命令格式如表 2-7 所示.

表 2-7　数值积分计算函数

命令格式	意义
`NIntegrate[f,{x,a,b}]`	求函数 f 在区间 $[a,b]$ 上的数值积分
`NIntegrate[f,{x,a,x1,x2,···,b}]`	以 $x_1,x_2,\cdots$ 为分割点求函数 f 在区间 $[a,b]$ 上的数值积分
`NIntegrate[f,{x,a,b},MaxRecursion->n]`	按指定迭代次数 n 求数值积分

例 2.28　求定积分 $\displaystyle\int_0^\pi \sin\sin x\,dx.$

由于函数 $\sin\sin x$ 的不定积分求不出来,因此,使用 `Integrate` 命令无法得到具体结果(见 2.5.1 小节),但可以用数值积分求出近似值.

运行 `NIntegrate[Sin[Sin[x]],{x,0,Pi}]` 得 1.78649.

如果被积函数存在不连续点(瑕点),可对定积分进行分段计算.

例 2.29　求定积分 $\displaystyle\int_{-1}^1 \dfrac{1}{\sqrt{|x|}}\,dx.$

函数 $\dfrac{1}{\sqrt{|x|}}$ 在区间 $[-1,1]$ 上不连续,$x=0$ 是一个无穷间断点.因此,若要计算其数

值积分,必须在其中插入点 0. 运行 NIntegrate[1/Sqrt[Abs[x]],{x,-1,0,1}]得 4.

运行 NIntegrate[1/Sqrt[Abs[x]],{x,-1,1}]在 7.0 及以上版本仍能得到 4. 但在 5.0 版本下运行,就会报错如下:

NIntegrate　::inum:Integrand $\dfrac{1}{\sqrt{Abs[x]}}$ is not numerical at {x}= {0.}.

More…

NIntegrate$\left[\dfrac{1}{\sqrt{Abs[x]}},\{x,-1,1\}\right]$.

由此可见,定积分中的所谓"瑕点"可以出现在求数值积分时积分区间的端点处,但不能出现在积分区间内部.

对无穷限广义积分,在收敛时,也可计算出数值积分.

例 2.30　求广义积分 $\int_0^\infty e^{-x^2}\,dx$ 的近似值.

运行 NIntegrate[Exp[-x^2],{x,0,Infinity}]得 0.886227. (注:运行 N[Sqrt[Pi]/2]得 0.886227.)

2.6　二重积分与三重积分

2.6.1　区域的绘制

为了能准确地确定重积分中各变量的变化范围,直观地画出积分区域是很有帮助的,Mathematica7.0 以上版本提供了绘制二维及三维区域的命令.

1. 二维区域的绘制

二维区域通常由用不等式表示如下:
$$D=\{(x,y)\,|\,\varphi_1(x)\leqslant y\leqslant \varphi_2(x),a\leqslant x\leqslant b\}\text{ 或 }D=\{(x,y)\,|\,\psi_1(y)\leqslant x\leqslant \psi_2(y),c\leqslant y\leqslant d\}$$
针对第一种表示法的命令格式为 RegionPlot[f1[x]<y<f2[x],{x,a,b},{y,c,d},AspectRatio->Automatic].

例 2.31　绘制由抛物线 $y2=x$ 及直线 $y=x-2$ 所围成的闭区域.
运行 RegionPlot[y^2<x<y+2,{x,0,4},{y,-1,2},AspectRatio->Automatic]得图 2-24 所示二维区域.

2. 三维区域的绘制

三维区域的通常表示形式为 $\Omega:\begin{cases} z_1(x,y)\leqslant z\leqslant z_2(x,y) \\ (x,y)\in D \end{cases}$

命令格式为 RegionPlot3D[z1[x,y]<z<z2[x,y],{x,a,b},{y,c,d},{z,e,f},AxesLabel->{"x","y","z"},BoxRatios->Automatic].

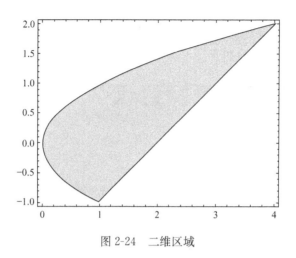

图 2-24　二维区域

例 2.32　绘制由椭圆抛物面 $x^2+y^2=4z$ 与平面 $z=9$ 围成的区域.

运行 RegionPlot3D[x^2+y^2<4z,{x,-6,6},{y,-6,6},{z,0,9},AxesLabel->{"x","y","z"},BoxRatios->Automatic],得如图 2-25 所示的三维区域.

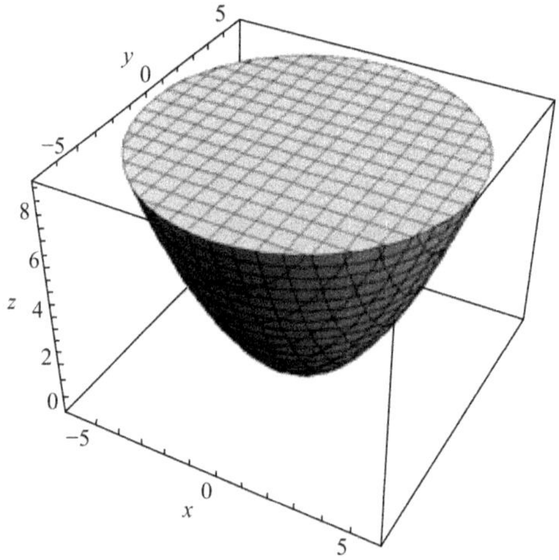

图 2-25　三维区域

特别提醒　可以在系统窗口中对输出的图形通过鼠标进行拖动,便于观看不同方向的视图效果,用这种方法在教学中演示空间区域非常直观.下面给出三维区域(图 2-25)从另外三个方向观看的效果图,如图 2-26 所示.

例 2.33　绘制球面 $x^2+y^2+z^2=4$ 与圆柱面 $x^2+y^2=2x$ 围成的在圆柱面内部及 xoy 面上方的区域.

运行 RegionPlot3D[x^2+y^2+z^2<=4&&x^2+y^2<=2x&&z>=0,{x,0,2},{y,-2,2},{z,0,2},Mesh->10,MeshFunctions->{#1&,#2&},MeshStyle->Red,AxesLabel->{"x","y","z"},BoxRatios->Automatic]得如图 2-27 所示的三维区域,图 2-28 是经过拖动后的效果图形.

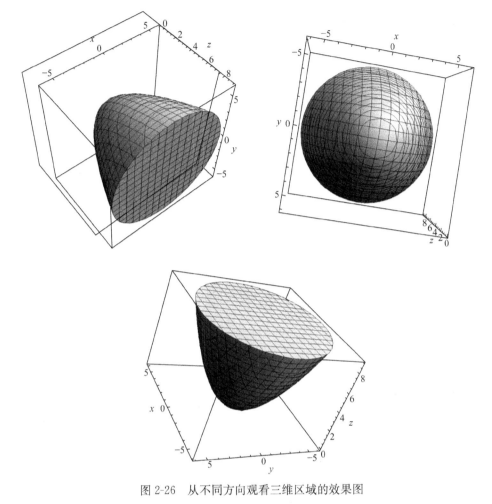

图 2-26　从不同方向观看三维区域的效果图

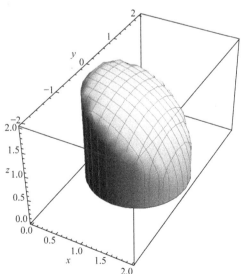

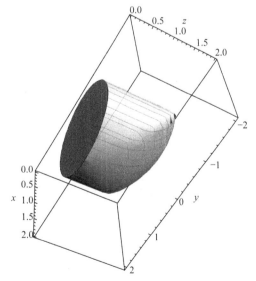

图 2-27　球面与圆柱面围成的区域的一部分　　　　图 2-28　前一区域经拖动后的效果

说明　在上述命令中,参数 Mesh 给出区域外表面上的同一方向的网线的数目;参数 MeshFunctions 给出网线的方向,#1&,#2&,#3& 分别代表与 x,y,z 轴垂直的平面与曲面的交线,该参数可以在{}内取 0-3 个值;MeshStyle 给出网线的颜色,取值可以是菜单"For_mat→Text Color"下给出的任何颜色如 Red(红色)、Gray(灰色)、Yellow(黄色)等,如果输入此外的单词,系统也不报错,并以默认的相当于 Black 对应的黑色网线给出,外围多一道红色边框;参数 AxesLabel 给出坐标轴的名称;参数 BoxRatios 给出长方体三个边长比例,取值 Automatic 时自动调节,否则可能会因为将图形显示在默认的正方体内而使图形失真.

2.6.2　二重积分

多元函数的积分类似于一元函数的积分,仍可以利用 Integrate 函数来完成. 格式如下:

由 Integrate[f,{x,a,b},{y,c,d},…,{z,m,n}]计算重积分 $\int_a^b \int_c^d \cdots \int_m^n f(x,y,\cdots,z)dz\cdots dydx$.

由 NIntegrate[f,{x,a,b},{y,c,d},…,{z,m,n}]计算对应的重积分的数值解.

例 2.34　计算 $\iint \dfrac{1}{x^2+y+1}dxdy$.

运行 Integrate[1/(x^2+ y+1),y,x]得 $2\sqrt{1+ y}\text{AraTan}\left[\dfrac{x}{\sqrt{1+ y}}\right]+x\log[1+x^2+y]$.

计算重积分 $\int_a^b \int_c^d \cdots \int_m^n f(x,y,\cdots,z)dz\cdots dydx$ 用 Integrate[f[x,y,…,z],{x,a,b},{y,c,d},…,{z,m,n}].

其数值解用 NIntegrate[f[x,y,…,z],{x,a,b},{y,c,d},…,{z,m,n}].

例 2.35　计算二重积分 $\iint_D xy^2 dxdy$,其中 $D=\{(x,y)\mid 0\leqslant x\leqslant 1,0\leqslant y\leqslant 1\}$.

运行 Integrate[x*y^2,{x,0,1},{y,0,1}]得 $\dfrac{1}{6}$.

为了便于与命令对照,下面各例中的二重积分直接以二次积分形式给出.

例 2.36　计算二重积分 $\iint_D xy^2 dxdy$,其中 $D=\{(x,y)\mid 0\leqslant x\leqslant 1,0\leqslant y\leqslant 1\}$.

运行 Integrate[x*y^2,{x,0,1},{y,0,1}]得 $\dfrac{1}{6}$.

为了便于与命令对照,下面各例中的二重积分直接以二次积分形式给出.

例 2.37　计算二重积分 $\int_0^a \int_0^b (x^2+y+1)dxdy$.

运行 Integrate[x^2+y+1,{x,0,a},{y,0,b}]得 $\dfrac{1}{6}ab(6+2a^2+3b)$.

内层积分变量 y 的积分限也可以是外层积分变量 x 的函数,

例 2.38　求二重积分 $\displaystyle\int_0^a\int_0^{x^2}(x^2+y+1)\mathrm{d}x\mathrm{d}y$.

运行 Integrate[x^2+y+1,{x,0,a},{y,0,x^2}] 得 $\dfrac{1}{30}a^3(10+9a^2)$.

例 2.39　求二重积分 $\displaystyle\int_0^2\int_0^{\sqrt{x+2}}\sqrt{x+y}\mathrm{d}x\mathrm{d}y$ 的近似值.

运行 Integrate[Sqrt[x+y],{x,0,2},{y,0,Sqrt[x+2]}] 得

$\dfrac{1}{960}(7692-462*\,2^{1/4}-1024\sqrt{2}-460*2^{3/4}-2430\mathrm{Log}[3]+1215\mathrm{Log}[1+2*2^{1/4}+2\sqrt{2}])$.

注意　①结果中" ＊ "号是作者添加的,原表达式中此处是代表乘积符号的空格;②该命令在 4.0 版本下求不出结果,在 7.0 下给出的结果是定积分形式的表达式,表明在某些特殊情况下,软件的低版本有其优势.

在 8.0 版本下运行的结果中,在"＊"的位置上已经是"×".

运行 N[%] 得 4.65557,直接运行 NIntegrate[Sqrt[x+y],{x,0,2},{y,0,Sqrt[x+2]}] 得相同结果.

2.6.3　三重积分

例 2.40　计算三重积分 $\displaystyle\int_{-2}^2\int_{x^2}^4\int_{-\sqrt{y-x^2}}^{\sqrt{y-x^2}}\sqrt{x^2+z^2}\mathrm{d}x\mathrm{d}y\mathrm{d}z$.

命令 Integrate[Sqrt[x^2+z^2],{x,-2,2},{y,x^2,4},{z,-Sqrt[y-x^2],Sqrt[y-x^2]}],在 5.0 版本下花稍长时间得 $\dfrac{128\pi}{15}$,但在 7.0 版本下只输出

$$\int_{-2}^2\int_{x^2}^4\int_{-\sqrt{-x^2+y}}^{\sqrt{-x^2+y}}\sqrt{x^2+z^2}\mathrm{d}z\mathrm{d}y\mathrm{d}x.$$

命令 NIntegrate[Sqrt[x^2+z^2],{x,-2,2},{y,x^2,4},{z,-Sqrt[y-x^2],Sqrt[y-x^2]}],在 5.0 版本下运行时,给出提示信息:

NIntegrate::slwcon: Numerical integration converging too slowly; suspect one of the following:singularity,value of the integration being 0,oscillatory integrand,or insufficient Working Precision.If your integrand is oscillatory try using the option Method->Oscillatory in NIntegrate.及近似值 26.8083.

该信息提示数值积分收敛太慢,可能的原因是:奇异、积分值为 0、被积函数振荡、或计算精度不够.如果你的被积函数是振荡的,请尝试在 NIntegrate 中使用选项 Method-> Oscillatory.

该命令在 7.0 版本下运行时没有错误提示.

2.7　曲线积分与曲面积分

2.7.1　第一类曲线积分

第一类曲线积分可以转化为定积分后由命令 Integrate 进行,下面举例说明.

例 2.41　求 $\int_L (x^2+y^2)\mathrm{d}s$,其中 L 为曲线

$x=a(\cos t+t\sin t),y=a(\sin t-t\cos t),(0\leqslant t\leqslant 2\pi)$. 借助下列程序立即求出结果,

```
Clear[a,x,y,t];
f[x_,y_]:=x[t]^2+ y[t]^2;
x[t_]:=a*(Cos[t]+t*Sin[t]);
y[t_]:=a*(Sin[t]-t*Cos[t]);
F[t_]:=f[x,y]*Sqrt[D[x[t],t]^2+D[y[t],t]^2]; Simplify[F[t]]
Integrate[F[t],{t,0,2Pi}]
```

运行后输出中间结果 $a^2\sqrt{a^2t^2}(1+t^2)$ 及最后结果为 $2(a^2)^{3/2}\pi^2(1+2\pi^2)$.

2.7.2　第二类曲线积分

第二类曲线积分也可以转化为定积分后由命令 Integrate 进行,下面举例说明.

例 2.42　求 $\int_L (x^2-y^2)\mathrm{d}x+xy\mathrm{d}y$,其中 L 为抛物线 $y=x^2$ 从 $O(0,0)$ 到 $A(1,1)$ 的一段曲线.

借助下列程序立即求出结果:

```
Clear[x,y,t];
P[x_,y_]:=x[t]^2-y[t]^2;
Q[x_,y_]:=x[t]*y[t];
x[t_]:=t;
y[t_]:=t^2;
F[t_]:=P[x,y]*D[x[t],t]+Q[x,y]*D[y[t],t];F[t]
Integrate[F[t],{t,0,1}]
```

运行后输出中间结果 t^2+t^4 及最后结果 $\dfrac{8}{15}$.

2.7.3　第一类曲面积分

例 2.43　同济《高等数学(下)》第七版 220 页例 1

求曲面积分 $\iint_\Sigma \dfrac{\mathrm{d}S}{z}$,其中 Σ 是球面 $x^2+y^2+z^2=a^2$ 被平面 $z=h(0<h<a)$ 所截的顶部 $(z>h)$.

运行 a=3;h=2;z[x_,y_]:=Sqrt[a^2-x^2-y^2];

```
p1=Plot3D[z[x,y],{x,- a,a},{y,- a,a},DisplayFunction->Identity];
p2=Plot3D[h,{x,- a,a},{y,- a,a},DisplayFunction->Identity];Show[p1,
p2,AxesLabel-> {x,y,z},AspectRatio-> Automatic,DisplayFunction->
$DisplayFunction]
```
画出曲面,如图 2-29,由此确定投影区域是 $x^2+y^2\leqslant a^2-h^2$,根据被积函数及积分区域的特点,采用极坐标计算曲面积分,下面给出一个通用程序,读者用

于计算其他第一类曲面积分时,只需对被积函数、积分曲面、积分变量的取值范围做相应改变.

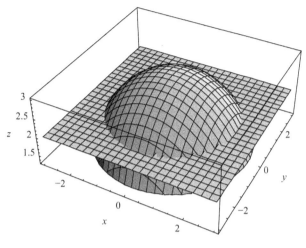

图 2-29 积分曲面

运行
```
Clear[a,h];
(*定义被积函数*)
f[x_,y_,z_]:=1/z[x,y];
(*定义积分曲面*)
z[x_,y_]:=Sqrt[a^2- x^2- y^2];
(*求转化成二重积分后的被积函数*)
g[x_,y_]:=Evaluate[f[x,y,z]*Sqrt[1+D[z[x,y],x]^2+D[z[x,y],y]^2]];
(*被积函数进行带条件的化简并输出*)
GRT[x_,y_]:=Simplify[g[x,y],Assumptions  x^2+y^2<a^2&&a>0];
Print["转化成二重积分后的被积函数:",GRT[x,y]];
(*对被积函数转化成极坐标下的被积函数,同时进行有条件的化简*)
F[r_,t_]:=Simplify[r*g[r*Cos[t],r*Sin[t]],Assumptions->a>r>0];
Print["化成极坐标后的被积函数:",F[r,t]];
Integrate[F[r,t],{t,0,2Pi},{r,0,Sqrt[a^2-h^2]},Assumptions->a>
h&&h>0];
Print["积分结果: ",% ];
```
运行后分别输出下列信息

转化成二重积分后的被积函数:$\dfrac{a}{a^2-x^2-y^2}$;转化成极坐标后的被积函数:$\dfrac{ar}{a^2-r^2}$;积

分结果:$2a\pi\mathrm{Log}\left[\dfrac{a}{h}\right]$.

2.7.4 第二类曲面积分

例 2.44 同济《高等数学(下)》第七版 229 页例 2.

计算曲面积分 $\iint\limits_{\Sigma} xyz\,\mathrm{d}x\mathrm{d}y$，其中 $\sum$ 是球面 $x^2 + y^2 + z^2 = 1$ 外侧在 $x \geqslant 0, y \geqslant 0$ 的部分.

此处只求 xoy 上方部分的积分，由对称性可得 xoy 下方部分的积分结果相等.

运行

```
(*高等数学(下),P229例2,其中在第一卦限的积分*)
Clear[a,h];
(*定义被积函数*)
R[x_,y_,z_]:=x*y*z[x,y];
(*定义积分曲面*)
z[x_,y_]:=Sqrt[1-x^2-y^2];
(*求转化成二重积分后的被积函数*)
g[x_,y_]:=Evaluate[R[x,y,z]];
Print["转化成二重积分后的被积函数: ",g[x,y]];
(*对被积函数转化成极坐标下的被积函数,同时进行有条件的化简*)
F[r_,t_]:=Simplify[r*g[r*Cos[t],r*Sin[t]],Assumptions->r>0];
Print["化成极坐标后的被积函数: ",F[r,t]];
Integrate[F[r,t],{t,0,Pi/2},{r,0,1}];
Print["积分结果: ",%];
```

运行后分别输出下列信息

转化成二重积分后的被积函数：$xy\sqrt{1-x^2-y^2}$

化成极坐标后的被积函数：$r^3\sqrt{1-r^2}\mathrm{Cos}[t]\mathrm{Sin}[t]$

积分结果：$\dfrac{1}{15}$.

2.8 求解微分方程

求解微分方程就是寻找满足方程的未知函数的表达式，在 Mathematica 中使用函数 DSolove 可以求解线性和非线性微分方程，以及微分方程组. 若方程不含初值条件，所得到的解还包括形如 C[1], C[2],… 的任意常数，因此，所求的解为通解. 在 Mathematica 中，未知函数用 $y[x]$ 表示，其微分用 $y'[x], y''[x]$ 等表示(此处""不是双引号而是两个单引号).

微分方程(组)的求解命令格式如表 2-8 所示.

表 2-8　求解微分方程函数

命令格式	意义
DSolve[eqn,y[x],x]	求解微分方程 *eqn* 的解 $y[x]$
DSolve[eqn,y,x]	求解微分方程 *eqn* 的解 y
DSolve[{eqn1,eqn2,…},{y1,y2,…},x]	求解微分方程组

2.8.1　求微分方程的通解

1. 求通解形式的解

例 2.45　解微分方程 $y'=2y$.

运行 Clear[x,y];DSolve[y'[x]==2y[x],y[x],x] 得 {{Y[x]→e²ˣC[1]}},结果表明,一阶线性齐次微分方程 $y'=2y$ 的通解为 $y=Ce^{2x}$.

例 2.46　求解一阶线性微分方程 $y'+2y=-3xe^{-2x}\cos x$.

运行 DSolve[y'[x]+2*y[x]+3x*Exp[-2x]*Cos[x]==0,y[x],x] 得

{{y[x]→e⁻²ˣC[1]-3e⁻²ˣ(Cos[x]+xSin[x])}},即所给微分方程的通解为 $y=Ce^{-2x}-3e^{-2x}(\cos x+x\sin x)$.

例 2.47　求解二阶线性微分方程 $y''+2y'+2y=0$.

运行 DSolve[y''[x]+2y'[x]+y[x]==0,y[x],x] 得 {{y[x]→e⁻ˣC[1]+e⁻ˣxC[2]}}.

注意　此处解函数 $y[x]$ 仅适合其本身,并不适合于 $y[x]$ 的其他形式,如 $y[0],y'[x]$ 等,也就是说 $y[x]$ 不是函数. 例如,如果在例 2.46 基础上进行如下替换操作:

运行 {y[x],y[0],y'[x]}/.% 得 {{e⁻ˣc[1]+e⁻ˣxc[2],y[0],y'[x]}}. 从输出结果可见 $y[0],y'[x]$ 在替换中没有发生变化.

2. 求纯函数形式的解

在标准数学表达式中,直接引入亚变量表示函数自变量,用此方法可以生成微分方程的通解. 如果需要的只是通解的符号形式,引入这样的变量很方便. 然而,如果想在其他的计算中使用该结果,那么最好使用不带亚变量的纯函数形式的结果.

使用 DSolve 命令可以给出解的纯函数形式,只需把前面的命令中指定函数时所用的 $y[x]$ 改成 y 即可. 例 2.44,例 2.45,例 2.46 中的命令相应地改成如下形式:

运行 DSolve[y'[x]==2y[x],y,x] 得 {{y->Function[{x},e²ˣC[1]]}}

运行 DSolve[y'[x]+2*y[x]+3x*Exp[-2x]*Cos[x]==0,y,x] 得

{{y→Function[{x},e⁻²ˣC[1]-3e⁻²ˣ(Cos[x]+xSin[x])]}}.

运行 DSolve[y''[x]+2y'[x]+y[x]==0,y,x] 得 {{y→Function[{x},e⁻ˣC[1]+e⁻ˣxC[2]]}}.

这里的 y 适合 y 的所有情况,例如,如果在例 2.4.6 基础上进行如下替换操作:

运行 {y[x],y[0],y'[x]}/.% 得 {{e⁻ˣC[1]+e⁻ˣxC[2],C(1),-e⁻ˣC[1]+e⁻ˣC[2]-

$e^{-x}xC[2]\}\}.$

从输出结果可见,$y[0]$,$y'[x]$也进行了相应替换,因此,称这种解为纯函数形式.

2.8.2 求微分方程组的解

对于未知函数超过一个的微分方程组,可以仿照解方程组的方式处理.

例 2.48 解微分方程组 $\begin{cases} y=-z' \\ z=-y' \end{cases}.$

运行 DSolve[{y[x]==-z'[x],z[x]==-y'[x]},{y[x],z[x]},x]得

$\{\{z[x]\to\dfrac{1}{2}e^{-x}(1+e^{2x})C[1]-\dfrac{1}{2}e^{-x}(-1,e^{2x})C[2],y[x]\to\dfrac{1}{2}e^{-x}(-1+e^{2x})C[1]$

$+\dfrac{1}{2}e^{-x}(1+e^{2x})C[2]\}\}.$

当然,微分方程组也有纯函数形式的解. 例如,运行 DSolve[{y[x]==-z'[x],z[x]==-y'[x]},{y,z},x]得

$\{z\text{->Function}[\{x\},\dfrac{1}{2}e^{-x}(1+e^{2x})C[1]-\dfrac{1}{2}e^{-x}(-1+e^{2x})C[2],y\text{->Function}$

$[\{x\},-\dfrac{1}{2}e^{-x}(-1+e^{2x})C[1]+\dfrac{1}{2}e^{-x}(1+e^{2x})C[2]]\}\}.$

2.8.3 求带初始条件的微分方程的解

每给定一个微分方程的初始条件,可以确定一个待定系数. 只需把初始条件连同微分方程本身当做方程组对待即可求解.

例 2.49 解初值问题(1) $\begin{cases} y'=y \\ y|_{x=0}=5 \end{cases}$, (2) $\begin{cases} y''=y \\ y'|_{x=0}=0 \end{cases}.$

(1) 运行 DSolve[{y'[x]==y[x],y[0]==5},y[x],x]得$\{\{y[x]\to5e^x\}\}.$

(2) 运行 DSolve[{y''[x]==y[x],y'[0]==0},y[x],x]得$\{\{y[x]\to e^{-x}(1+e^{2x})C[2]\}\}.$

第二例由于只给出了一个初始条件,所以只能确定一个任意常数.

运行 DSolve[{y''[x]==y[x],y[0]==2,y'[0]==0},y[x],x]得$\{\{y[x]\to e^{-x}(1+e^{2x})\}\}.$

带初始条件时解的纯函数形式仍然有效,例如,运行 DSolve[{y''[x]==y[x],y'[0]==0},y,x]得$\{\{Y\text{->Function}[\{x\},e^{-x}(1+e^{2x})C[2]]\}\}.$

2.8.4 进一步讨论

对于简单的微分方程,其通解形式比较简单,但对某些特殊的微分方程,它的解的表达式会很复杂.特别是对一些微分方程组或高阶微分方程,不一定能求出解的具体表达式,或者解中含有一些特殊函数.事实上,很多特殊函数的引进就是为了求解这些方程的.

例 2.50　需用特殊函数表示其解的微分方程.

运行 DSolve[y'[x]-2x*y[x]==1,y[x],x] 得 $\left\{\left\{y[x]\rightarrow e^{x^2}C[1]+\dfrac{1}{2}e^{x^2}\sqrt{\pi}Erf\right.\right.$

$[x]\bigg\}\bigg\}$,在 2.5.1 小节中求不定积分 $\displaystyle\int e^{-x^2}dx$ 时,出现过函数 Erf[x] 并对其进行过初步研究.

运行 DSolve[y''[x]-x*y[x]==0,y[x],x] 得 {{y[x]→AiryAi[x] C[1]+AiryBi[x] C[2]}},其中函数 AiryAi[x],AiryBi[x] 可以通过运行 Plot 命令绘图进行了解.

运行 Plot[AiryAi[x],{x,-15,4}] 得如图 2-30 所示的图形.

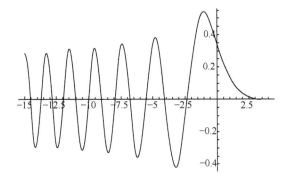

图 2-30　$y=$AiryAi$[x]$的图形

运行 Plot[AiryBi[x],{x,-15,6}] 得如图 2-31 所示的图形.

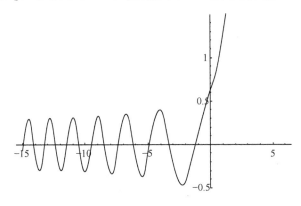

图 2-31　$y=$AiryBi$[x]$的图形

运行 DSolve[y''[x]-Exp[x]y[x]==0,y[x],x] 得

{{y[x]→BesselI[0,2$\sqrt{e^x}$]C[1]+2BesselK[0,2$\sqrt{e^x}$]C[2]}},这里出现了函数 BesselI 及 BesselK,仍可以通过如下命令了解其性质:

运行 Plot[{BesselI[1,x],BesselI[2,x],BesselI[3,x]},{x,0,5}] 得如图 2-32 所示的图形.

运行 Plot[{BesselK[1,x],BesselK[2,x],BesselK[3,x]},{x,1,6}] 得如图 2-33 所示的图形.

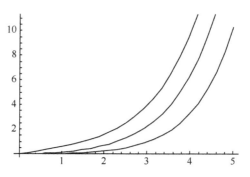

图 2-32　$y=\text{BesselI}[i,x]$的图形,$i=1,2,3$

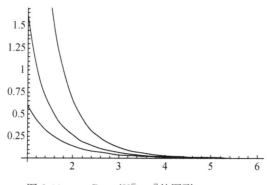

图 2-33　$y=\text{BesselK}[i,x]$的图形,$i=1,2,3$

　　上面三个方程的通解中分别使用了三种类型的系统内部函数,要想了解这些函数的性质和含义,可以查看系统帮助.对于非线性微分方程,仅有一些特殊的情况可用标准数学函数表示通解.DSolve 能够处理所有在标准数学手册中有解的各种微分方程.

　　例 2.51　求解数学手册中的微分方程举例.

　　运行 `DSolve[y'[x]-y[x]^2==0,y[x],x]`得$\left\{\left\{y[x]\rightarrow\dfrac{1}{-x-C[1]}\right\}\right\}$.

　　最后给出一个解的表达式很复杂的例子.

　　运行 `DSolve[y'[x]-y[x]^2==x,y[x],x]`得

　　$\{\{y[x]\rightarrow$

$$\dfrac{-\text{BesselJ}\left[-\frac{1}{3},\frac{2x^{3/2}}{3}\right]C[1]+x^{3/2}\left(-2\text{BesselJ}\left[-\frac{2}{3},\frac{2x^{3/2}}{3}\right]-\text{BesselJ}\left[-\frac{4}{3},\frac{2x^{3/2}}{3}\right]C[1]+\text{BesselJ}\left[\frac{2}{3},\frac{2x^{3/2}}{3}\right]C[1]\right)}{2x\left(\text{BesselJ}\left[\frac{1}{3},\frac{2x^{3/2}}{3}\right]+\text{BesselJ}\left[-\frac{1}{3},\frac{2x^{3/2}}{3}\right]C[1]\right)}.$$

2.8.5　微分方程的数值解

1. 插值函数

　　为了明确微分方程数值解的含义,先了解 Mathematica 中的插值函数 Interpolating-Function 的意义及用法.

　　由连续函数 $y=\dfrac{1}{x}$生成自变量 x 取值在$[1,5]$之间,步长为 1 的 5 个点,构成离散数

据 list0,运行 list0=Table[{k,1/k},{k,1.0,5}]得{{1.,1.},{2.,0.5},{3.,0.333333},{4.,0.25},{5.,0.2}};

依据 list0 利用插值函数生成以 func 为函数名的插值函数,运行 func=Interpolation[list0]得 InterpolatingFunction[{{1.,5.}},<>];该函数虽然没有解析表达式,但可以像函数一样对其进行相关操作,例如,可以计算出 x 取值在[1,5]之间步长为 0.5 的 9 个点,运行 Table[func[i],{i,1,5,0.5}]得{1.,0.692708,0.5,0.390625,0.333333,0.284375,0.25,0.223958,0.2},比较 func 与 $y=\dfrac{1}{x}$ 的误差大小,

运行 Plot[func[x]-1/x,{x,1,5},PlotRange->All]得如图 2-34 所示的图形.

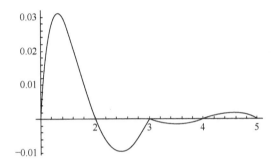

图 2-34　数据生成函数 fun[x]与原始函数 $y=\dfrac{1}{x}$ 之差的图形

从图 2-26 中可以看出,在区间[1,5]内,它们的误差不超过 0.03. 读者可以通过取不同的 dx 运行下列程序,观察误差的变化:

```
dx=0.2(*dx越小,插值函数的精度越高*);
list1=Table[{k,1/k},{k,1.0,5,dx}];
func1=Interpolation[list1];
Plot[func1[x]-1/x,{x,1,5},PlotRange→All]
```

2. NDSolve 求微分方程的数值解

在 2.7.1 节中已经用函数 DSolve 求得微分方程的精确解,在求不出精确解时,用函数 NDSolve 可以得到在指定求解区间(xmin,xmax)内的数值解,其结果以插值函数的形式给出.

NDSolve 既能求解单个的微分方程,也能求解微分方程组. 它能对大多数的常微分方程和部分偏微分方程求解. 在求解常微分方程时,还可以求解多个未知函数 yi 同时依赖于一个单变量 x 时的微分方程. 命令格式如下:

NDSolve[{eqn1,eqn2,…},y,{x,xmin,xmax}]用于求函数 y 的数值解,x 属于区间[xmin,xmax];

NDSolve[{eqn1,eqn2,…},{y1,y2,…}{x,xmin,xmax}]用于求多个函数 y_i 的数值解.

NDSolve 借助函数 InterpolatingFunction 表示 yi 的解,它能提供在独立变量 x 取值从 xmin 到 xmax 范围内误差很小的函数的近似值. NDSolve 求解时采用的迭代法,它以某一个初始值 x_0 开始,尽可能覆盖从 xmin 到 xmax 的全区间.

为了在迭代开始时 NDSolve 指定 yi 及其导数为初始条件,初始条件给定某定点 x_0 处的 $yi[x_0]$ 及导数 $yi'[x_0]$. 一般情况下,初始条件可取指定区间内的任意点 x_0 处的值, NDSolve 将以此为起点自动覆盖 xmin 到 xmax 的全区间.

例 2.52 求微分方程 $\begin{cases} y'=y \\ y|_{x=0}=1 \end{cases}$ 在区间 $[0,1]$ 上的数值解.

运行 f=NDSolve[{y'[x]==y[x],y[0]==1},y,{x,0,1}] 得 {{y→InterpolatingFunction[{{0.,1.}},<>]}};

运行 Table[k,{k,0,1,0.1}]//f[[1,1,2]] 得解所给出的函数在自变量分别取表 {0,0.1,0.2,0.3,0.4,0.5,0.6,0.7,0.8,0.9,1.} 中各点时,函数值构成的表 {1., 1.10517,1.2214,1.34986,1.49182,1.64872,1.82212,2.01375,2.22554,2.4596, 2.71828}.

容易求得微分方程 $\begin{cases} y'=y \\ y|_{x=0}=1 \end{cases}$ 的精确解为 $y=\mathrm{e}^x$. 通过运行 Plot[f[[1,1,2]][x]- Exp[x],{x,0,1}] 得到如图 2-35 所示的图形,从图 2-35 可以看出数值解在区间 $[0,1]$ 的误差小于 6×10^{-7}.

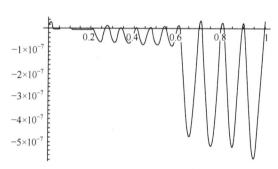

图 2-35　精确解与数值解之间的误差

使用 Mathematica 还可以很容易的得到解的图形. 这里给出如何观察微商的逆函数的近似值图形. 使用命令 Evaluate 代替 InterpolatingFunction 能够节省运行时间.

例 2.53 求微分方程 $\begin{cases} y'=\dfrac{1}{2y} \\ y|_{x=0.01}=0.1 \end{cases}$ 在区间 $[0,1]$ 上的数值解.

运行 s1=NDSolve[{y'[x]==1/(2*y[x]),y[0.01]==0.1},y,{x,0.1,1}] 得 {{y->InterpolatingFunction[{{0.1,1.}},"<>"]}}.

运行 Plot[Evaluate[y[x]/.s1],{x,0.1,0.9}] 得如图 2-36 所示的图形.

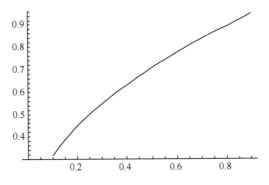

图 2-36　例 2.52 中微分方程的数值解的图形

练　习

1. 令 $f[x\_]=(Cos[x+h]-Cos[x])/h$，对 $h=1,0.5,0.2,0.1,0.01$，利用 Plot 函数绘出函数 f 的图形，然后合并显示，进行观察，你能看出什么结果？

2. 利用教学软件求下列函数的一阶导数.

(1) $y=\ln(x^2-x)$；　　　　　　　　　(2) $y=(\arccos x)^{\arcsin x}$；

(3) $y=\arctan(\sin\sqrt{x})$；　　　　　　(4) $y=f(f(x^2))$；

(5) $y=f(\mathrm{e}^x)\mathrm{e}^{f(x)}$.

3. 利用教学软件求下列函数的高阶导数.

(1) $y=\sin^4 x+\cos^4 x$ 的 n 阶导数；

(2) $y=\dfrac{\sqrt{\cos x}(2-x)^2}{x^6}$ 在 $x=\dfrac{1}{2}$ 处导数的近似值；

(3) $y=\dfrac{\sqrt{1-x^2}}{\sqrt{2+x}+\sqrt[3]{x-1}}$ 的三阶导数.

2.9　离散与连续

在处理某些实际问题时，常常需要在连续问题与离散问题之间进行转化，借助数学软件 Mathematica 很容易实现这两种转化.

2.9.1　连续问题离散化

要把一个连续问题离散化可以利用表生成函数. 例如，生成数列 $\{\arctan n\}$，运行 list1=Table[ArcTan[n],{n,1,10}] 得该数列的前 10 项构成的的表为

$\{\dfrac{\pi}{4}$,ArcTan[2],ArcTan[3],ArcTan[4],ArcTan[5],ArcTan[6],ArcTan[7],

ArcTan[8],ArcTan[9],ArcTan[10]}.

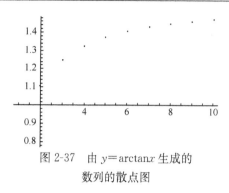

图 2-37　由 $y=\arctan x$ 生成的
数列的散点图

可以通过 ListPlot 命令生成散点图,运行 fig1=ListPlot[list1]得数列的直观图形,如图 2-37 所示.

2.9.2　离散问题连续化

对于一组离散数据,除了按 2.1.2 小节的方法作出其图形外,还可以进行如下处理.

1. 对离散的点通过插值或拟合得到连续函数

利用函数进行拟合,Interpolation[data]对数据进行插值得到一个连续函数.

例如,在 2.9.1 小节基础上运行 fun=Interpolation[list1]得到 InterpolatingFunction[{{1,10}},<>],这时对于变量取[1,10]的任何值均可以求出函数值. 如 fun[3]=ArcTan[3],fun[3.5]=1.29333.事实上,通过运行 fun[7/2]得到的结果:

$$\text{ArcTan}[4]\frac{1}{2}\Big(\text{ArcTan}[3]-\text{ArcTan}[4]-\frac{1}{2}\Big(\text{ArcTan}[3]-\text{ArcTan}[4]+\frac{1}{2}(-\text{ArcTan}[3]+$$

$$\text{ArcTan}[5])-\frac{3}{4}\Big(\text{ArcTan}[3]-\text{ArcTan}[4]+\frac{1}{3}(-\text{ArcTan}[2]+\text{ArcTan}[5])\Big)\Big)\Big)$$

可以看出,该结果是由自变量取 3.5 邻近的 4 个已知函数值,通过三次插值计算得出的.

与运行 ArcTan[3.5]直接计算的函数值 1.2925 比较,误差小于 10^{-3}(运行 %-%%得-0.000829672).

2. 由 InterpolatingFunction 表示的插值函数可以进行与连续函数一样的操作

(1) 作函数图象. 运行 fig2=Plot[fun[x],{x,1,10}];得如图 2-38 所示图形.

与运行 Plot[ArcTan[x],{x,1,10}]得出的图形大致相同,下面给出由插值得到的连续函数的图形与散点图的重叠状况,运行 Show[fig1,fig2]得如图 2-39 所示的图形.

(2) 求导数. 运行 fig3=Plot[Evaluate[D[fun[x],x]],{x,1,10}]得导函数的图形,如图 2-40 所示.

下面给出图 2-40 与 $\arctan x$ 的导函数 $\dfrac{1}{1+x^2}$ 的图形的重叠情况.

运行 fig4=Plot[1/(1+x^2),{x,1,10}]; Show[fig3,fig4]得如图 2-41 所示的图形.

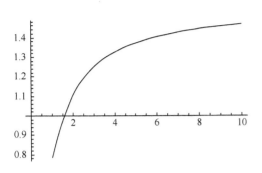

图 2-38　拟合函数 fun(x)的图形

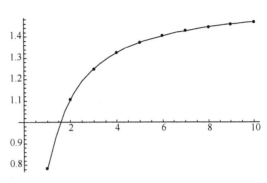

图 2-39　散点图与连续函数图形的重叠

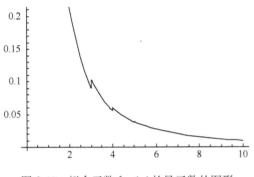

图 2-40　拟合函数 fun(x)的导函数的图形

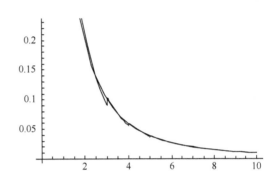

图 2-41　拟合函数与原来函数的导函数的图形

（3）进行数值积分. 求 $\int_1^{10} \mathrm{fun}(x)\mathrm{d}x$ 的近似值.

运行 NIntegrate[fun[x],{x,1,10}]得 11.963.运行 NIntegrate[ArcTan[x], {x,1,10}]得 11.9649,误差小于 0.002.读者不妨运行 Integrate[fun[x],{x,1, 10}],观察输出结果可见,计算的结果全由 list1 中的数据表示.

2.10　级　　数

求和函数及将函数展开成幂级数（或求函数的泰勒级数）的命令,如表 2-9 所示.

表 2-9　求和运算及函数展开成幂级数函数

命令格式	意义
Sum[f[n],{n,a,b}]	求以函数 $f(n)$ 为通项的有限项的和
Sum[f[n],{n,1,Infinity}]	求以函数 $f(n)$ 为通项的级数在收敛域内的和
Series[f[x],{x,x₀,n}]	将函数 $f(x)$ 在点 x_0 处展开为 $(x-x_0)$ 的 n 次幂（泰勒公式）
Series[f[x,y],{x,x₀,n},{y,y₀,m}]	将二元函数 $f(x,y)$ 在点 (x_0,y_0) 处展开到 $(x-x_0)$ 的 n 次幂,$(y-y_0)$ 的 m 次幂
Normal[expr]	将级数 expr 转化为多项式形式（去掉余项）

在 Mathematica 中,求和用 Sum 或 NSum 命令进行.下面列出求和函数的形式和意义.

Sum[f[i],{i,imin,imax}],求和 $\sum\limits_{i=imin}^{imax} f(i)$；

Sum[f[i],{i,imin,imax,di}],以步长 di 增加 i,对 $f(i)$ 求和；

Sum[f[I,j],{i,imin,imax},{j,jmin,jmax}],嵌套求和 $\sum\limits_{i=imin}^{imax}\sum\limits_{j=jmin}^{jmax} f(i,j)$；

Sum[f[i],{i,imin,Infinity}],级数求和,即求 $\sum\limits_{i=imin}^{\infty} f(i)$ 的值；

NSum[f[i],{i,imin,Infinity}],求 $\sum\limits_{i=imin}^{\infty} f(i)$ 的近似值.

例 2.54　有限项求和.

运行 Sum[2i-1,{i,1,9}] 得 81.如果求和变量的初值等于 1,则可以省略.

运行 Sum[2i-1,{i,9}] 得 81.

构造一个多项式,运行 Sum[(2i+1)*x^i,{i,0,9,2}] 得 $1+5x^2+9x^4+13x^6+17x^8$.

Mathematica 可以给出和的精确结果.运行 Sum[1/n!,{n,0,11}] 得 $\frac{13563139}{4989600}$,再运行 N[%] 得 2.71828.

例 2.55　无限项求和.

对于收敛级数的运算,可以求无限项的和,例如,运行 Sum[1/n!,{n,0,Infinity}] 得 e.

在命令 Sum 前加 N 变成求和的近似值,运行 NSum[1/n!,{n,0,Infinity}] 得 2.71828.

运行 Sum[(-1)^(n-1)/n,{n,1,Infinity}] 得 Log[2],运行 Sum[1/n^2,{n,1,Infinity}] 得 $\frac{\pi^2}{6}$.

例 2.56　多重求和.

Sum 命令还可以对多个变量求和,例如,运行 Sum[1/m*x^n,{n,1,10},{m,1,n}] 得

$$x+\frac{3x^2}{2}+\frac{11x^3}{6}+\frac{25x^4}{12}+\frac{137x^5}{60}+\frac{49x^6}{20}+\frac{363x^7}{140}+\frac{761x^8}{280}+\frac{7129x^9}{2520}+\frac{7381x^{10}}{2520},$$ 其中

x^{10} 的系数 $\frac{7381}{2520}$ 相当于运行 Sum[1/m,{m,1,10}] 的结果.

如果级数不收敛,求和时会给出提示信息,例如,运行 Sum[1/n,{n,1,Infinity}] 将给出如下提示:

Sum::div: Sum does not converge.More…

然后输出 $\sum\limits_{n=1}^{\infty}\frac{1}{n}$,表示级数不收敛.

当一般项中有求和变量以外的变量时,Sum 命令相当于求函数项级数的和函数.

例 2.57　求幂级数的和函数及函数展开成幂级数.

运行 Sum[(-1)^(n+1)*x^n/n,{n,1,Infinity}] 得 Log[1+x].

反过来,求函数在某点的幂级数展开式用 Series 命令,例如,$\sin x$ 在点 0 处展开为 x 的 9 次幂,运行 Series[Sin[x],{x,0,9}] 得 $x - \dfrac{x^3}{6} + \dfrac{x^5}{120} - \dfrac{x^7}{5040} + \dfrac{x^9}{326880} + o[x]^{10}$.

运行 Series[Exp[x],{x,1,5}] 得

$$e + e(x-1) + \frac{1}{2}e(x-1)^2 + \frac{1}{6}e(x-1)^3 + \frac{1}{24}e(x-1)^4 + \frac{1}{120}e(x-1)^5 + o[x-1]^6.$$

运行 Normal[Series[Exp[x],{x,0,5}]] 得 $1 + x + \dfrac{x^2}{2} + \dfrac{x^3}{6} + \dfrac{x^4}{24} + \dfrac{x^5}{120}$.

对于多元函数,还可以按各个自变量分别展开,例如,运行 Series[1/(x+y),{x,1,3},{y,3,2}] 得

$$\left(\frac{1}{4} - \frac{y-3}{16} + \frac{1}{64}(y-3)^2 + o[y-3]^3\right) + \left(-\frac{1}{16} + \frac{y-3}{32} - \frac{3}{256}(y-3)^2 + o[y-3]^3\right).$$

$$(x-1) + \left(\frac{1}{64} - \frac{3(y-3)}{256} + \frac{3}{512}(y-3)^2 + o[y-3]^3\right)(x-1)^2 + \left(-\frac{1}{256} + \frac{y-3}{256} - \frac{5(y-3)^2}{2048} + o[y-3]^3\right)(x-1)^3 + o[x-1]^4.$$

练　习

1. 求级数 $\displaystyle\sum_{n=1}^{\infty} n\left(\frac{3}{4}\right)^n$ 与 $\displaystyle\sum_{n=1}^{\infty} \frac{1}{n}\sin\frac{1}{n}$ 的和,并判别其敛散性.

2. 分别求级数 $\displaystyle\sum_{n=1}^{\infty} \frac{1}{n(n+1)}$ 与 $\displaystyle\sum_{n=1}^{\infty} \frac{1}{n}$ 的和,并判别其敛散性.

3. 分别求级数 $\displaystyle\sum_{n=0}^{\infty} \frac{x^n}{n!}$ 与 $\displaystyle\sum_{n=1}^{\infty} (-1)^{n+1}\frac{x^n}{n}$ 的和函数,并确定其收敛域.

4. 将函数 $f(x) = \dfrac{1}{x^2}$ 展开成 $(x-1)$ 的 9 阶幂级数形式.

5. 设 $f(x) = \dfrac{1}{1-2x}$,将 $f(x)$ 展开成 $(x-2)$ 的 4 阶幂级数.

第3章　Mathematica 软件在高等代数（线性代数）中的应用

高等代数中的多项式运算,高等代数及线性代数中的矩阵、行列式、线性方程组等的运算,均可以利用数学软件 Mathematica 进行操作.

3.1　求和与求积

在 Mathematica 中,数学上的求和已在 2.10 节作了介绍.数学上用连乘符号 $\prod$ 给出的表达式,在 Mathematica 中用命令 Product 或 NProduct 表示.下面列出求积函数的形式和意义.

Product[f,{i,imain,imax}],求积 $\prod\limits_{i=imin}^{imax} f$.

Product[f,{i,imin,imax,di}],以步长 di 增加 i 并求积.

Product[f,{I,imin,imax},{j,jmin,jmax}],嵌套求积 $\prod\limits_{i=imin}^{imax}\prod\limits_{j=jmin}^{jmax} f$.

NProduct[f,{i,imin,Infinity}],求积 $\prod\limits_{i=imin}^{\infty} f$ 的近似值.

例 3.1　(1) 求 6!,(2) 求无穷乘积 $\prod\limits_{n=1}^{\infty}\dfrac{n}{n+1}$,(3) 求无穷乘积 $\prod\limits_{n=0}^{\infty}e^{\frac{1}{n!}}$,(4) 求无穷乘积 $\prod\limits_{n=1}^{\infty}\dfrac{n+1}{n}$.

解答:

(1) 运行 Product[i,{i,1,6}] 得 720.如果下限等于 1,可以省略,例如,运行 Product[i,{i,6}] 得 720.

(2) 运行 Product[n/(n+1),{n,1,Infinity}] 得 0,表明该无穷乘积发散到 0.

(3) 运行 Product[Exp[1/n!],{n,0,Infinity}] 得 e^e,表明该无穷乘积收敛于 e^e.

(4) 当无穷乘积发散且非零时给出相应提示,如运行 Product[(n+ 1)/n,{n,1, Infinity}] 给出提示信息 Product::div: Product does not converge.More… $\prod\limits_{n=1}^{\infty}\dfrac{1+n}{n}$,表明该无穷乘积发散.

3.2　多项式运算

在数学软件 Mathematica 中,多项式是表达式的一种特殊形式,所以多项式的运算与表达式的运算基本相同. 表达式中的各种输出形式也适用于多项式的输出. Mathematica 提供对多项式操作的函数如表 3-1 所示.

表 3-1　多项式操作函数

命令格式	意义
Expand[ploy]	按幂次展开多项式 ploy
ExpandAll[ploy]	全部展开多项式 ploy
Factor[ploy]	对多项式 poly 进行因式分解
FactorTerms[ploy,{x,y,…}]	按变量 $x,y,…$ 进行分解
Simplify[poly]	把多项式化为系统默认的最简形式
FullSimplify[ploy]	把多项式展开并化简
Collect[ploy,x]	把多项式 poly 按 x 的幂次展开
Collect[poly,{x,y,…}]	把多项式 poly 按 $x,y,…$ 的幂次展开

3.2.1　多项式的代数运算

多项式的代数运算有加、减、乘、除运算, 其运算符与数的同名运算符相同.

例 3.2　将多项式 $2+3a+a^2$ 与 $1+a$ 进行四则运算.

先运行 p1=a^2+3a+2;p2=a+1;保存两个多项式在变量 $p1$、$p2$ 中.

(1) 多项式相加. 运行 p1+p2 得 $3+4a+a^2$;

(2) 多项式相减. 运行 p1-p2 得 $1+2a+a^2$;

(3) 多项式相乘. 运行 p1*p2 得 $(1+a)(2+3a+a^2)$;

(4) 多项式相除. 运行 p1/p2 得 $\dfrac{2+3a+a^2}{1+a}$.

3.2.2　多项式的因式分解

例 3.3　一元多项式的因式分解.

(1) 对 x^8-1 进行分解, 运行 Factor[x^8-1] 得 $(-1+x)(1+x)(1+x^2)(1+x^4)$.

(2) 先把多项式 $(1+x)^5$ 展开, 然后再分解,

运行 Expand[(1+x)^5] 得 $1+5x+10x^2+10x^3+5x^4+x^5$, 运行 Factor[%] 得 $(1+x)^5$.

例 3.4　多元多项式的因式分解.

(1) 先把多项式 $(1+x+3y)^4$ 展开, 然后再分解.

运行 Expand[(1+x+3y)^4] 得 $1+4x+6x^2+4x^3+x^4+12y+36xy+36x^2y+12x^3y+54y^2+108xy^2+54x^2y^2+108y^3+108xy^3+81y^4$. 运行 Factor[%] 得 $(1+x+3y)^4$.

(2) 先把 $(x+2y-3)*(4x-5y+6)$ 展开, 然后再分解.

运行 Expand[(x+2y-3)*(4x-5y+6)] 得 $-18-6x+4x^2+27y+3xy-10y^2$,

运行 Factor[%] 得 $(6+4x-5y)(-3+x+2y)$, 此处的 * 可以省略.

(3) 把 $(xy)^n$ 展开成 $x^n y^n$ 的形式.

由于 $(ab)^n=a^n b^n$ 并不总是成立, 例如, 运行 (a*b)^n/.{a→-1,b→-1,n→1/2} 得

1,运行 a^n*b^n/.{a→-1,b→-1,n→1/2}得-1,因此,用 Simplify 及 Expand 均不能将 (ab)^n 展开,只能用命令 PowerExpand,例如,运行 PowerExpand[(a*b)^n+(x*y)^n]得 a^{n}b^n+x^{n}y^n.

3.2.3　多项式的带余除法

求两个多项式相除的商式与余式.

根据带余除法,任给两个多项式相除 $f(x)$,$g(x)$,总存在商多项式 $q(x)$ 和一个余式多项式 $r(x)$,使得 $f(x)=q(x)*g(x)+r(x)$. Mathematic 中提供两个函数 PolynomialQuotient 和 PolynomialRemainder 分别返回商式 $q(x)$ 和余式 $r(x)$.

例 3.5　求多项式 $f(x)=6x^3+7x^2+5x-2$ 除以多项式 $g(x)=x^2+2x+3$ 的商式 $q(x)$ 与余式 $r(x)$.

先运行 f[x]=6x^3+7x^2+ 5x-2;g]x]=x^2+2x+3;定义两个多项式;

运行 q[x]=PolynomialQuotient[f[x],g[x],x]得-5+6x,这就是商式;

运行 r[x]=PolynomialRemainder[f[x],g[x],x]得 13-3x,这就是余式.

运行 Simplify[q[x]*g[x]+r[x]]==f[x]得 True,表明结果正确.

3.2.4　多项式的最大分因式及最小公倍式

求多项式 $p1,p2,\cdots$ 的最大公因式的命令格式 PolynomialGCD[p1,p2,…]

求多项式 $p1,p2,\cdots$ 的最小公倍式的命令格式 PolynomialLCM[p1,p2,…]

例 3.6　设有多项式 $f(x)=(x^2-x+2)(2x^2+3x-4)$,$g(x)=(x^2-x+2)*(4x^2-5x+6)$,求多项式的最大分因式及最小公倍式.

运行 f[x]=(x^2-x+2)*(2x^2+3x-4);g]x]=(x^2-x+2)*(4x^2-5x+6);

运行 PolynomialGCD[f[x],g[x]]得 2-x+x^2;

运行 PolynomialLCM[f[x],g[x]]得 (2-x+x^2)(-4+3x+2x^2)(6-5x+4x^2).

3.3　分　式　运　算

当两个多项式相除又不能整除时,就出现了分式.对于分式的运算,Mathematica 提供对分式的操作函数,如表 3-2 所示.

表 3-2　分式操作函数

命令格式	意义
Denominator[f]	提取分式 f 的分母
Numerator[f]	提取分式 f 的分子
ExpandDenominator[f]	展开分式 f 的分母
ExpandNumerator[f]	展开分式 f 的分子
Expand[f]	把分式 f 的分子展开,分母不变且被看成单项式
ExpandAll[f]	把分式 f 的分母和分子全部展开

续表

命令格式	意义
ExpandAll[f,x]	只展开分式 f 中与 x 匹配的项
Together[f]	把分式 f 的各项通分后再合并成一项
Apart[f]	把分式 f 拆分成多个分式的和的形式
Apart[f,x]	对指定的变量 x（x 以外的变量作为常数），把分式 f 拆分成多个分式的和的形式
Cancel[f]	把分式 f 的分子和分母约分
Factor[f]	把分式 f 的分母和分子因式分解

每个命令各举一例，运行 f1=(x-1)*(x-2);f2=(x-3)(x+4);f=f1/f2 得 $\dfrac{(-2+x)(-1+x)}{(-3+x)(4+x)}$；取分母，运行 Denominator[f]得 (-3+x)(4+x)；取分子，运行 Numerator[f]得 (-2+x)(-1+x)；展开分母，运行 ExpandDenominator[f]得 $\dfrac{(-2+x)(-1+x)}{-12+x+x^2}$；展开分子，运行 ExpandNumerator[f]得 $\dfrac{2-3x+x^2}{(-3+x)(4+x)}$；按分子展开，运行 Expand[f]得 $\dfrac{2}{(-3+x)(4+x)}-\dfrac{3x}{(-3+x)(4+x)}+\dfrac{x^2}{(-3+x)(4+x)}$；把分母和分子全部展开，运行 ExpandAll[f]得 $\dfrac{2}{-12+x+x^2}-\dfrac{3x}{-12+x+x^2}+\dfrac{x^2}{-12+x+x^2}$；分式的加减法，直接用表达式的加减法不能得出一个分式，运行 g=1/(x-1)+(2x-3)/(x-2)得 $\dfrac{1}{-1+x}+\dfrac{-3+2x}{-2+x}$；运行 Simplify[g]仍是这个结果，只有通过命令 Together 才能得到一个分式，运行 Together[1/(x-1)+(2x-3)/(x-2)]得 $\dfrac{1-4x+2x^2}{(-2+x)(-1+x)}$，将所得分式展开成部分分式，运行 Apart[%]得 $2+\dfrac{1}{-2+x}+\dfrac{1}{-1+x}$.两个多项式展开后相除不会自动约分，运行 f1=Expand[(x-1)*(x-2)];f2=Expand[(x-1)*(x-3)];f 得 $\dfrac{2-3x+x^2}{3-4x+x^2}$，若需要约分，运行 Cancel[f]得 $\dfrac{-2+x}{-3+x}$；把分式的分子、分母分别分解因式，运行 Factor[(x^2-1)/(x^2-4)]得 $\dfrac{(-1+x)(1+x)}{(-2+x)(2+x)}$.

3.4　矩阵与行列式运算

矩阵与行列式运算函数如表 3-3 所示.

表 3-3　矩阵与行列式运算函数

命令格式	意　义
Det[m]	求行列式(参数 m 只能是二维表,不能是矩阵形式)
DiagonalMatrix[list]	生成对角矩阵,对角线上元素为 list 中的元素
Dot(.)	矩阵、向量、张量的点积
Eigenvalues[m]	求矩阵的特征值
Eigenvectors[m]	求矩阵的特征向量
Eliminate[ls= = rs,var]	消去方程组的一些变量 var
Eigensystem[m]	特征系统,同时返回特征值和特征向量
IdentityMatrix[n]	生成 n 阶单位矩阵
Inverse[m]	求矩阵的逆
SingularValues	求矩阵的奇异值分解
MatrixForm[m]	以矩阵形式输出二维表 m
MatrixQ[m]	判断 m 是否为矩阵
MatrixPower[mat,n]	矩阵 mat 自乘 n 次
MatrixRank[m]	矩阵 m 的秩
LinearSolve[m,b]	解线性方程组 $mx=b$
PseudoInverse[m]	求 m 的广义逆
Transpose[list]	矩阵的转置
Transpose[list,{n1,n2..}]	将矩阵 list 第 k 行与第 n_k 列交换
RowReduce[m]	求矩阵 m 的行阶梯形矩阵

3.4.1　矩阵四则运算

矩阵的数乘及加减法与数的运算方法相同,此处不再讨论.

向量的内积、矩阵的乘法用符号".",数的乘法符号"＊"用在向量或矩阵中的结果是对应元素相乘.对照下面例子的结果,比较两种乘法的异同.运行

A={{2,3},{4,5}};A//MatrixForm
B={{5,7},{3,6}};B//MatrixForm
A.B//MatrixForm

得出的结果表明:$\begin{pmatrix}2&3\\4&5\end{pmatrix}\times\begin{pmatrix}5&7\\3&6\end{pmatrix}=\begin{pmatrix}19&32\\35&58\end{pmatrix}$,这里的结果是矩阵的乘法.

运行 A={{2,3},{4,5}};A//MatrixForm
B={{5,7},{3,6}};B//MatrixForm
A＊B//MatrixForm

得 $\begin{pmatrix}2&3\\4&5\end{pmatrix}＊\begin{pmatrix}5&7\\3&6\end{pmatrix}=\begin{pmatrix}10&21\\12&30\end{pmatrix}$,这里的结果是矩阵的对应元素相乘.

下列程序段给出矩阵的乘法:

运行 A={{1,1,1},{1,2,3},{1,4,9}};B={{1,1,1},{1,2,3},{1,4,9}};AB=A.B;
Print[MatrixForm[A],"×",MatrixForm[B],"= ",MatrixForm[AB]]

得 $\begin{pmatrix} 1 & 1 & 1 \\ 1 & 2 & 3 \\ 1 & 4 & 9 \end{pmatrix} \times \begin{pmatrix} 1 & 1 & 1 \\ 1 & 2 & 3 \\ 1 & 4 & 9 \end{pmatrix} = \begin{pmatrix} 3 & 7 & 13 \\ 6 & 17 & 34 \\ 14 & 45 & 94 \end{pmatrix}$.

3.4.2　矩阵的初等变换

任意一个矩阵经过行初等变换均可得到一个行阶梯形矩阵,命令格式为 RowReduce[m],要想对矩阵进行初等列变换,只需对转置矩阵进行初等行变换.

例 3.7　设 $A = \begin{pmatrix} 2 & -1 & -1 & 1 & 2 \\ 1 & 1 & -2 & 1 & 4 \\ 4 & -6 & 2 & -2 & 4 \\ 3 & 6 & -9 & 7 & 9 \end{pmatrix}$,求其行阶梯形(最简形),标准型和秩.

求 A 的标准形可以运行如下程序段,运行

A={{2,-1,-1,1,2},{1,1,-2,1,4},{4,-6,2,-2,4},{3,6,-9,7,9}};
Print["A= ",A//MatrixForm];
B=RowReduce[A];
Print["A 的行阶梯形= ",B//MatrixForm];
Print["A 的行阶梯形再转置后= ",Transpose[B]//MatrixForm]
RowReduce[Transpose[B]];
Print["A 的标准形= ",Transpose[%]//MatrixForm]得

$A = \begin{pmatrix} 2 & -1 & -1 & 1 & 2 \\ 1 & 1 & -2 & 1 & 4 \\ 4 & -6 & 2 & -2 & 4 \\ 3 & 6 & -9 & 7 & 9 \end{pmatrix}$,

A 的行阶梯形 $= \begin{pmatrix} 1 & 0 & -1 & 0 & 4 \\ 0 & 1 & -1 & 0 & 3 \\ 0 & 0 & 0 & 1 & -3 \\ 0 & 0 & 0 & 0 & 0 \end{pmatrix}$,

A 的行阶梯形再转置后 $= \begin{pmatrix} 1 & 0 & 0 & 0 \\ 0 & 1 & 0 & 0 \\ -1 & -1 & 0 & 0 \\ 0 & 0 & 1 & 0 \\ 4 & 3 & -3 & 0 \end{pmatrix}$,

A 的标准形 $= \begin{pmatrix} 1 & 0 & 0 & 0 & 0 \\ 0 & 1 & 0 & 0 & 0 \\ 0 & 0 & 1 & 0 & 0 \\ 0 & 0 & 0 & 0 & 0 \end{pmatrix}$,

由标准形看出 A 的秩为 3.运行 MatrixRank[A]也是 3.

根据得到的行阶梯形矩阵,能很方便地求出矩阵的列向量的极大无关组.

关于求逆矩阵的问题,可以对(A,E)施行行初等变换得到,也可以直接用求逆命令 Inverse(注:A^(-1)是对 A 的每个元素求逆,因此不能用来求逆矩阵).

例 3.8　已知矩阵 $A=\begin{pmatrix}1&1&1\\1&2&7\\1&4&6\end{pmatrix}$,求 A^{T},$|A|$,A^{-1},并验证 $AA^{-1}=E$.

运行 A={{1,1,1},{1,2,7},{1,4,6}}得{{1,1,1},{1,2,7},{1,4,6}};运行 Ma-trixForm[A]得 $\begin{pmatrix}1&1&1\\1&2&7\\1&4&6\end{pmatrix}$.

运行 Transpose[A]得{{1,1,1},{1,2,4},{1,7,6}},这是 A 的转置矩阵;运行 Det［A］得 - 13,这是 A 的行列式;运行 Inverse［A］得 $\left\{\left\{\dfrac{16}{13},\dfrac{2}{13},-\dfrac{5}{13}\right\},\right.$ $\left.\left\{-\dfrac{1}{13},-\dfrac{5}{13},\dfrac{6}{13}\right\},\left\{-\dfrac{2}{13},\dfrac{3}{13},-\dfrac{1}{13}\right\}\right\}$,这是矩阵 A 的逆矩阵.

验证:运行 A.% 得{{1,0,0},{0,1,0},{0,0,1}},这是单位矩阵,表明求逆矩阵的结果正确.

为了防止对不可逆的矩阵进行求逆操作时出错,可用如下程序进行求逆运算.

运行 A= {{1,1,1,4},{1,2,2,5},{1,4,9,5},{4,5,3,1}};Print["原矩阵为A= ",A//MatrixForm];If[Det[A]! = 0,B= Inverse[A];Print["所求逆矩阵为 B= ",B//MatrixForm],Print["因为|A|= 0,所以该矩阵不可逆."]]

得

原矩阵为 A= $\begin{pmatrix}1&1&1&4\\1&2&2&5\\1&4&9&5\\4&5&3&1\end{pmatrix}$,所求逆矩阵为 B= $\begin{pmatrix}\dfrac{45}{28}&-\dfrac{39}{28}&\dfrac{1}{14}&\dfrac{5}{28}\\-\dfrac{19}{12}&\dfrac{17}{12}&-\dfrac{1}{6}&\dfrac{1}{12}\\\dfrac{19}{42}&-\dfrac{23}{42}&\dfrac{4}{21}&-\dfrac{1}{42}\\\dfrac{11}{84}&\dfrac{11}{84}&-\dfrac{1}{42}&-\dfrac{5}{84}\end{pmatrix}$.

将 A 换成{{0,0,0},{1,2,3},{1,4,9}}后,运行上述程序得

原矩阵为 A= $\begin{pmatrix}0&0&0\\1&2&3\\1&4&9\end{pmatrix}$,因为|A|=0,所以该矩阵不可逆.

例 3.9　设 $A=\begin{pmatrix}2&1&-3\\1&2&-2\\-1&3&2\end{pmatrix}$,$B=\begin{pmatrix}1&-1\\2&0\\-2&5\end{pmatrix}$,求解矩阵方程 $AX=B$.

运行 A= {{2,1,- 3},{1,2,- 2},{- 1,3,2}};B= {{1,- 1},{2,0},{- 2,5}};

运行 X= Inverse[A].B 得{{- 4,2},{0,1},{- 3,2}}

验证,运行 A.X B 得 True,表明求解结果正确.

3.4.3　向量的线性表示

例 3.10　设 $\alpha_1=\begin{pmatrix}1\\1\\1\\2\end{pmatrix}$,$\alpha_2=\begin{pmatrix}1\\2\\3\\3\end{pmatrix}$,$\alpha_3=\begin{pmatrix}1\\4\\1\\1\end{pmatrix}$,$\beta=\begin{pmatrix}2\\0\\4\\6\end{pmatrix}$,试将 β 表示成 α_1,α_2,α_3 的线性

组合.

以所给向量为列向量构造矩阵 A,再对 A 进行初等行变换得到行阶梯形矩阵,由结果即可看出所求线性组合. 运行

```
A= {{1,1,1,2},{1,2,4,0},{1,3,1,4},{2,3,1,6}};
A//MatrixForm
RowReduce[A]//MatrixForm
```

得 $\begin{pmatrix}1&0&0&2\\0&1&0&1\\0&0&1&-1\\0&0&0&0\end{pmatrix}$,由此得 $\beta=2\alpha_1+\alpha_2-\alpha_3$.

3.4.4　相似矩阵及二次型

1. 矩阵的正交化及验证

若 $AA^{-1}=E$ 或 $AA^T=E$ 成立,则称 A 为正交矩阵.

正交矩阵的获取,在 7.0 版本下通过命令 Orthogonalize[P]可以将可逆方阵化成正交矩阵.

例 3.11　将矩阵 $A=\begin{pmatrix}-1&-1&1\\1&0&1\\-1&1&0\end{pmatrix}$ 正交化,并进行验证.

运行 A={{-1,-1,1},{1,0,1},{-1,1,0}};A//MatrixForm

运行 P= Orthogonalize[A];P//MatrixForm 得 $\begin{pmatrix}-\dfrac{1}{\sqrt{3}}&-\dfrac{1}{\sqrt{3}}&\dfrac{1}{\sqrt{3}}\\[2mm]\dfrac{1}{\sqrt{2}}&0&\dfrac{1}{\sqrt{2}}\\[2mm]-\dfrac{1}{\sqrt{6}}&\sqrt{\dfrac{2}{3}}&\dfrac{1}{\sqrt{6}}\end{pmatrix}$.

注意该命令限 7.0 以上版本有效.

运行 P.Transpose[P]//MatrixForm.得

得到一个 3 阶单位矩阵,所以 P 是正交矩阵.

2. 方阵的特征根与特征向量

例 3.12 求方阵 $A = \begin{pmatrix} 1 & 2 & 2 \\ 2 & 1 & -2 \\ -2 & -2 & 1 \end{pmatrix}$ 的特征根与特征向量.

运行 A= {{1,2,2},{2,1,-2},{-2,-2,1}};
　　　lamd=Eigenvalues[A]
　　　tv=Eigenvectors[A]
得{3,-1,1}
　　{{0,-1,1},{-1,1,0},{1,-1,1}}
结果表明特征根 3、-1、1 对应的特征向量分别为{0,-1,1},{-1,1,0},{1,-1,1}.

验证:运行 Table[A.tv[[k]]==lamd[[k]]* tv[[k]],{k,1,3}]得{True,True, True},表明所给结论正确.

3. 矩阵的相似对角化

例 3.13 设 $A = \begin{pmatrix} 0 & -1 & 1 \\ -1 & 0 & 1 \\ 1 & 1 & 0 \end{pmatrix}$,求矩阵 P,使 $P^{-1}AP$ 为对角阵,并验证结果.

运行 A= {{0,- 1,1},{- 1,0,1},{1,1,0}};输入矩阵的元素.

运行 Eigenvalues[A]得{- 2,1,1},表明 A 的特征根为-2,1,1.

运行 P= Eigenvectors[A]得{{- 1,- 1,1},{1,0,1},{- 1,1,0}},这是 A 的三个对应的特征向量.

运行 P= Transpose[P]; P//MatrixForm 得 $\begin{pmatrix} -1 & 1 & -1 \\ -1 & 0 & 1 \\ 1 & 1 & 0 \end{pmatrix}$,这是对 P 转置后以矩阵形式输出的结果,也就是对矩阵对角化过种中的矩阵 P.

运行 Inverse[P].A.P // MatrixForm 得 $\begin{pmatrix} -2 & 0 & 0 \\ 0 & 1 & 0 \\ 0 & 0 & 1 \end{pmatrix}$,这就是对角化后的结果.

如果需要一次性完成对角化,只需运行下列完整程序即可:
A= {{0,- 1,1},{- 1,0,1},{1,1,0}} ; (* 给出矩阵 A*)
Eigenvalues[A] (* 求 A 的特征根*)
P= Eigenvectors[A] (* 求 A 的特征向量(结果以行向量表示)*)
P= Transpose[P]; P//MatrixForm (* 将特征行向量的矩阵转置*)
Inverse[P].A.P // MatrixForm (* 验证结果*)

4. 矩阵的正交对角化

在前一个例子中,P 不是正交矩阵. 由于 A 是对称矩阵,根据线性代数的结果,存在

正交矩阵 P,使 $P^{-1}AP$ 为对角矩阵.

在这种要求下,只需把前例中求出的 P 进行正交化即可,下面给出的是完整的正交化程序：

```
A= {{0,- 1,1},{- 1,0,1},{1,1,0}};
Eigenvalues[A](* 求特征值* )
P= Eigenvectors[A](* 求特征向量* )
P= Orthogonalize[P]   (* 特征向量的矩阵正交单位化* )
P= Transpose[P]   (* 转置* )
Inverse[P].P//MatrixForm (* 验证 P 是正交矩阵* )
P//MatrixForm(* 把 P 写成矩阵形式* )
Inverse[P].A.P//MatrixForm(* 计算对角矩阵* )
Simplify[% ]//MatrixForm (* 对计算结果化简* )
```

这时得到的正交矩阵 $P = \begin{pmatrix} -\dfrac{1}{\sqrt{3}} & \dfrac{1}{\sqrt{2}} & -\dfrac{1}{\sqrt{6}} \\ -\dfrac{1}{\sqrt{3}} & 0 & \sqrt{\dfrac{2}{3}} \\ \dfrac{1}{\sqrt{3}} & \dfrac{1}{\sqrt{2}} & \dfrac{1}{\sqrt{6}} \end{pmatrix}$.

在 8.5.1 小节中给出了求逆矩阵的可读性计算过程.

5. 二次型的标准形

写出二次型 $X^{\mathrm{T}}AX$ 的对称矩阵 A,求正交矩阵 P 使 $P^{\mathrm{T}}AP$ 成对角形矩阵 B,则对 $X^{\mathrm{T}}AX$ 进行正交变换 $X = PY$ 就化成标准形 $Y^{\mathrm{T}}BY$.

例 3.14　求正交变换把二次型 $x_1^2 + 2x_1x_2 + x_2^2 - 2x_2x_3 + x_3^2 - 2x_1x_4 + 2x_3x_4 + x_4^2$ 化成标准形.

该二次型的矩阵为 $A = \begin{pmatrix} 1 & 1 & 0 & -1 \\ 1 & 1 & -1 & 0 \\ 0 & -1 & 1 & 1 \\ -1 & 0 & 1 & 1 \end{pmatrix}$,把前面程序中的 A 替换成本例中的

矩阵,经运行得 $P = \begin{pmatrix} -\dfrac{1}{2} & \dfrac{1}{2} & 0 & \dfrac{1}{\sqrt{2}} \\ -\dfrac{1}{2} & -\dfrac{1}{2} & \dfrac{1}{\sqrt{2}} & 0 \\ \dfrac{1}{2} & -\dfrac{1}{2} & 0 & \dfrac{1}{\sqrt{2}} \\ \dfrac{1}{2} & \dfrac{1}{2} & \dfrac{1}{\sqrt{2}} & 0 \end{pmatrix}$,最后的对角矩阵为 $\begin{pmatrix} 3 & 0 & 0 & 0 \\ 0 & -1 & 0 & 0 \\ 0 & 0 & 1 & 0 \\ 0 & 0 & 0 & 1 \end{pmatrix}$.

二次型的标准型为 $3y_1^2 - y_2^2 + y_3^2 + y_4^2$.

验证结果的正确性,运行

```
Y= {{y1,y2,y3,y4}};
X= Y.Inverse[P];
X.A.Transpose[X]//Expand//MatrixForm
```

得 $3y1^2 - y2^2 + y3^2 + y4^2$,表明计算结果正确.

3.5　方　程　求　解

在数学中,方程式表示为形如"$x^2 - 2x + 1 = 0$"的形式. 在 Mathematica 中,"="用作赋值语句,用"=="表示逻辑上的相等,因此,方程应该表示为"x^2-2x+1==0".方程的解同方程一样被看作是逻辑语句.例如,用 Roots 求方程 x^2-3x+2=0 的根,运行 Roots[x^2-3x+2==0,x]得 x==1||x==2.这种表示形式说明 x 取 1 或 2 均可.而用命令 Solve 输出的是解的集合形式.例如,运行 Solve[x^2-3x+2==0,x]得{{x→1},{x→2}}.

Mathematica 提供的一些求解方程的常用函数如表 3-4 所示.

表 3-4　方程求解(根)函数

命令格式	意义
Solve[Lhs==Rhs,vars]	给出方程的解集
NSolve[Lhs==Rhs,vars]	直接给出方程的数值解集
Roots[Lhs==Rhs,vars]	求方程的所有解
Root[poly,k]	求多项式 poly 的第 k 个根
FindRoot[Lhs= Rhs,{x,x_0}]	求方程在 $x = x_0$ 附近的解
LinearSlove[A,b]	求方程组 $Ax = b$ 的特解
NullSpace[A]	求齐次线性方程组 $AX = 0$ 的基础解系

3.5.1　求解一元方程

1. 一元代数方程

例 3.15　给出一元二次方程 $ax^2 + bx + c = 0$ 的求根公式.

运行 Solve[a * x ^ 2 + b * x + c == 0, x] 得 $\left\{\left\{x \to \dfrac{-b - \sqrt{b^2 - 4ac}}{2a}\right\}, \left\{x \to \dfrac{-b - \sqrt{b^2 - 4ac}}{2a}\right\}\right\}$.

如何调用 Solve 求解的结果呢? 由于 Solve 求解的结果是以一个"表"或者"替换规则"的形式给出来的,并没有把结果真正赋值给未知量.例如,运行 sol= Solve[x^2- 5* x+ 6= = 0,x]后,sol 中保存的结果为{{x→2},{x→3}},由表的元素的操作方法可知,运行 sol[[1]]得{x→2},运行 sol[[1,1]]得 x→2,运行 sol[[1,1,2]]得 2;同理 sol[[2,1,2]]得 3.

也可以通过运行 x= x/.sol[[1]]得到第一个解.

命令 Solve 可处理的方程主要是整式方程. Mathematica 总能对不高于四次的方程进行精确求解,对于三次或四次方程,解的形式可能很复杂.

例 3.16　求方程 $x^3+5x+3=0$ 的解.

先运行 Clear[f,x];f[x_]:=x^3+5x+3;f[x]定义一个多项式 x³+5x+3;

运行 sol2= Solve[f[x]= = 0,x]得 $\{\{x \rightarrow -5\left(\dfrac{2}{3(-27+\sqrt{2229})}\right)^{1/3} +$

$\dfrac{\left(\frac{1}{2}(-27+\sqrt{2229})\right)^{1/3}}{3^{2/3}}\}$,

$\{x \rightarrow -\dfrac{(1+\mathrm{i}\sqrt{3})\left(\frac{1}{2}(-27+\sqrt{2229})\right)^{1/3}}{2\times 3^{2/3}} + \dfrac{5(1-\mathrm{i}\sqrt{3})}{2^{2/3}(3(-27+\sqrt{2229}))^{1/3}}\}$,

$\{x \rightarrow -\dfrac{(1-\mathrm{i}\sqrt{3})\left(\frac{1}{2}(-27+\sqrt{2229})\right)^{1/3}}{2\times 3^{2/3}} + \dfrac{5(1+\mathrm{i}\sqrt{3})}{2^{2/3}(3(-27+\sqrt{2229}))^{1/3}}\}\}$.

解的形式虽然复杂,还是可以进行验根,运行 Simplify[f[sol2[[1,1,2]]]]得 0.

当只需求方程的近似数值解时,可用 NSolve 命令.

运行 NSolve[x^3+ 5x+3==0,x]得{{x→- 0.5641},{x→0.28205- 2.28881 i },{x→0.28205+2.28881 i }}

命令 Root 可以直接给出多项式的根,例如,

运行 f[x_]:=Expand[(x+4)(x-1)(x-2)(x-3)];f[x]定义一个多项式-24+38x-13x²-2x³+x⁴

运行 Roots[f[x]==0,x]得 x==4||x==1||x==2||x==3,这是整式方程 $f(x)=0$ 的全部根;

而 Root[f[x],i]可以求出多项式 f(x)的第 i 个根,运行 Table[Root[f[x],i],{i,1,4}]得{- 4,1,2,3}.

用 Root 求多项式的根时,变量可以不用显示形式,例如,运行

Table[Root[(- 24+ 38# - 13# ^2- 2# ^3+ # ^4)&,i],{i,1,4}]得{- 4,1,2,3}.

2. 一元超越方程

当方程中有超越函数出现时,命令 Solve 及 NSolve 可能无法直接给出解. 在这种情况下我们可用命令 FindRoot 来求指定初值附近的近似解.

例 3.17　求解超越方程 $3\cos x=\ln x$.

运行 Solve[3Cos[x]= = Log[x],x]时提示,Solve::tdep: The equations appear to involve the variables to be solved for in an essentially non- algebraic way.More…,并将命令原样输出 Solve[3 Cos[x] Log[x],x].

表明该方程用 Solve 无法求出结果,但用 FindRoot 可以求其近似解.

运行 FindRoot[3Cos[x]= = Log[x],{x,1}]得{x→1.44726},这里只求出了方程在 $x=1$ 附近的解,如果方程有几个不同的解,可以根据给定不同的初值求出不同的解.例如,为了求例 3.17 中的方程在 $x=10$ 附近的解,运行 FindRoot[3Cos[x]= = Log[x],{x,10}]得{x→13.1064}.

由例可知,给出解的初值是比较关键的,一种常用的方法是通过绘制函数图象观察解的初始值.

运行 Plot[{3Cos[x],Log[x]},{x,0,20}],得出如图 3-1 所示的图形.

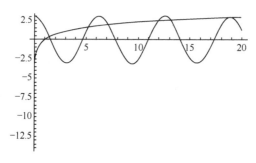

图 3-1　函数 $y=3\cos x$ 与 $y=\ln x$ 的图形的交点

通过图 3-1 可断定,例 3.17 中的方程在 $x=5$ 附近也有一根,运行 FindRoot [3Cos[x]= = Log[x],{x,5}]得{x→5.30199}.观察出根的近似值后,可以一次性求出方程的多个近似根,例如,运行 FindRoot[3Cos[x]= = Log[x],{x,{1,5,12,13,18,19}}]得{x→{1.44726,5.30199,11.9702,13.1064,18.6247,19.0387}}.

3.5.2　求解线性方程组

使用 Solve、NSolve,FindRoot 均可求方程组的解,只是使用时格式略有不同,下面给出一个利用 Solve 命令求方程组的解的例子.

例 3.18　解方程组 $\begin{cases} 2x+y=0, \\ x+3y-3=0. \end{cases}$

运行 Solve[{2x+y==0,x+3y-3==0},{x,y}]得 $\left\{\left\{x\rightarrow-\dfrac{3}{5}\right\},\left\{y\rightarrow\dfrac{6}{5}\right\}\right\}$.

当指定变量的顺序或方式变化时,求解的结果也不相同.例如,先运行 eqns= {x= = 1+ 2a * y,y= = 9+ 2 x};再运行 Solve[eqns,{x,y}]得 $\left\{\left\{x\rightarrow-\dfrac{1+ 18a}{- 1+ 4a},\right.\right.$ $\left.\left.y\rightarrow\dfrac{11}{- 1+ 4a}\right\}\right\}$.

运行 Solve [eqns, x, y] 得 $\left\{\left\{x\rightarrow-\dfrac{1+ 18a}{- 1+ 4a}\right\}\right\}$;运 行 Solve [eqns, y, x]

得 $\left\{\left\{\mathrm{y} \rightarrow -\dfrac{11}{-1+4a}\right\}\right\}$.

当线性方程组 $Ax=b$ 有解时,命令 LinearSlove[A,b]给出线性方程组 $Ax=b$ 的一个特解,无解时该命令给出空集.

例 3.19 求解下列方程组

(1) $\begin{cases} x_1+2x_2+3x_3=8, \\ 2x_1+3x_2+5x_3=12, \\ 3x_1+4x_2+7x_3=18. \end{cases}$　　(2) $\begin{cases} x+3y=1, \\ 2x+6y=1. \end{cases}$

(3) $\begin{cases} x+y=3, \\ 2x+2y=6. \end{cases}$　　(4) $\begin{cases} 2x_1+x_2+x_3=7, \\ x_1-4x_2+3x_3=2, \\ 3x_1-3x_2+4x_3=9. \end{cases}$

为了说明各种情况下的求解结果,本例中方程组(1)、(2)、(3)、(4)分别有唯一解、无解、无穷多解、无穷多解,各题求解过程如下.

(1) 运行 A= {{1,2,3},{2,3,4},{3,4,7}};b= {8,12,18}; Det[A]得-2,表明 $Ax=b$ 有唯一解.

运行 LinearSolve[A,b]得{1,2,1},表明方程组有唯一解 $\begin{cases} x_1=1, \\ x_2=2, \\ x_3=1. \end{cases}$

(2) 运行 A= {{1,3},{2,6}};b= {1,1}; LinearSolve[A,b]给出提示:

LinearSolve::nosol: Linear equation encountered which has no solution.More…,表明方程组无解.

通过运行 Solve[{x+ 3y= = 1,2x+ 6y= = 1},{x,y}]得{},表示解集为空集,上面的结果得到验证.

(3) 运行 A= {{1,1},{2,2}};b= {3,6};LinearSolve[A,b]得{3,0},只给出了一组特解 $\begin{cases} x=3, \\ y=0. \end{cases}$

运行 Solve[{x+ y= = 3,2x+ 2y= = 6},{x,y}]得 Solve::svars: Equations may not give solutions for all "solve" variables.More…{{x→3- y}},该提示信息表明这时没有给出方程组的所有解.

(4) 命令 NullSpace[A]给出 A 的零空间的基向量,即齐次线性方程组 $Ax=0$ 的解空间(基础解系).

运行 A= {{2,1,1},{1,- 4,3},{3,- 3,4}};b= {7,2,9}};nsb= NullSpace[A]得{{- 7,5,9}},表明齐次线性方程组 $Ax=0$ 的基础解系含一个解.

运行 pt= LinearSolve[A,b]得 $\left\{\dfrac{10}{3},\dfrac{1}{3},0\right\}$,这是 $AX=b$ 的一个特解,若希望求线性方程组 $Ax=b$ 的一般解,运行 t* nsb[1]+ pt 得 $\left\{\dfrac{10}{3}- 7t,\dfrac{1}{3}+ 5t,9t\right\}$.

例 3.20　求齐次线性方程组 $\begin{cases} x_1+x_2-x_3-x_4=0 \\ 2x_1-5x_2+3x_3+2x_4=0 \\ 7x_1-7x_2+3x_3+x_4=0 \end{cases}$ 的基础解系与通解.

运行 A= {{1,1,- 1,- 1},{2,- 5,3,2},{7,- 7,3,1}};NullSpace[A]得{{3,4,0,7},{2,5,7,0}},这个结果与手工求解的结果不一致,因此,这个基础解系不理想.

现将 A 先化为行最简形,再用 NullSpace 求基础解系,运行

B= RowReduce[A];NullSpace[B]得$\left\{\frac{3}{7},\frac{4}{7},0,1,\frac{2}{7},\frac{5}{7},1,0\right\}$,这就是理想的基础解系.

3.5.3　求方程的全解

在例 3.15 中给出了方程 $ax^2+bx+c=0$ 的根为 $\left\{\left\{x\to\frac{-b-\sqrt{b^2-4ac}}{2a}\right\},\right.$ $\left.\left\{x\to\frac{-b+\sqrt{b^2-4ac}}{2a}\right\}\right\}$.

这显然是不合理的(默认了 $a\neq0$),因为对不同的 a,b,c 方程的解有不同的情况,而例 3.15 中只是给出了默认 $a\neq0$ 时的解,如果要解决这个问题可用 Reduce 命令,它可根据 a,b,c 的不同取值给出全部解.

运行 Reduce[a* x^2+ b* x+ c= = 0,{x}]得

$a\neq0\&\&\left(x==\frac{-b-\sqrt{b^2-4ac}}{2a}||x==\frac{-b+\sqrt{b^2-4ac}}{2a}\right)||a==0\&\&b\neq0\&\&x==-\frac{c}{b}||$ c==0&&b==0&&a==0。

因此,命令 Solve,Roots 只给出方程的一般解,而 Reduce 命令可以给出方程的全部可能解.

3.5.4　解条件方程

在求解方程时,可以把一个方程看作你要处理的主要方程,而把其他方程作为必须满足的辅助条件,你将会发现这样处理很方便.譬如在求解象 $x^4+bx^2+c=0$ 这样的方程时,通常我们采用 $x^2=y$ 的代换方法可以使求解方程得到简化.在 Mahematica 中,我们通常是首先命名辅助条件组,然后用名称把辅助条件包含在你要用函数 Solve[]求解的方程组中.

例 3.21　在条件 $\sin^2x+\cos^2x=1$ 下由方程 $conx+2\sin x=1$ 求解 $\cos x,\sin x$.

为了从方程 $\cos x+2\sin x=1$ 中求出 $\cos x,\sin x$,运行 Solve[Cos[x]+ 2Sin[x]= = 1,{Sin[x],Cos[x]}]给出提示:Solve::svars: Equations may not give solutions for all "solve" variables..More…

$\left\{\left\{\sin[x]\to\frac{1}{2}-\frac{\cos[x]}{2}\right\}\right\}$,显然没有给出所有解.但是,如果能联想到基本关系 $\sin^2x+\cos^2x=1$,就可能求出全部解.下面添加这个条件,再求解此方程.

运行 Sc= Sin[x]^2+ Cos[x]^2= = 1 得 Cos[x]²+ Sin[x]²= = 1;

运行 Solve[{Cos[x]+ 2Sin[x]= = 1,Sc},{Sin[x],Cos[x]}]得

$$\left\{\{Sin[x]\to 0, Cos[x]\to 1\}, \left\{Sin[x]\to \frac{4}{5}, Cos[x]\to -\frac{3}{5}\right\}\right\}.$$

练　习

（1）按牛顿迭代法的原理,利用 Mathematica 软件编程计算函数 $f(x)=e^x-x^2$ 的所有近似零点,使误差不超过 0.001.

（2）利用 Mathematica 软件的函数 FindRoot 命令来实现上题的求解.

（3）计算函数 $y=2\sin x-x$ 在 $(0,7)$ 内的零点近似值.

3.6　矩阵的 LU 分解

为了求解线性方程组 $\boldsymbol{Ax}=\boldsymbol{b}$,如果系数矩阵 $\boldsymbol{A}$ 为方阵,将其转变成两个矩阵 $\boldsymbol{L}$ 和 $\boldsymbol{U}$ 的乘积,其中 $\boldsymbol{L}$ 为下三角矩阵,主对角线上元素全是 1,$\boldsymbol{U}$ 为上三角矩阵. 这时方程组 $\boldsymbol{Ax}=\boldsymbol{b}$ 就转化为 $(\boldsymbol{LU})\boldsymbol{x}=\boldsymbol{b}$,令 $\boldsymbol{y}=\boldsymbol{Ux}$,首先从 $\boldsymbol{Ly}=\boldsymbol{b}$ 中解出 $\boldsymbol{y}$,再从 $\boldsymbol{Ux}=\boldsymbol{y}$ 中解出 $\boldsymbol{x}$. 由于 $\boldsymbol{L}$、$\boldsymbol{U}$ 为三角形矩阵,两个方程的求解都比较容易.

将 $\boldsymbol{A}$ 表示成 $\boldsymbol{LU}$ 的方法称为矩阵的 $\boldsymbol{LU}$ 分解,当 $\boldsymbol{A}$ 的所有顺序主子式都不为 0 时,矩阵 $\boldsymbol{A}$ 可以分解为 $\boldsymbol{LU}$,命令 LUDecomposition[A]给出矩阵 $\boldsymbol{A}$ 的 $\boldsymbol{LU}$ 分解,结果由三部分组成:

（1）矩阵 $\boldsymbol{L}$ 与 $\boldsymbol{U}$ 被压缩后得到的矩阵

（2）一个置换向量

（3）矩阵的 L^∞ 条件数.

例 3.22　用 $\boldsymbol{LU}$ 分解法求解线性方程组 $\begin{cases}2x+y+z=7, \\ x-4y+3z=2, \\ 3x+2y+2z=13.\end{cases}$

解　方程组的系数矩阵与右端向量分别为

$$\boldsymbol{A}=\begin{pmatrix}2 & 1 & 1 \\ 1 & -4 & 3 \\ 3 & 2 & 2\end{pmatrix}, \quad \boldsymbol{b}=\begin{pmatrix}7 \\ 2 \\ 13\end{pmatrix};$$

运行 A= {{2,1,1},{1,- 4,3},{3,2,2}};b= {7,2,13};data= {lu,p,cond}= LUDecomposition[A].

得{{{1,- 4,3},{2,9,- 5},{3,14/9,7/9}},{2,1,3},1}.

运行 LUBackSubstitution[data,b]得{1,2,3},表示线性方程组的解为

$$\begin{cases}x=1, \\ y=2, \\ z=3.\end{cases}$$

下面说明如何从结果中得到矩阵 $\boldsymbol{L}$、$\boldsymbol{U}$.

运行 lu//MatrixForm 得 $\begin{pmatrix} 1 & -4 & 3 \\ 2 & 9 & -5 \\ 3 & \dfrac{14}{9} & \dfrac{7}{9} \end{pmatrix}$,这个矩阵是 L、U 压缩后的结果,其中每

个数所在的位置分别与 L、U 中的位置一致,按照格式 $\begin{pmatrix} 1 & 0 & 0 \\ x & 1 & 0 \\ x & x & 1 \end{pmatrix}\begin{pmatrix} x & x & x \\ 0 & x & x \\ 0 & 0 & x \end{pmatrix}$ 把变量 lu 中

的元素填在位置相同的地方,即得两个矩阵

$$L_1 = \begin{pmatrix} 1 & 0 & 0 \\ 2 & 1 & 0 \\ 3 & \dfrac{14}{9} & 1 \end{pmatrix}, \quad U = \begin{pmatrix} 1 & -4 & 3 \\ 0 & 9 & -5 \\ 0 & 0 & \dfrac{7}{9} \end{pmatrix}.$$

置换向量 $p = \{2,1,3\}$ 表示将 L_1 的第 1、2 行交换即得 $L = \begin{pmatrix} 2 & 1 & 0 \\ 1 & 0 & 0 \\ 3 & \dfrac{14}{9} & 1 \end{pmatrix}$,容易验证 $LU = A$

成立.

如果调用软件包 LinearAlgebra`MatrixManipulation′ 中的命令 LUMatrices 能更方便地重构 L、U

运行 ≪LinearAlgebra′MatrixManipulation′调入软件包.

运行 A= {{2,1,1},{1,- 4,3},{3,2,2}};{lu,p,cond}= LUDecomposition[A].
得{{{1,- 4,3},{2,9,- 5},{3,14/9,7/9}},{2,1,3},1}.

运行 LUMatrices[lu]得转换后的 L、U 矩阵构成的表{{1,0,0},{2,1,0},{3,14/9,1}},{{1,- 4,3},{0,9,- 5},{0,0,7/9}}},其中 L 是按 $p = \{2,1,3\}$进行了转置的,由此可见,可用如下方法自动提取分解后的 L、U 矩阵:

L=LUMatrices[lu][[1]][[p]];L//MatrixForm
U=LUMatrices[lu][[2]];U//MatrixForm

结果为 $\begin{pmatrix} 2 & 1 & 0 \\ 1 & 0 & 0 \\ 3 & \dfrac{14}{9} & 1 \end{pmatrix}$ 与 $\begin{pmatrix} 1 & -4 & 3 \\ 0 & 9 & -5 \\ 0 & 0 & \dfrac{7}{9} \end{pmatrix}$.

运行 L.U//MatrixForm 得原矩阵 $\begin{pmatrix} 2 & 1 & 1 \\ 1 & -4 & 3 \\ 3 & 2 & 2 \end{pmatrix}$.

第 4 章　Mathematica 软件在初等数论中的应用

Mathematica 软件提取数论中每个重要的研究成果,将大量先进的算法,包括许多古老的和现代的算法,都封装到一个强大的函数集合中.作为近二十年来在尖端领域的一个关键工具,Mathematica 软件的符号体系结构和高效的算法网络,使它成为一个数论实验、开发和证明的独特平台.

4.1　整数的整除性

一些常用的判断函数及数论函数如表 4-1 所示,其中判断函数运行结果为"True"时表示真,为"False"时表示假.

表 4-1　判断函数及数论函数

命令格式	意义
b^^a	表示 b 进制下的数 a
BaseForm[a,k]	给出十进制数 a 在 k 进制下的结果
BaseForm[b^^a,k]	给出 b 进制数 a 在 k 进制下的结果
IntegerDigits[a,k]	十进制数 a 在 k 进制下的各位数字列表
IntegerQ[num]	num 是否整数
Floor[x]	高斯函数 $[x]$,也叫取整函数,相当于 $[x]$
Quotient[m,n]	求 m 除以 n 的整数商
Mod[n,m]	求 n 除以 m 的余数,相当于 $\langle n/m \rangle$
Divisors[a]	整数 a 的正因数列表
DivisorSigma[a]	整数 a 的正因数的个数
IntegerExponent[a,b]	整数 a 中所含的因子 b 的个数
DivisorSigma[k,a]	整数 a 的所有正因数的 k 次幂的和
GCD[n1,n2,⋯]	求 $n1,n2,\cdots$ 的最大公因数
LCM[n1,n2,⋯]	求 $n1,n2,\cdots$ 的最小公倍数
ExtendedGCD[m,n]	给出 $\{g,\{r,s\}\}$,其中 g 为 m,n 的最大公因数,且 $rm+sn=g$
Prime[k]	给出第 k 个素数
PrimePi[n]	给出所有不大于 n 的素数个数
NextPrime[num,k]	给出大于 num 的第 k 个素数
NextPrime[num,-k]	给出小于 num 的第 k 个素数
DigitQ[num]	num 是否数字串
NumberQ[num]	num 是否数字

命令格式	意义
EvenQ[num]	num 是否偶数
OddQ[num]	num 是否奇数
Negative[num]	num 是否负数
NonNegative[num]	num 是否非负数
Positive[num]	num 是否正数
PrimeQ[num]	num 是否素数
FactorInteger[z]	对整数 z 进行因数分解
Factorial[n]或 n!	阶乘函数
Factorial2[n]	双阶乘函数

4.1.1 数的进位制表示法

命令 BaseForm[a,k]给出十进制数 a 在 k 进制下的表示形式,例如,运行 Base-Form[13,2]得 1101_2.

运行 BaseForm["1101"$_2$,10]得 13. 表明十进制数 13 与二进制数 1101 可以相互转换.

注意:"1101"$_2$有两种输入方法,一是直接把运行 BaseForm[13,2]的结果复制到命令 BaseForm 的参数位置,但是,这种方法在键盘输入时很不方便,二是用"b^^a"表示在 b 进制下的一个数 a,运行时能自动转化为十进制数.因此,BaseForm[b^^a,k]给出 b 进制数 a 在 k 进制下的结果.例如,运行 2^^1101 得 13,运行 BaseForm[2^^1101,10]得 13.

例 4.1 10 进制、7 进制与 16 进制下数的转换.

运行 A= 23892387;运行 BaseForm[A,16]得 $16c91a3_{16}$;运行 BaseForm[A,7]得 410040051_7,运行 BaseForm[16^^16c91a3,10]或 BaseForm[7^^410040051,10]或 16^^16c91a3 或 7^^410040051 结果都是 23892387.

IntegerDigits[a,k]给出十进制数 a 在 k 进制下的各位数字列表.

运行 IntegerDigits[2^10,10]得{1,0,2,4};运行 IntegerDigits[2^10,2]得{1,0,0,0,0,0,0,0,0,0,0};运行 IntegerDigits[2^^10,2]得{1,0};运行 Integer-Digits[A,16]得{1,6,12,9,1,10,3}.

4.1.2 整除的概念 带余数除法

1. 整除的判断

利用命令 Floor 可以判断整数的整除性,如果运行 Floor[a/b]= = a/b 得 True,则 b|a.

例 4.2 判断 15 能否被 3 整除,26 能否被 5 整除.

例如:运行 Floor[15/3]= = 15/3 得 True;运行 Floor[26/5]= = 26/5 得 False.

也可利用命令 IntegerQ 进行判断:如果运行 IntegerQ[a/b]得 True,则b|a,如果运行 IntegerQ[a/b]得 False,则 b∤a.例如,运行 IntegerQ[15/3]得 True,运行 IntegerQ[26/5]得 False.

2. 商与余式

Floor[a/b]或 Quotient[a,b]表示 a 除以 b 的不完全商,此处 a,b 不仅限于整数,但结果总是整数.

命令 a- b* Floor[a/b]或 Mod[a,b]给出 a 除以 b 的余数.

例 4.3　求 42 除以 5 的商与余式.

运行 Floor[42/5]得 8;运行 Quotient[42,5]得 8;

运行 42- 5* Floor[42/5]得 2; 运行 Mod[42,5]得 2; 运行 Mod[42.3,5]得 2.3.

4.1.3　最大公因数与辗转相除法

1. 正因子及其个数

命令 Divisors[a]给出 a 的正因数构成的表,命令 DivisorSigma[k,a]给出整数 a 的所有正因数的 k 次幂的和,取 k= 0 就是 a 的正因数个数,Divisors[a]给出 a 的正因数列表,因此 Length@ Divisors[a]也给出 a 的正因数的个数.

例 4.4　求出 24 的所有正因数、正因数的个数及他们的和.

运行 d24= Divisors[24]得{1,2,3,4,6,8,12,24};运行 Length@ Divisors[24]或 L= Length[d24]或 DivisorSigma[0,24]都得 8;运行 DivisorSigma[1,24]或 Sum[d24[[i]],{i,1,L}]都得 60.

2. 完全数

若 n 的正因子之和等于 $2n$,则称 n 为完全数. 例如 6 的全部正因子是 1,2,3,6. 而 1+ 2+3+6=12,所以 6 为完全数,下列程序搜索出 1 千万以内的全部完全数共四个.

运行 Do[If[DivisorSigma[1,n]= = 2* n,Print["n= ",n]],{n,1,10^6}]得 1 千万以内的全部完全数只有 6,28,496,8128.

3. 最大公因数及最小公倍数

求 a,b 的最大公因数用命令 GCD[a,b],求 a,b 的最小公倍数用命令 LCM[a,b].

例 4.5　求 24,40;20,30,40 的最大公因数及最小公倍数.

运行 GCD[24,40]得 8;运行 LCM[24,40]得 120;运行 GCD[20,30,40]得 10;运行 LCM[20,30,40]得 120.

ExtendedGCD[a,b]的运行结果是{g,{r,s}},不仅给出 a,b 的最大公因数 g,且同时求出 r、s 满足 $rm+sn=g$. 从而不必进行复杂的辗转相除法了.

例 4.6　求 78,36 的最大公因数 g,并求整数 r,s 使 $78r+36s=g$.

运行 a= 78;b= 36;{g,{r,s}}= ExtendedGCD[a,b]得{6,{1,-2}},表明 (78, 36)= 6,运行 r* a+ s* b g 得 True,表明 $1×78+ (-2)×36= 6$.

4.1.4　素数

1. 素数的判别与查找

利用 PrimeQ 可以判别一个整数是否为素数,如 PrimeQ[13]得 True,表示 13 为素数;PrimeQ[12]得 False,表示 12 不是素数.

命令 Prime[k]给出第 k 个素数,例如,运行 Prime[2]得 3;运行 Prime[3]得 5.

NextPrime[num,k](限 7.0 版)给出大于 num 的第 k 个素数,NextPrime[num,-k]给出小于 num 的倒数第 k 个素数,运行 NextPrime[10,1]得 11,NextPrime[10,2]得 13,运行 NextPrime[10,-1]得 7,运行 NextPrime[10,-2]得 5.

例 4.7　给出前 20 个素数构成的表.

运行 Table[Prime[i],{i,1,20}]得{2,3,5,7,11,13,17,19,23,29,31,37,41,43,47,53,59,61,67,71}.

PrimePi[n]给出所有不大于 n 的素数个数,例如,小于 10 的素数只有 2,3,5,7 共 4 个.运行 PrimePi[10]得 4.

2. 因数分解

对整数 num 进行因数分解用命令 FactorInteger[num],例如,运行 FactorInteger[45]得{{3,2},{5,1}},表明 45 分解成 $3^2 \times 5$.

对于较大整数,人工分解是很困难的,而 FactorInteger 命令能很快分解.

例如,运行 A= Prime[10^10]得 252097800623;运行 B= Prime[10^11]得 2760727302517;运行 A*B 得 695973281084403272068091,再运行 FactorInteger[%]很快得出{252097800623,1},{2760727302517,1}}.

例 4.8　求均为素数的相邻两个整数.

运行 Simplify[p+ 1∈Primes,p∈Primes&&p> 2]得 False,表示除 2,3 外,任意两个相邻整数不能同时为素数.

运行 Simplify[Cos[(p+ q)Pi],p∈Primes&&q∈Primes&&p> 2&&q> 2]得 1,由 $\cos x$ 的周期性知,任意两个大于 2 的素数之和为偶数.

练　习

若 n 的正因子之和等于 kn,则称 n 为 k 重完全数,请找出千万以内的 3 重完全数及 4 重完全数.

4.2　不定方程

不定方程又名丢番图方程,整系数多项式方程,是变量仅容许取整数的多项式方程;针对这种方程的求解主要用命令 Reduce,该命令有多种参数及对变量取值范围的限制,如表 4-2 所示.

表 4-2　解不定方程的函数

命令格式	意义
Reduce[expr,vars]	总是描述和 expr 完全相同的数学问题
Reduce[expr,vars,dom]	将所有变量和参数限制在域 dom 上

上表中的 expr 可以是如表 4-3 所示表达式的任何逻辑组合:

表 4-3　Reduce 中可用的表达式格式

命令格式	意义
lhs= = rhs	方程
lhs! = rhs	不等式
lhs> rhs 或者 lhs> = rhs	不等式
expr∈dom	指定域
{x,y,⋯}∈reg	区域规范
ForAll[x,cond,expr]	全称量词
Exists[x,cond,expr]	存在量词

　　Reduce 是一个使用非常灵活方便的命令,dom 的选取通常是 Integers、Reals、Complexes. 如果 dom 是 Reals,或其子集如 Integers 或 Rationals,则所有常量和函数值也限制为实数.

4.2.1　二元一次不定方程

　　二元一次不定方程的一般形式为 $ax+by=c$. 其中 a,b,c 是整数,$ab\neq0$. 此方程有整数解的充分必要条件是 a、b 的最大公因数整除 c. 若 a、b 互素,即它们的最大公约数为 1,(x_0,y_0) 是所给方程的一个解,则此方程的解可表为 $\{(x=x_0-bt,y=y_0+at)|t$ 为任意整数$\}$,求解不定方程可以直接用命令 Reduce[a* x+ b* y==c,{x,y},Integers],有解时,以下列形式输出解 C[1]∈Integers&&&x x_0+ b_0 C[1]&&y　y_0- a_0C[1],无解时输出 False. 举例如下:

　　运行 Reduce[7x+ 4y==50,{x,y},Integers]得 C[1]∈Integers&&x==2+ 4 C[1]&&y==9- 7 C[1]

　　运行 Reduce[14x+ 8y==300,{x,y},Integers]得 C[1]∈Integers&&x==2+ 4 C[1]&&y==34- 7 C[1]

　　运行 Reduce[14x+ 4y==35,{x,y},Integers]得 False. 不定方程 $14x+4y=35$ 显然无解.

　　运行 Reduce [7x+ 4y==100,{x,y},Rationals]得 (x|y)∈Rationals&&y==25- $\dfrac{7x}{4}$.

　　运行 Reduce [7x+ 4y==100,{x,y},Reals] 或 Reduce [7x+ 4y==100,{x,y},Complexes]都得 ==- $\dfrac{7x}{4}$.

4.2.2　多元一次不定方程

多元一次不定方程中变量超过两个,求解方法及相关结果与二元一次不定方程类似.

运行 Reduce[9x+ 24y- 5z= = 1000,{x,y,z},Integers]得 (C[1]|C[2]) ∈ Integers&&x==C[1]&&y==- C[1]+ 5 C[2]&& z==- 200- 3 C[1]+ 24 C[2].

运行 Reduce[9x+ 24y- 6z= = 31,{x,y,z},Integers]得 False.

4.2.3　高次不定方程

某些高次不定方程也可以通过命令 Reduce 求解,例如,运行 Reduce[x^2- y^2= = 35,{x,y},Integers]得 x==- 18&&y==- 17|| x==- 18&&y==17|| x==- 6&&y==- 1 || x==- 6&& y==1|| x 6&&y==- 1||x==6&&y 1||x==18&&y==- 17||x==18&&y==17.

有些方程在低版本下运行效果不佳,但在高版本下运行可得到满意的效果。

例 4.9　解不定方程 $x^2+y^2=z^2$.

在《初等数论》中的结果,x 与 y 互质的解为 $x=2ab$;$y=a^2-b^2$;$z=a^2+b^2$.

程序 Reduce[x^2+ y^2= = z^2,{x,y,z},Integers],在 8.0 版本下运行得 (C[1]|C[2]|C[3]) ∈ Integers&&C[3]⩾0&&((x==C[1] (C[2]² - C[3]²)&&y==2 C[1] C[2] C[3]&&z==C[1] (C[2]²+ C[3]²)) ||(x==2 C[1] C[2] C[3] &&y==C[1] (C[2]²- C[3]²)&& z==C[1] (C[2]²+ C[3]²)))

例 4.10　验证:四个连续整数的乘积加 1 可以表示成一个奇数的平方.

方法一:运行 Reduce[(x- 1) x(x+ 1) (x+ 2)+ 1= = y^2,{x,y},Integers]得 C[1]∈ Integers&&x==-C[1]&&y==1+ C[1]- C-C[1]²||C[1]∈ Integers&&x==C[1]&&y==- 1+ C[1]+ C[1]²,方程有解就说明结论成立.

方法二:运行 Factor[(x- 1) x(x+ 1) (x+ 2)+ 1]得 (- 1+ x+ x²)²,说明结论成立.

练　习

1. 求方程 $7x+19y=213$ 的所有正整数解.
2. 求方程 $37x+107y=25$ 的整数解.
3. 求不定方程 $6x+15y+21z+9t=30$ 的一切整数解.
4. 试证方程 $x^2-3y^2=17$ 无整数解.

4.3　同余的概念及其基本性质

同余主要有两个命令,如表 4-4 所示.

表 4-4　同余相关函数

命令格式	意义
Mod[n,m]	求 n 模 m 的余数
Mod[n,m,d]	求 n 模 m 的介于 $[d,d+m)$ 的余数
PowerMod[a,b,m]	求 a^b 模 m 的余数

当 m 为正整数时, Mod[n,m] 给出整数 n 模 m 的余数 $r((0 \leqslant r < m)$, Mod[n,m,d] 给出整数 n 模 m 的余数 $r(d \leqslant r < d+m)$. 例如, 运行 Mod[18,5] 得 3; 运行 Mod[18,5,6] 得 8.

PowerMod[a,b,n] 给出 a^b 模 n 的余数, 例如, 运行 PowerMod[10,3,7] 得 6, 与运行 Mod[10^3,7] 的结果相同, 但 PowerMod 的计算效率比 Mod 高得多, 这可以从下列命令的结果看出:

运行 {Timing[PowerMod[3,10^8,5]],Timing[Mod[3^(10^8),5]]} 得 {{0.Second,1},{13.031 Second,1}}, 其中 Timing[expr] 给出表达式 expr 的机器运算时间, 不同计算机上运行的结果可能不同.

4.4　同　余　式

涉及同余式的函数主要有表 4-5 中的函数.

表 4-5　求解同余式的函数

命令格式	意义
FindInstance[expr,vars]	求使 expr 为真的变量 vars
FindInstance[expr,vars,dom]	在范围 dom 内求使 expr 为真的变量 vars
FindInstance[expr,vars,dom,n]	在范围 dom 内求使 expr 为真的变量 vars 的 n 个值
FindInstance[lhs= = rhs,{x},Modulus->m]	求同余式 lhs≡rhs (modm) 的解
ChineseRemainder[{r1,r2,…},{m1,m2,…}]	求同余式组 $m_i \equiv r_i (mod\ m_i)$ 的最小正整数解

关于同余式有三种处理方法, 分别介绍如下.

方法一: 借助命令 ChineseRemainder.

命令 FindInstance[lhs= = rhs,{x},Modulus->m] 给出同余式 lhs≡rhs (modm) 的解.

方法二: 借助命令 Solve 及 Mod 命令.

命令 Solve[Mod[lhs,m]= = rhs,x,Integers] 给出同余式 lhs≡rhs (modm) 的解.

方法三: 把同余式转化成不定方程, 由解不定方程的结果得出.

注意　解法一、二的方法只有在 7.0 以上版本才能运行.

4.4.1　基本概念及一次同余式

若 $a \equiv (modm)$, 则 $ax \equiv b(mod\ m)$ 有解的充要条件为 $(a,m)|b$; 有解时, 解的个数为 $d=(a,m)$.

例 4.11　求解同余式 $256x \equiv 179(Mod337)$.

方法一: 运行 Clear[x];FindInstance[256x= = 179,{x},Modulus->337] 得

{{x→81}},表明同余式的解为 $x\equiv81(\mathrm{Mod}337)$.

方法二:运行 Solve[Mod[256x,337]==179,{x},Integers]得

{{x→ConditionalExpression[81+ 337 C[1],C[1]∈ Integers]}}

这是一个条件表达式,表示当 c_1 取整数时,$x=81+337c_1$.

方法三:将同余式 $256x\equiv179(\mathrm{Mod}\ 337)$ 转换成不定方程 $256x+337y=179$,

运行 Reduce[256x+ 337y 179,{x,y},Integers]得

　　　　C[1]∈ Integers&&x==81+ 337C[1]&&y==- 61- 256C[1].

三种解法的输出结果只是形式不同,实质是一样的.

例 4.12　求解同余式 $6x\equiv10(\mathrm{Mod}\ 8)$.

由于$(6,8)=2$,且 $2|10$,同余式应该有两解,但是,运行 Clear[x];FindInstance [6x= = 10,{x},Modulus->8]得{{x→3}}.为了求出另一解,可以增加条件 $x\neq3$,运行 FindInstance[{6x= = 10,x! = 3},{x},Modulus->8]得{{x→7}}.

注意　运行 Solve[Mod[6x,8]= = 10,{x},Integers]或 FindInstance[Mod [6x,8] 10,{x},Integers]都得{},这是什么原因呢?

问题出在等式右边的 10 比 8 大了.运行 Solve[Mod[6x,8]==2,{x},Integers]得 {{x → ConditionalExpression [3 + 8 C [1], C [1] ∈ Integers]}, {x→ConditionalExpression[7+ 8 C[1],C[1]∈ Integers]}}

运行 FindInstance [Mod[6x,8]22,{x},Integers]得{{x→3}}

运行 FindInstance [Mod[6x,8]22,{x},Integers,2]得{{x→539},{x→ -733}}

4.4.2　一次同余式组

FindInstance 命令用于求同一模下多个一次同余式构成的同余式组.

例 4.13　求解同余式组 $\begin{cases} x+4y-29\equiv0 \\ 2x-9y+84\equiv0 \end{cases}$ (mod 143).

方法一:运行 Clear[x,y];FindInstance[x+ 4y- 29==0&&2x- 9y+ 84==0, {x,y},Modulus→143]

得{{x→4,y→42}}.结果表明所给同余式组的解为 $\begin{cases} x\equiv4 \\ y\equiv42 \end{cases}$ (mod143).

方法二:运行 Solve[{Mod[x+ 4y- 29,143] 0,Mod[2x- 9y+ 84,143] 0},x, Integers]得

{{x→ConditionalExpression[4+ 143 C[1],(C[1]|C[2])∈ Integers],y→ ConditionalExpression[42+ 143 C[2],(C[1]|C[2])∈ Integers]}}.

4.4.3　中国剩余定理

中国剩余定理(也叫孙子定理)给出了以下的一元线性同余方程组

$$\begin{cases} x \equiv a_1 \ (\mathrm{mod}\ m_1), \\ x \equiv a_2 \ (\mathrm{mod}\ m_2), \\ \vdots \\ x \equiv a_n \ (\mathrm{mod}\ m_n). \end{cases}$$

有解的判定条件,假设整数 $m_1, m_2, \cdots, m_n$ 两两互质,则该方程组有解.

求解命令格式为 ChineseRemainder[{r₁,r₂,…},{m₁,m₂,…}],运行时输出满足上述同余式组的最小正整数.

例 4.14　求解同余式组 $\begin{cases} x \equiv 1 \quad (\mathrm{mod}\ 5), \\ x \equiv 5 \quad (\mathrm{mod}\ 6), \\ x \equiv 4 \quad (\mathrm{mod}\ 7), \\ x \equiv 10 \quad (\mathrm{mod}\ 11). \end{cases}$

解法一:借助 ChineseRemainder.

在 7.0 版本运行 ChineseRemainder[{1,5,4,10},{5,6,7,11}]得 2111.又 $5 \times 6 \times 7 \times 11 = 2310$,表明所给同余式组的解为 $x \equiv 2111 \ (\mathrm{mod}\ 2310)$

解法二:借助 Solve 及 Mod.

在 7.0 版本运行 Solve[{Mod[x,5]==1,Mod[x,6]==5,Mod[x,7]==4,Mod[x,11]==10},x,Integers]得{{x→ConditionalExpression[2111+ 2310 C[1],C[1]∈ Integers]}}.

如果整数 $m_1, m_2, \cdots, m_n$ 不是两两互质,则命令将原样输出.

例如,运行 ChineseRemainder[{1,5,4,10},{5,6,7,12}]输出原式,因为其中 6 与 12 不是互质的.

4.5　高次同余式

高次同余式的相关命令如表 4-6 所示.

表 4-6　处理高次同余式的相关函数

命令格式	意义
JacobiSymbol[n,m]	n 对模 m 的雅可比符号 $\left(\dfrac{n}{m}\right)$
MoebiusMu[a]	莫比乌斯函数,当 $a=1$ 时取 1,当 a 被一质数的平方整除时取 -1,当 a 是 r 个不同质数的乘积时取 $(-1)^r$.
DivisorSigma[k,n]	S_k,表示 n 的全部正因数的 k 次幂的和
PowerModList[a,s/r,m]	求形如 $x^r \equiv a^s (\mathrm{mod}\ m)$ 的同余式的解

4.5.1　一般高次同余式

在数论中,求解高次同余式的过程是很复杂的,如果借助 Mathematica 软件,同样会非常方便.高次同余式的求解格式与一次同余式基本相同.

例 4.15 求解高次同余式 $6x^3+27x^2+17x+20\equiv0\ (\mathrm{mod}30)$.

运行 f[x_]:= 6x^3+ 27x^2+ 17x+ 20;FindInstance[f[x]= = 0,{x},Modulus->30]得{{x→2}},表明所给高次同余式有一解是 $x\equiv2(\mathrm{mod}30)$.

由《初等数论》知道,高次同余式的解数一般不唯一,如何求出余下的解呢? 经过试验发现,只需把已经求出的解排除,就可逐个求出全部的解.续上例,每求一个解增加一个限制条件.

运行 FindInstance[{f[x]= = 0,x! = 2},{x},Modulus->30]得{{x→5}};

运行 FindInstance[{f[x]= = 0,x! = 2,x! = 5},{x},Modulus->30]得{{x→11}}

运行 FindInstance[{f[x]= = 0,x! = 2,x! = 5,x! = 11},{x},Modulus->30]得{{x→17}}

运行 FindInstance[{f[x]= = 0,x! = 2,x! = 5,x! = 11,x! = 17},{x},Modulus->30]得{{x→20}}

运行 FindInstance[{f[x]= = 0,x! = 2,x! = 5,x! = 11,x! = 17,x! = 20},{x},Modulus->30]得{{x→26}}

运行 FindInstance[{f[x]= = 0,x! = 2,x! = 5,x! = 11,x! = 17,x! = 20,x! = 26},{x},Modulus->30]得{}.

至此求出了高次同余式的全部解共 6 个.

4.5.2 二项同余式的解法

对形如 $x^r\equiv a^s(\mathrm{mod}\ m)$ 的同余式,称为二项同余式,Mathematica 专门有一个求解这类同余式的命令,格式如下:PowerModList[a,s/r,m].

例 4.16 解二项同余式 $x^5\equiv1(\mathrm{mod}\ 11)$.

运行 PowerModList[1,1/5,11]得{1,3,4,5,9},表明 $x^5\equiv1(\mathrm{mod}\ 11)$ 有四个解 $x\equiv1,3,4,5,9(\mathrm{mod}\ 11)$.

在 8.0 版本下运行 Solve[x^5==1,x,Modulus- > 11]得{{x→1},{x→3},{x→4},{x→5},{x→9}},该结果验证了上面的结论.

4.5.3 二次同余式与平方剩余

一般二次同余式可按 4.5.1 小节的方法求解,形如 $x^2\equiv a(\mathrm{mod}m)$ 的同余式可按 4.5.2 小节的方法求解.

下面再给出直接判断二项同余式

$$x^2\equiv a(\mathrm{mod}\ p),\quad (a,p)=1 \tag{1}$$

是否有解的方法,其中 p 为单素数. 当二次同余式(1)有解时,称 a 为模 p 的平方剩余,当二次同余式(1)无解时,称 a 为模 p 的平方非剩余。

勒让得符号的定义:

$$\left(\frac{a}{p}\right)=\begin{cases} 1, & a\text{ 是模 } p \text{ 的平方剩余;} \\ -1, & a\text{ 是模 } p \text{ 的平方非剩余;} \\ 0, & p\mid a \end{cases}$$

雅可比符号的定义 $\left(\dfrac{a}{m}\right)=\left(\dfrac{a}{p_1}\right)\left(\dfrac{a}{p_2}\right)\cdots\left(\dfrac{a}{p_r}\right)$，其中 $m=p_1 p_2\cdots p_r$.

从定义可见，勒让得符号是雅可比符号当 m 为单质数的特殊情形，因此，Mathematica 只给出了雅可比符号的求解命令，格式为 JacobiSymbol[a,m].

例 4.17 判别下列同余式是否有解：

$$x^2\equiv 1(\mathrm{mod}\ 7) \tag{2}$$

$$x^2\equiv 3(\mathrm{mod}\ 7) \tag{3}$$

因 $(1,7)=1$，运行 JacobiSymbol[1,7] 得 1，表明同余式 (2) 有解；

运行 PowerModList[1,1/2,7] 得 {1,6}，表明有解 $x\equiv 1,6(\mathrm{mod}\ 7)$，验证，运行 Mod[6^2,7] 得 1.

因 $(3,7)=1$，运行 JacobiSymbol[3,7] 得 -1，表明同余式 (3) 无解；

运行 PowerModList[3,1/2,7] 得 {}，表明同余式 (3) 确实无解.

运行 JacobiSymbol[14,7] 得 0，表明显然的事实 7|14.

由此可见，JacobiSymbol[a,p] 还可以用来判断平方剩余与平方非剩余. 例如，运行 {JacobiSymbol[2,13],JacobiSymbol[4,13]} 得 {-1,1}，知 2 不是模 13 的平方剩余，但 4 是模 13 的平方剩余.

练 习

1. 求同余式组 $x\equiv 3(\mathrm{mod}\ 12)$，$x\equiv 5(\mathrm{mod}\ 17)$ 的解.
2. 判断同余式 $x^2\equiv 286(\mathrm{mod}\ 563)$ 是否有解.

4.6 原根与指标

原根与指数的相关命令如表 4-7 所示.

表 4-7 求指数等的函数

命令格式	意义
EulerPhi[m]	欧拉函数（小于等于 m 的正整数中与 m 互质的数的个数）
MultiplicativeOrder[a,m]	a 对 m 模 m 的指数

定义 a 对模 m 的指数是指使同余式 $a^r\equiv 1(\mathrm{mod}m)$ 成立的最小正整数 r 的值，其中 $(a,m)=1$.

求法 MultiplicativeOrder[a,m] 给出 a 对模 m 的指数，例如，运行 MultiplicativeOrder[2,7] 得 3，表示使 $2^r\equiv 1(\mathrm{mod}7)$ 成立的最小正整数 r 为 3.

EulerPhi[m] 给出欧拉函数 $\varphi(m)$，即模 m 的完全剩余系中与 m 互质的数的个数.

例如，运行 EulerPhi[8] 为 4，而在 0~7 中 1,3,5,7 与 8 互质，确实有共 4 个.

当 a 对模 m 的指数是欧拉函数 $\varphi(m)$ 时，则 a 叫做模 m 的一个原根.

如果 MultiplicativeOrder[a,m] 与 EulerPhi[m] 的值相等，a 就是 m 的一个原根.

例如 MultiplicativeOrder[2,11] 与 EulerPhi[11] 的结果都是 10，表明 2 是模 11 的

原根.

例 4.18 求模 13 的所有原根.

运行 m= 13;

OR= {};Do[If[MultiplicativeOrder[a,m]= = EulerPhi[m],AppendTo[OR,a]],{a,1,m- 1}];Print[OR," are the original roots modulo ",m,"."]得 {2,6,7,11} are the original roots modulo 13.

练　　习

1. 求模 23^2 的所有原根.
2. 讨论模 15 是否有原根.

4.7　连　分　数

求连分数的函数如表 4-8 所示.

表 4-8　求连分数的函数

命令格式	意义
ContinuedFraction[a]	给出 a 的连分数
ContinuedFraction[a,k]	给出 a 的第 k 个渐近分数(连分数形式)
FromContinuedFraction[list]	渐近分数对应的分数

4.7.1　把实数转化为连分数

命令 ContinuedFraction[a]给出实数 a 的连分数形式.

例 4.19 把 $\dfrac{35}{16},\dfrac{5+\sqrt{2}}{3},\pi$ 表示为连分数.

运行 ContinuedFraction[35/16]得{2,5,3},表示 $\dfrac{35}{16}$ 可以表示为有限连分数[2,5,3],即 $2+\dfrac{1}{5+\dfrac{1}{3}}$,仍用 Mathematica 验证:运行 2+ 1/ (5+ 1/3) 得 $\dfrac{35}{16}$.

运行 ContinuedFraction[(5+ Sqrt[2])/3]得{2,7,{4,8}},表明 $\dfrac{1}{3}(5+\sqrt{2})$ 可以表示为无限循环连分数$[2,7,\dot{4},\dot{8}]$.

由于 π 的连分数是无限不循环的,运行 ContinuedFraction[Pi]给出出错信息:ContinuedFraction::noterms:π does not have a terminating or periodic continued fraction expansion; specify an explicit number of terms to generate.More....

但用 ContinuedFraction[Pi,13]得出连分数的第 13 个渐近分数为[3,7,15,1,292,1,

1,1,2,1,3,1,14].

4.7.2　把连分数转化为实数

FromContinuedFraction[list]把表示连分数的表 list 表示成实数.

例 4.20　把循环连分数$\{2,7\{4,8\}\}$表示成实数.

运行 FromContinuedFraction[{2,7,{4,8}}]得$\frac{1}{3}(5+\sqrt{2})$. 再分别运行 From-ContinuedFraction[{3,7}]、FromContinuedFraction[{3,7,15}]、FromContinuedFraction[{3,7,15,1}]、FromContinuedFraction[{3,7,15,1,292}]. 分别得到 π 的第 2,3,4,5 个渐近分数分别为:$\frac{22}{7},\frac{333}{106},\frac{355}{113},\frac{103993}{33102}$.

第 5 章 Mathematica 软件在几何中的应用

一元函数 $y=f(x)$ 的图形、参数方程表示的函数图形及隐函数的图形均是一条平面曲线,其作图方法已在 2.1 节讨论,本章给出特殊二维图形的绘制方法、三维图形的绘制方法及图形参数的使用.

5.1 二维图形元素

用图形元素绘图适合于绘制结构复杂的图形. 在 Mathematica 中提供了绘制点、线段、圆弧等图形元素的函数. 基本方法是先用 Grahpics 作出平面图形的表达式,再用 Show 显示图形.

下面给出在 Mathematica 中常用的绘制二维图形元素函数,如表 5-1 所示.

表 5-1 绘制二维图形元素函数

命令格式	意义
Point[[x,y]]	绘制点
Line[{{x1,y1},{x2,y2},···}]	的线段
Rectangle[{xmin,ymin},{xmax,ymax}]	填充以指定坐标为对角点的矩形
Polygon[{{x1,y1},{x2,y2},···}]	填充多边形
Circle[{x,y},r]	绘制圆
Circle[{x,y},{rx,ry}]	绘制以 r_x,r_y 为两个半轴长的椭圆
Circle[{x,y},r,{theta1,thata2}]	圆弧
Circle[{x,y},{rx,ry},{theta1,theta2}]	椭圆弧
Disk[{x,y},r]	填充圆
Raster[{{a11,a12,···},{a21,···},···}]	灰度在 0 到 1 之间的灰层组
Text[Expr,{x,y}]	文本大小

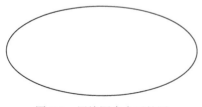

图 5-1 用绘图命令画的圆

例 5.1 画一个圆并显示出来.

运行 Circle[{2,3},1]得 Circle[{2,3},1];

运行 Graphics[%]得···Graphics···

运行 Show[%]得结果如图 5-1 所示.

上述三个命令的组合可用一个复合命令一次完成:Show[Graphics[Circle[{2,3},1]]].

注意 在 7.0 以上版本下运行不再需要 Show[%]即可显示.

例 5.2　绘出一个有颜色和大小的点,且在图形四周插入文本.

```
Graphics[{Text["Left",{- 1,0},{- 1,0}],Text["Right",{1,0},{1,0}],
Text["Above",{0,1},{0,- 1}],Text["Below",{0,- 1},{0,- 1}],{PointSize
[0.3],Point[{0,0}]}},PlotRange->All]
Show[%]
```

结果如图 5-2 所示.

例 5.3　绘制一些由线段组成的图形.

运行 `sawline= Line[Table[{n,(-1)^n},{n,6}]];Show[Graphics[saw-line]]`

得 `Line[{{1,- 1},{2,1},{3,- 1},{4,1},{5,- 1},{6,1}}]` 及如图 5-3 所示的图形.

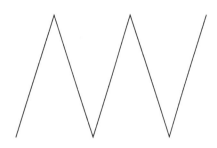

图 5-2　用绘图命令绘制的一个带有文本的点　　　　图 5-3　用绘图命令绘制的若干条线段

例 5.4　给例 5.3 中的图形添加坐标轴.

运行 `Show[Graphics[sawline],Axes- > True]` 得如图 5-4 所示的图形.

例 5.5　用若干实心小矩形表示 $y=\sin x, x\in[0,2\pi]$ 与 x 轴所围成的区域.

通过 Retangle 绘制矩形,矩形的一边在 x 轴上,右上角顶点在曲线 $y=\sin x$ 上.下列程序生成一个矩形集合并显示出来.

运行 `St:= Table[Rectangle[{x,0},{x+ 0.08,Sin[x]}],{x,0,2Pi,0.15}];`
`Show[Graphics[St],Axes->True]` 得如图 5-5 所示的图形.读者可以修改命令中的步长等参数再运行.

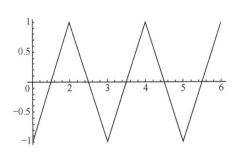
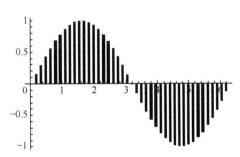

图 5-4　用绘图命令绘制的带坐标系的若干条线段　　　图 5-5　用实心圆填充成的区域

5.2　图形的样式

图形样式主要包括图形的颜色、曲线的形状和宽度等特性. 在本节中,就图形的各种样式,尤其是曲线的样式进行介绍.

用于设置图形样式的选项如表 5-2 所示.

表 5-2　设置图形样式的选项

命令格式	意义
Graykvel[]	灰度介于 0(黑)到 l(白)之间
RGBColor[r,g,b]	由红、绿、蓝三原色组成的颜色,三种色彩分别取 0 到 1 之间的数
Hue[A]	A 可取任意实数,但取 0 到 1 之间的值就可得到系列颜色中的一种颜色
Hue[h,s,b]	指定色调、位置和亮度的颜色,每项介于 0 到 1 之间
PointSize[d]	给出半径为 d 的点,大小取图形总宽度的一个分数,d 取 0 到 1 之间的数
AbsolutePointSize[d]	给出半径为 d 的点(以绝对单位量取)
Thickness[w]	给所有线的宽度为 w,大小取图形总宽度的一个分数,w 取 0 到 1 之间的数
AbsoluteThickness[w]	给所有线的宽度 w(以绝对单位量取)
Dashing[w1,w2,…]	给所有线为一系列虚线,虚线段的长度为 $w1,w2,…$
AbsoluteDashing[{w1,w2,…}]	以绝对单位给出虚线长度
PlotStyle->style	设立 Plot 中所有曲线的风格
PlotStyle->{{Style1},{Style2},…}	设立 Plot 中一些曲线的风格
MeshStyle->Style	设立宽度和表面网格的风格

注:绝对单位就是以打印点为单位,一个打印点近似等于 $\frac{1}{72}$ 英寸.

5.2.1　图形颜色的设置

在 Mathematica 所提供的各种图形命令中,对图形元素颜色的设置是一类很重要的设置.

例 5.6　绘出三条不同颜色的正弦型曲线.

运行 Plot[{Sin[x],Sin[2x],Sin[3x]},{x,0,2Pi},PlotStyle->{RGBColor[0.9,0,0],RGBColor[0,0.9,0],RGBColor[0,0,1]}]得如图 5-6 所示图形.

例 5.7　用不同的色调对三个菱形进行着色.

运行 v1={{-1,0},{0,-1},{1,0},{0,1}};Show[Graphics[{Hue[0.1],Polygon[3*v1],Hue[0.8],Polygon[2*v1],Hue[0.2],Polygon[v1]},AspectRatio->Automatic]]得如图 5-7 所示图形.

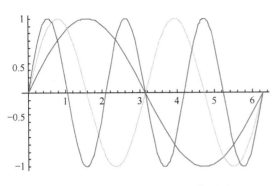

图 5-6　用不同颜色绘制的函数图形

图 5-7　三种颜色的菱形

5.2.2　图形大小的设置

例 5.8　绘制一些点,以不同方式控制点的大小.

(1) 点的大小由 PointSize[0.1]控制.

运行 Plist=Table[Point[{n^2,Prime[n]}],{n,5}]得到五个点:
{Point[{1,2}],Point[{4,3}],Point[{9,5}],Point[{16,
7}],Point[{25,11}]};再运行
Show[Graphics[{PointSize[0.1],Plist}],PlotRange->
All]得如图 5-8 所示图形.

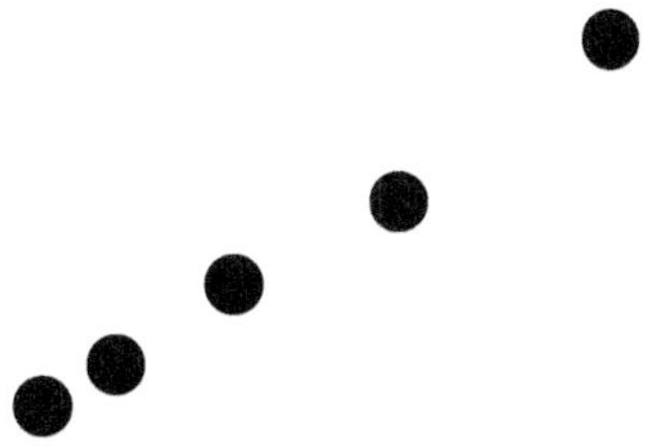

为了观察不同大小的"点"构成的图形效果,读者自
行运行:
Show[Graphics[Table[{PointSize[0.05 * n],
Point[{n^2,Prime[n]}]},{n,5}]]]

图 5-8　大小为 PointSize[0.1]
的若干"点"

(2) 点的大小由绝对单位控制.

运行 ListPlot[Table[Prime[n],{n,10}],Prolog->AbsolutePointSize
[5]]得如图 5-9 所示图形.

读者可以修改 AbsolutePointSize 的参数观察点的大小变化.

5.2.3　线段的控制

例 5.9　用绝对单位量控制线段的宽度.

运行 k=1;Show[Graphics[{Table[{AbsoluteThickness[k*d],Line[{{0,
0},{1,d}}]},{d,5}],Line[{{0,5},{1,0}}]}]]得如图 5-10 所示图形,读者可以取不
同 k 值观察线段的宽度.

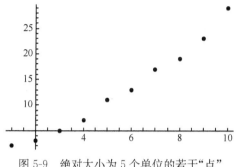
图 5-9　绝对大小为 5 个单位的若干"点"

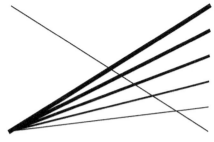
图 5-10　不同单位宽度的线段组合

5.3　图形的重显和组合

Mathematica 每次绘制图形后都保存了图形的所有信息,所以用户可以重显这些图形. 在重显图形时,还可以改变一些参数. 常用的重显图形的函数使用格式如表 5-3 所示.

表 5-3　重显图形函数

命令格式	意义
Show[plot]	显示图形 plot
Show[plot,option->value]	改变参数重显图形
Show[plot1,plot2,plot3,…]	多个图形的重显
Show[GraphcisArray[{{plot1,plot2,…}…}]]	以矩阵形式重显图形
InputForm[plot]	给出图形 plot 的所有数字化信息

5.3.1　使用 Show 显示图形

例 5.10　绘制函数 $y=\sin x^2$ 的图形,并给图形添加边框.

运行 Plot[Sin[x^2],{x,-Pi,Pi}]得如图 5-11 所示的图形.

运行 Show[%]将会显示完全相同的结果,表明图形信息已由系统自动保存在内存中.

重显图形时,可以改变命令中参数的设置,下面改变 y 的比例同时给图形加边框,运行 Show[%,PlotRange->{-1,2},Frame->True]得如图 5-12 所示的图形.

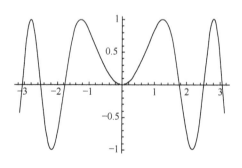

图 5-11　$y=\sin x^2$ 的图形

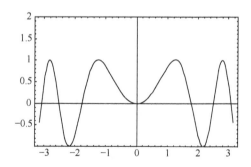
图 5-12　带边框的函数图形

5.3.2　使用 Show 命令对图形进行组合

使用 Show 进行图形组合. 图形组合与图形是否有相同的比例无关, 这时 Mathematica 会自动选择新的比例来绘制图形.

例 5.11　分别绘制函数 $y=x\sin(2x+\pi)$ 和 $y=x\cos(2x+\pi)$ 的图形, 然后绘制在一张图上.

运行 f1=Plot[x*Sin[2x+Pi],{x,0,4Pi}] 得如图 5-13 所示图形.

运行 f2=Plot[x*Cos[2x+Pi],{x,0,4Pi}] 得如图 5-14 所示图形.

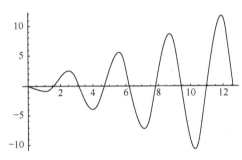 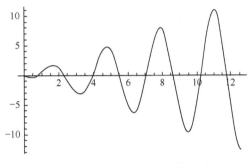

图 5-13　$y=x\sin(2x+\pi)$ 的图形　　　　　图 5-14　$y=x\cos(2x+\pi)$ 的图形

把两个函数的图形重叠重显, 运行 Show[f1,f2] 得如图 5-15 所示图形.

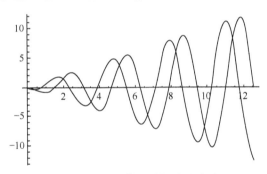

图 5-15　两个函数图形的重叠式重显

5.3.3　将多个图形组合为一个图形矩阵

Mathematica 不仅可把多个图形组合在一个图形中, 还可以用 GraphicsArray 命令把多个图形重显成矩阵形式.

例 5.12　绘制四个函数的图形形成一个 2×2 图形矩阵.

首先分别绘制四个函数的图形, 运行

```
p1=Plot[Sin[x],{x,0,2Pi},DisplayFunction->Identity];
p2=Plot[Sin[2x],{x,0,2Pi},DisplayFunction->Identity];
p3=Plot[x*Sin[x],{x,0,2Pi},DisplayFunction->Identity];
p4=Plot[x*Sin[2x],{x,0,2Pi},DisplayFunction->Identity];
```

得四个图形(此处图形略), 运行 Show[GraphicsArray[{{p1,p2},{p3,p4}}]] 得如图 5-16 所示

的图形矩阵.

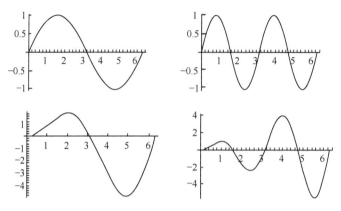

图 5-16　矩阵形式排列的四个函数图形

5.4　基本三维图形

　　二元函数 $z=f(x,y)$ 当 (x,y) 取平面区域 D 时的图形通常是三维空间的一张曲面,在 Mathematica 中绘制曲面的命令是 Plot3D,它与 Plot 的工作方式和选项基本相同. ListPlot3D 可以用来绘制三维数字集合的三维图形,其用法类似于 ListPlot,ListPoint-Plot3D 可以用来绘制以三维向量为坐标的三维散点图,下面给出这三个命令的常用形式.

　　Plot3D[f[x,y],(x,xmin,xmax),(y,ymin,ymax)]绘制以 x、y 为变量的二元函数 $z=f(x,y)$ 的图形.

　　ListPlot3D[{z11,z12,…},{z21,z22,…},…]]绘制以高度为 z_{ij} 的数组的三维图形.

　　ListPointPlot3D[{{x1,y1,z1},{x2,y2,z2},…}]绘制以{x1,y1,z1},{x2,y2,z2},…"为坐标的空间散点图.

　　Plot3D 同绘制平面图形一样,也有许多输出选项,使用时可通过反复修改各选项的取值多次试验找出所需的最佳图形样式,常见参数如表 5-4 所示.

表 5-4　函数 Plot3D 的常见参数

选项	默认值	意义
Axes	True	是否包括坐标轴
AxesLabel	None	在轴上加上标志;zlabel 规定 z 轴的标志,{xlabel,ylabel,zlabel}规定所有轴的标志
Boxed	True	是否添加立方体盒子
PlotPoints	大于1的整数	画图时采用的点数、面数
ColorFunction	Automatic	使用什么颜色的明暗度;Hue 表示使用一系列颜色
TextStyle	STextStyle	用于图形文本的缺省类型
FormatType	StandardForm	用于图形文本的缺省格式类型
DisplayFunction	SdlisplayFunction	如何绘制图形,Indentity 表示不显示

续表

选项	默认值	意义
FaceGrids	None	如何在立体曲面上绘上网格;All 表示在每张曲面上绘上网格
HiddenSurface	True	是否以立体的形式绘出曲面
Lighting	True	是否用明暗分布给图形的表面加色
Mesh	True	是否在表面上绘出 xy 网格
PlotRange	Automatic	图中坐标的范围;可以规定为 All,$\{z_{min},z_{max}\}$ 或 $\{x_{min},x_{max}\}$,$\{y_{min},y_{max}\}$,$\{z_{min},z_{max}\}$

5.4.1　三维图形绘制

例5.13　以不同方式展示二元函数 $f(x,y)=\sin(x+y)\cos(x+y)$ 表示的曲面.

1. 绘制曲面的基本方法

运行 t1=Plot3D[Sin[x+y]*Cos[x+y],{x,0,4},{y,0,4}]得如图 5-17 所示的图形.

2. 用 PlotRange 设定曲面的表面的变化范围

运行 Show[t1,PlotRange->{-0.2,0.5}]得如图 5-18 所示的图形.
特别提醒:在 7.0 以上版本下绘制的三维图形可以通过拖动旋转,因此能观察到图形背面的特征.

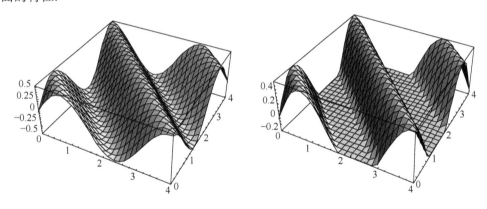

图 5-17　系统默认状态下的曲面　　　　　　图 5-18　z 轴方向限制了范围的曲面

3. 坐标轴上加上标记,且在每个外围平面上画上网格

对于三维图形中 Axes、AxesLabel、Boxed 等操作与二维图形的相关操作相似.
运行 Show[t1,AxesLabel->{"Time","Depth","Value"},FaceGrids->All]
得如图 5-19 所示的图形.容易看出,在曲面的周围添加立方体盒子有利于认清曲面的方位.

4. 观察点的改变

学习过画法几何或工程制图的读者都知道,绘制立体图时通常用三视图来表示一个物体的具体形状特性. 我们在生活中也知道从不同观察点观察物体,其效果是很不一样的. Mathematica 在绘制立体图形时,在系统默认的状态下,观察点在 1.3,−2.4,2 处(位于第三卦限). 这个参考点选择具有一般性,因此,偶尔把图形的不同部分重在一起也不会发生视觉混乱.

下面给出观察点改在 XOY 面上的点$(2,-2,0)$处的效果图. 运行 Show[t1,View-Point->{2,-2,0}]得如图 5-20 所示的图形.

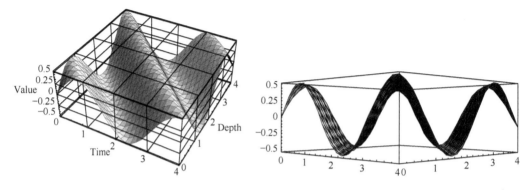

图 5-19　带立方体盒子等选项的曲面　　　　图 5-20　观察点在$(2,-2,0)$处时的曲面效果图

比较图 5-19 与图 5-20 可以看出,观察点位于曲面的上方有利于看清楚图形全貌. 读者在操作中不妨分别选取八个卦限的点作为观察点进行反复观察比较. 对于较复杂的图形,如果在所绘的图形上包括尽可能多的曲线对于观察图形很有帮助.

5. 无网格和立体盒子的曲面

下面是没有网格线和立方体盒子的曲面图,它看起来就不如前面的图形清晰了.
运行 Show[t1,Mesh->False,Boxed->False]得如图 5-21 所示的图形.

6. 没有阴影的曲面

如果利用参数 Shading 取消曲面的阴影,则立体效果不如有阴影时强. 运行 Show[t1,Shading->False]得如图 5-22 所示的图形.

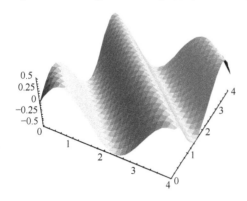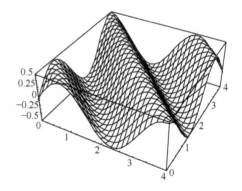

图 5-21　没有网格线和立方体盒子的曲面　　　　图 5-22　取消了阴影的曲面

可见,带有阴影和网格的图形对于理解曲面的形状是很有帮助的.在有些矢量图形的输出装置中,可能得不到阴影,因为如果想带阴影,输出装置要花较长时间来输出它.

7. 给曲面着色

在通常情况下,Mathematica 为了使图形更加逼真而用明暗分布的形式给曲面着色.在默认状态下,Mathematica 假定在图形的右上方有三束不同颜色的光源照射在物体上.但有时这种方法反而造成视觉混乱,此时你可用参数选项 Lighting->False 来采取根据曲面高度值在表面上涂以不同灰度的阴影的方法进行处理.运行 Show[t1, Lighting->False]得如图 5-23 所示的图形.要想曲面的色彩鲜艳,运行 Show[t1, Lighting→False,Lighting→False,ColorFunction→Hue]得如图 5-24 所示的图形.

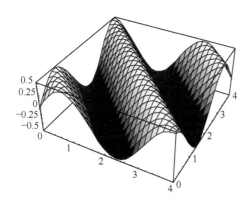

图 5-23　以不同灰度显示的曲面

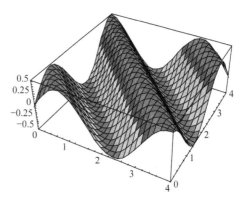

图 5-24　以不同色彩显示的曲面

5.4.2　用数据绘制三维图形

1. 曲面的绘制

同二维图形一样,三维图形也可用数据来进行绘制,而且有分别针对二元显函数与参数方程两种形式的命令.下面借助显函数或参数方程给出数据矩阵,因其数据较多采用了不输出数据的格式,然后据此数据画图.

例 5.14　绘制函数 $z=\sin xy$ 的图形.

先用显函数 $z=\sin xy$ 生成数据,然后根据数据绘制图形.

运行 sl = Pi/15; MyTable: = Table [Sin[x*y],{x,0,3Pi/2,sl},{y,0,3Pi/2, sl}]; ListPlot3D [MyTable] 得如图 5-25 所示的图形.

该曲面与运行 Plot3D[Sin[x*y],{x,

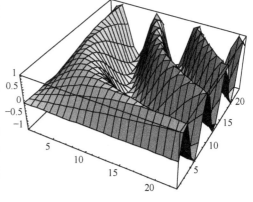

图 5-25　由数据表绘制的曲面

0,3Pi/2},{y,0,3Pi/2}]得出的曲面一致.但如果把建表时的步长由 Pi/15 改成 Pi/10,图形就粗糙得多.相反,步长变小(如 Pi/50),图形就精细,请读者自行分别取 sl＝Pi/10及 sl＝Pi/50 再运行上面的复合命令观察输出图形的效果.

2. 空间散点图的绘制

类似于由命令 ListPlot 绘制平面上的散点图,由命令 ListPointPlot3D 可以绘制空间的散点图.

例 5.15 绘制空间散点图.

数据来源于 2013 年全国大学生数学建模竞赛 C 题古塔的变形中 1986 年观测数据.

运行下列命令:

gtzb={{565.454,528.012,1.792},{562.058,525.544,1.818},{561.39,521.447,1.783},{563.782,518.108,1.769},{567.941,517.407,1.772},{571.255,519.857,1.77},{571.938,523.953,1.794},{569.5,527.356,1.801},{565.48,527.764,7.326},{562.238,525.364,7.351},{561.663,521.42,7.314},{564.001,518.226,7.301},{567.995,517.563,7.306},{571.165,519.961,7.304},{571.801,523.908,7.324},{569.414,527.141,7.336},{565.506,527.52,12.761},{562.415,525.188,12.786},{561.931,521.394,12.749},{564.216,518.343,12.736},{568.048,517.716,12.741},{571.076,520.063,12.74},{571.666,523.864,12.758},{569.33,526.93,12.771},{565.526,527.327,17.084},{562.555,525.047,17.109},{562.144,521.373,17.072},{564.387,518.435,17.059},{568.091,517.838,17.064},{571.005,520.144,17.063},{571.558,523.829,17.081},{569.263,526.762,17.094},{565.548,527.119,21.726},{562.706,524.896,21.751},{562.373,521.351,21.714},{564.571,518.534,21.701},{568.136,517.969,21.705},{570.929,520.232,21.708},{571.443,523.791,21.723},{569.191,526.581,21.736},{565.57,526.915,26.267},{562.854,524.748,26.309},{562.6,521.329,26.308},{564.752,518.632,26.264},{568.18,518.095,26.189},{570.857,520.315,26.136},{571.333,523.755,26.164},{569.121,526.406,26.244},{565.671,526.652,29.869},{563.132,524.585,29.911},{562.883,521.356,29.91},{564.949,518.846,29.866},{568.172,518.346,29.791},{570.679,520.441,29.737},{571.094,523.672,29.765},{568.994,526.167,29.846},{565.77,526.397,33.383},{563.403,524.427,33.425},{563.158,521.382,33.424},{565.141,519.055,33.38},{568.164,518.59,33.305},{570.506,520.564,33.251},{570.862,523.591,33.279},{568.87,525.933,33.36},{565.868,526.141,36.887},{563.674,524.268,36.929},{563.433,521.408,36.928},{565.333,519.263,36.884},{568.

156,518.834,36.809},{570.333,520.686,36.755},{570.63,523.51,36.783},
{568.747,525.701,36.864},{565.961,525.9,40.201},{563.927,524.12,40.
214},{563.693,521.433,40.244},{565.516,519.462,40.223},{568.148,519.
068,40.171},{570.171,520.801,40.038},{570.408,523.433,40.129},{568.
631,525.482,40.157},{566.078,525.628,44.472},{564.193,523.95,44.485},
{563.958,521.463,44.505},{565.649,519.607,44.486},{568.094,519.242,
44.442},{570.013,520.885,44.309},{570.236,523.35,44.4},{568.615,525.
259,44.428},{566.195,525.355,48.743},{564.459,523.78,48.756},{564.
224,521.492,48.776},{565.782,519.753,48.757},{568.039,519.415,48.
713},{569.854,520.969,48.58},{570.063,523.268,48.671},{568.598,525.
037,48.699},{566.308,525.092,52.866},{564.716,523.616,52.878},{564.
481,521.521,52.897},{565.91,519.893,52.88},{569.701,521.05,52.703},
{569.897,523.188,52.794},{568.582,524.822,52.822},{567.255,522.238,
55.128},{567.235,522.242,55.108},{567.247,522.251,55.128},{567.252,
522.244,55.129}};ListPointPlot3D[gtzb,BoxRatios->{1,1,1.5}],得如
图 5-26 所示的图形.

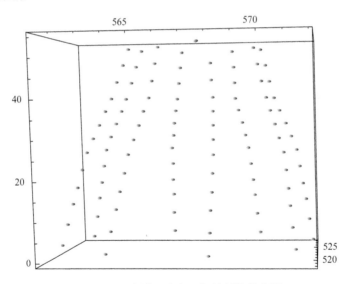

图 5-26　由古塔上点的坐标绘制的散点图

命令 ListPointPlot3D 有许多类似于 Plot3D 的参数,可以通过命令 Options [ListPointPlot3D]查找所有的参数选项. 读者可以根据 1996 年观测数据、2009 年观测数据、2011 年观测数据仿此绘制图形后进行直观对比发现古塔的变形请况.

5.4.3　用参数方程绘制三维图形

三维空间中的参数方程绘图函数 ParametricPlot3D[{fx[t],fy[t],fz[t]}, {t,tmin,tmax}]和二维空间中的 ParametricPlot 相仿.在这种情况下,Mathematica 实际上都是借助参数 t 来产生系列点,然后再连接起来.

三维参数作图的基本函数格式如表 5-5 所示.

表 5-5　三维参数作图的基本函数

命令格式	意义
ParametricPlot3D[{fx[t],fy[t],fz[t]},{t, tmin,tmax}]	给出空间曲线的参数图
ParametricPlot3D[{fx[t,u],fy[t,u],fz[t,u]}, {t,tmin,tmax},{u,umin,umax}]	给出空间曲面的参数图
ParametricPlot3D[{fx,fy,fz,s}···]	按照函数关系 s 绘出参数图的阴影部分
ParametricPlot3D[{fx,fy,fz},{gx,gy,gz},···]]	把一些图形绘制在一起

1. 空间曲线的绘制

例 5.16　设置不同绘图参数绘制同一条空间曲线.

运行 pp1=ParametricPlot3D[{3Cos[4t+1],Cos[2t+3],4Cos[2t+5]},{t,0, 2Pi}];

pp2=ParametricPlot3D[{3Cos[4t+1],Cos[2t+3],4Cos[2t+5]},{t,0, 2Pi},Boxed->False];

pp3=ParametricPlot3D[{3Cos[4t+1],Cos[2t+3],4Cos[2t+5]},{t,0, 2Pi},Boxed->False,Axes->False];

pp4=ParametricPlot3D[{3Cos[4t+1],Cos[2t+3],4Cos[2t+5]},{t,0, 2Pi},Boxed->False,Axes->False,BoxRatios->{1,1,1}];得到生成的四条曲线 (图略,图 5-27 可供参考),

再运行 Show[GraphicsArray[{{pp1,pp2},{pp3,pp4}}]]得如图 5-26 所示的图形.

运行 ParametricPlot3D[{Cos[t],Sin[t],t/10.0},{t,0,10*Pi}]得圆柱螺旋线,如图 5-28 所示.

该命令绘制的曲线由短折线构成,且默认的折线条数为定值,因此,当曲线较长时,可以通过参数 PlotPoints 增加折线的数目使曲线更光滑.读者可自行运行命令 Parametric-

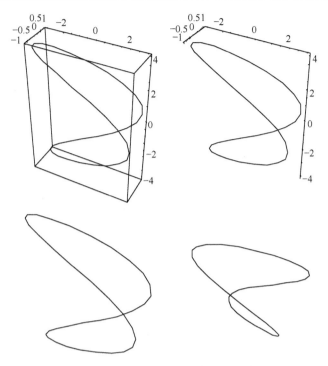

图 5-27　同一曲线在不同参数下的效果

`Plot3D[{Cos[t],Sin[t],t/10.0},{t,0,20*Pi}]`与 `Para-`
`metricPlot3D[{Cos[t],Sin[t],t/10.0},{t,0,20*Pi},`
`PlotPoints->200]`观察输出图形的差别.

2. 曲面的绘制

系统构造曲面是借助一些小四边形实现的,曲面的绘制命
令格式:`ParametricPlot3D[{fx[t,u],fy[t,u],fz[t,u]},`
`{t,tmin,tmax},{u,umin,umax}]`

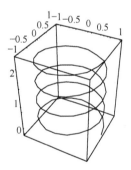

图 5-28　圆柱螺旋线

例 5.17　绘制下列参数方程表示的曲面

$$(1)\begin{cases} x=r, \\ y=\mathrm{e}^{-r^2\cos^2 4r}\cos t,\ (-1\leqslant r\leqslant 1,0\leqslant t\leqslant 2\pi), \\ z=\mathrm{e}^{-r^2\cos^2 4r}\sin t. \end{cases}$$

$$(2)\begin{cases} x=\left(2+\dfrac{v}{2}\cos\dfrac{t}{2}\right)\cos t, \\ y=\left(2+\dfrac{v}{2}\cos\dfrac{t}{2}\right)\sin t,\ (0\leqslant t\leqslant 2\pi,-1\leqslant v\leqslant 1), \\ z=\dfrac{v}{2}\sin\dfrac{t}{2}. \end{cases}$$

$$(3)\begin{cases} x=\cos u\sin v,\\ y=\sin u\sin v,(0\leqslant u\leqslant 8\pi,0.001\leqslant v\leqslant 2),\\ z=\cos v+\ln\tan\dfrac{v}{2}+0.1u. \end{cases}$$

解答:(1) 运行 ParametricPlot3D[{r,Exp[-r^2Cos[4r]^2]*Cos[t],Exp[-r^2Cos[4r]^2]*Sin[t]},{r,-1,1},{t,0,2Pi}]得如图 5-29 所示的图形.

(2) 该参数方程表示的曲面是著名的莫比乌斯带(图 5-30),可用下列程序完成,注意其中小四边形块数的设置,读者可以修改成不同数值观察效果.

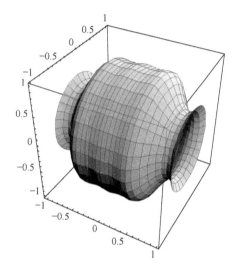

图 5-29 "枕形"曲面

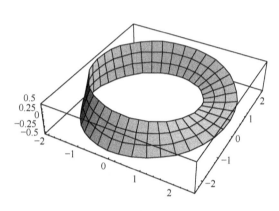

图 5-30 "莫比乌斯"带

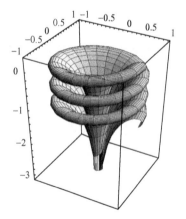

图 5-31 "冰激凌盒子"曲面

图 5-31 所示的图形.

```
Clear[r,x,y,z];
a=2.0;b=0.5;
r[t_,v_]:=a+b*v*Cos[t/2];
x[t_,v_]:=r[t,v]Cos[t];
y[t_,v_]:=r[t,v]Sin[t];
z[t_,v_]:=b*v*Sin[t/2];
ParametricPlot3D[{x[t,v],y[t,v],z[t,v]},{t,0,2Pi},{v,-1,1},
    PlotPoints->{40,4}]
```

(3) 运行 ParametricPlot3D[{Cos[u]Sin[v],Sin[u]Sin[v],Cos[v]+Log[Tan[v/2]]+0.1u},{u,0,8Pi},{v,0.001,2},PlotPoints->{60,20}]得如

第6章 Mathematica 软件在复变函数中的应用

复变函数的许多运算的命令及格式与实变数函数相同,另有几个特殊命令如表 6-1 所示.

表 6-1 复变函数的函数

命令格式	意义
Re[z]	求复数 z 的实部
Im[z]	求复数 z 的虚部系数
Abs[z]	求复数 z 的模
Arg[z]	求复数 z 的幅角
Conjugate[z]	求复数 z 的共轭复数
FourierTransform[f[t],t,w]	对函数 $f(x)$ 实施连续傅里叶变换
FourierTransform[expr,{t1,t2,… },{w1,w2,… }]	给出表达式 expr 的多维傅里叶变换
InverseFourierTransform[F[w],w,t]	连续傅里叶变换的逆变换
Fourier[list]	对复数数据 list 进行傅立叶变换
InverseFourier[list]	对复数数据 list 进行傅立叶逆变换
Residue[f(z),{z,a}]	用于求 $f(z)$ 在点 a 的留数
ComplexExpand[f[x+y* I]	把复变函数 $f(z)$ 分解为实部和虚部

6.1 基 本 运 算

复数中的虚数单位 i 用 I 或 Sqrt[−1]输入,输出形式为 ⅈ,复数的代数形式 a+bi 在 Mathematica 中的输入形式为 a+b*I. 复数的代数运算可以象多项式一样进行. 系统具有的所有对实变数有效的数学函数对复变数均有意义.

例 6.1 求复数 $3+4i,\dfrac{1+\sqrt{3}i}{2}$ 的实部,虚部系数,模,幅角,求共轭复数及开方.

运行 z=3+4I;Re[z]得 3;运行 Im[z]得 4;运行 Abs[z]得 5;运行 Conjugate[z]得 3−4ⅈ;运行 Sqrt[z]得 2+ⅈ;运行 Sin[z]//N 得 3.85374−27.0168ⅈ. 运行 z=1/2+Sqrt[3]/2*I 得 $\dfrac{1}{2}+\dfrac{\mathrm{ⅈ}\sqrt{3}}{2}$,运行 {Re[z],Im[z],Abs[z],Arg[z],Conjugate[z],Sqrt[z]}得 $\left\{\dfrac{1}{2},\dfrac{\sqrt{3}}{2},1,\dfrac{\pi}{3},\dfrac{1}{2}-\dfrac{\mathrm{ⅈ}\sqrt{3}}{2},\sqrt{\dfrac{1}{2}+\dfrac{\mathrm{ⅈ}\sqrt{3}}{2}}\right\}$.

微分与积分命令对于复变数函数仍然有效,且命令格式相同.

例 6.2　求复变函数 $z=\sin(x+\mathrm{i}y)$ 的微分与 $z=(x+\mathrm{i}y)^2$ 在区域 $D=\{(x,y)\,|\,0\leqslant x\leqslant 1,0\leqslant y\leqslant1\}$ 上的积分.

运行 z=x+I*y;D[Sin[z],y] 得 i Cos[x+i y].

运行 Integrate[(x+I*y)^2,{x,0,1},{y,0,1}] 得 $\dfrac{\mathrm{i}}{2}$.

6.2　扩展功能

6.2.1　求复变函数的实部和虚部

可以把复变函数 $f(z)$ 分解为实部和虚部的和,例如,把 e^z 分解,运行 f[z_]:=Exp[z];ComplexExpand[f[x+y*I]] 得 $e^x\cos[y]+ie^x\sin[y]$. 直接运行 Expand[f[x+y*I]] 得 e^{x+iy},可见该命令没有分解出实部和虚部的功能. 如果需要分别提取实部和虚部,只需分别运行 ComplexExpand[Re[f[x+y*I]]] 及 ComplexExpand[Im[f[x+y*I]]].

6.2.2　求复变函数的积分

复变函数沿折线的积分. 在 Mathematica 中求定积分的命令 Integrate 可以用来计算以折线为路径的积分. 如果积分路径由点集 $\{z0,z1,z2,\cdots,zn\}$ 中的各点依次连接成的折线组成,则被积函数 $f(z)$ 沿该路径的积分为 Integrate[$f[z]$,{$z,z0,z1,z2,\cdots,zn$}].

例 6.3　计算积分 $\displaystyle\int_c z^2\mathrm{d}z$,其中 c 为从 0 到 2 再到 2+i 的折线.

运行 Integrate[z^2,{z,0,2,2+I}] 得 $\dfrac{2}{3}+\dfrac{11\mathrm{i}}{3}$.

验证:分两段分别计算后相加,运行 Integrate[z^2,{z,0,2}]+Integrate[z^2,{z,2,2+I}] 得 $\dfrac{2}{3}+\dfrac{11\mathrm{i}}{3}$,结果相同.

由于 z^2 是解析函数,积分与路径无关,直接计算从 0 到 2+i 的积分,运行 Integrate[z^2,{z,0,2+I}] 得 $\dfrac{2}{3}+\dfrac{11\mathrm{i}}{3}$.

6.2.3　留数(残数)与定积分

留数定义可参考《复变函数》教材,由留数的性质,$f(z)$ 在 $z=a$ 点的留数就是 $f(z)$ 在 $z=a$ 处的罗朗展式中 $\dfrac{1}{z-a}$ 这一项的系数. 求 $f(z)$ 在点 a 的留数的命令格式为 Residue[f(z),{z,a}].

例 6.4　求函数 $f(z)=\dfrac{5z-2}{z(z-1)^2}$ 分别在点 $z0=0$ 与 $z0=1$ 处的留数,并用罗朗展式验证.

运行 f[z_]:=(5z-2)/(z(z-1)^2);f[z]得 $\dfrac{-2+5z}{(-1+z)^2 z}$.

运行 Residue[f[z],{z,0}]得-2,即 $f(z)$ 在 $z=0$ 点的留数为-2.

运行 Residue[f[z],{z,1}]得 2,即 $f(z)$ 在 $z=1$ 点的留数为 2.

求出 $f(z)$ 在相应点的罗朗展式可以得到验证:

运行 Series[f[z],{z,0,2}]得 $-\dfrac{2}{z}+1+4z+7z^2+O[z]^3$.

运行 Series[f[z],{z,1,2}]得 $\dfrac{3}{(z-1)^2}+\dfrac{2}{z-1}-2+2(z-1)-2(z-1)^2+O[z-1]^3$.

6.2.4　连续函数的傅里叶变换

在一般情况下,若"傅里叶变换"一词不加任何限定语,则指的是"连续傅里叶变换"(即连续函数的傅里叶变换).连续傅里叶变换将平方可积的函数 $f(t)$ 表示成复指数函数的积分或级数形式,即

$$F(\omega) = F[f(t)] = \frac{1}{\sqrt{2\pi}} \int_{-\infty}^{+\infty} f(t)\mathrm{e}^{-\mathrm{i}\omega t}\,\mathrm{d}t$$

对应的 Mathematica 命令格式为 FourierTransform[f[t],t,ω].

例 6.5　分别对函数 $f(t)=\dfrac{1}{1+t^2}$, $g(t)=1$ 进行傅里叶变换.

运行 F[ω_]:=FourierTransform[1/(1+t^2),t,ω];F[ω]得 $\mathrm{e}^{-\mathrm{Abs}(\omega)}\sqrt{\dfrac{\pi}{2}}$;

运行 FourierTransform[1,t,ω]得 $\sqrt{2\pi}$DiracDelta[ω].

命令 FourierTransform[expr,{t1,t2,⋯},{ω1,ω2,⋯}]给出表达式 expr 的多维傅里叶变换.

连续傅里叶变换的逆变换为

$$f(t) = F^{-1}[F(\omega)] = \frac{1}{\sqrt{2\pi}} \int_{-\infty}^{+\infty} F(\omega)\mathrm{e}^{\mathrm{i}\omega t}\,\mathrm{d}\omega$$

对应的 Mathematica 命令格式为 InverseFourierTransform[F[ω],ω,t].

例 6.6　对例 6.5 中的变换结果 F[ω]进行傅里叶逆变换.

运行 InverseFourierTransform[F[ω],ω,t]得 $\dfrac{1}{1+t^2}$,结果与例 6.5 中变换前的函数相同.

6.2.5　离散傅里叶变换

为了在科学计算和数字信号处理等领域使用计算机进行傅里叶变换,必须将函数 v_s 定义在离散点而非连续域内,且须满足有限性或周期性条件.这种情况下,使用离散傅里叶变换,将函数 v_s 表示为下面的求和形式

$$v_s = \frac{1}{\sqrt{n}} \sum_{r=0}^{n-1} u_r \mathrm{e}^{\mathrm{i}\frac{2\pi}{n}rs}, s = 0, 1, \cdots, n-1$$

此式就是 n 维复向量 $\boldsymbol{u}$ 经离散傅立叶变换得到 n 维复向量 $\boldsymbol{v}$ 的变换式.
Fourier[list]对复数数据 list 进行傅立叶变换.

反之,n 维复向量 $\boldsymbol{v}$ 经离散傅里叶逆变换得到 n 维复向量 $\boldsymbol{u}$,变换式如下:

$$u_r = \frac{1}{\sqrt{n}} \sum_{s=0}^{n-1} v_s \mathrm{e}^{-\mathrm{i}\frac{2\pi}{n}rs}, r = 0, 1, \cdots, n-1$$

InverseFourier[list]对复数数据 list 进行傅立叶逆变换.

例 6.7　求复向量 $\boldsymbol{u}=\{1+2i,2+3i,3+4i,4+5i\}$ 的傅立叶变换,并用傅立叶逆变换进行验证.

运行 u={1+2i,2+3i,3+4i,4+5i};mytable=Fourier[u]得{5.+7.i,0.-2.i,-1.-1.i,-2.+0.i},

运行 InverseFourier[mytable]得{1.+2.i,2.+3.i,3.+4.i,4.+5.i},其结果与 $\boldsymbol{u}$ 相同.

6.3　绘制复变函数的图形

有些比较复杂的曲线,用一元函数表示可能会很复杂,而借助复变函数表示有可能简单.

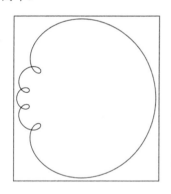

图 6-1　用复数表示的图形

例 6.8　设 $f(x) = \sum_{j=1}^{5} \frac{\mathrm{e}^{jxi}}{j+1}$,求复数 $f(x)$ 的终点的轨迹.

运行 Spirograph[f_,g_,opts___]:=ParametricPlot[{Re[f],Im[f]},{g,0,2Pi},opts,PlotRange->All,AspectRatio->Automatic,Frame->True,Axes -> False,FrameTicks -> None,PlotPoints->250];

再运行 n=5;Spirograph[Sum[Exp[j*I*x]/(j+1),{j,1,n}],x]得图 6-1 所示的图形.

读者可以改变 n 的值观察图形的变化.

第7章 Mathematica 软件在群论中的应用

随着数学软件 Mathematica 版本的更新,其功能不断扩展,关于群的计算功能也大大地扩展,因此给群的计算带来了极大的方便.下面以 Mathematica 8.0 为例说明几种常见群运算的用法(在 5.0 及 7.0 版本下运行无效).

7.1 循环及其乘积

7.1.1 循环及其表示

循环置换在本系统用 Cycles 后跟无重复数字的表构成的长为 1 的二维表表示,而且系统默认数字按字典序排列,例如,运行 Cycles[{{3,8,5,1}}]得 Cycles[{{1,3,8,5}}],表示群论中的置换 (1 3 8 5).

按系统规定,表示置换的表中数字不能重复,否则将报错,例如,运行 Cycles[{{3,8,5,1,3}}]时系统提示 Cycles::reppoint:Cycles[{{3,8,5,1,3}}] contains repeated integers.>>后将命令原样输出.

7.1.2 循环的乘积

循环的乘积用 Cycles 后跟二维表表示,运行后其中的数字自动按字典序排列,例如,运行 Cycles[{{3,8,5},{6,1}}]得 Cycles[{{1,6},{3,8,5}}],但参与乘积的文字不能相同,否则将出错.例如,运行 Cycles[{{1,2,3},{3,4,5}}]时系统提示 Cycles::reppoint:Cycles[{{1,2,3},{3,4,5}}]contains repeated integers.>>表示其中出现了重复数字.

在进行乘积运算时,乘积中的空循环(表示恒等变换)及长为 1 的循环(也表示恒等变换)被省略,例如,运行 Cycles[{{1,6},{2},{5,3,8},{4},{7},{9},{},{10}}]得 Cycles[{{1,6},{3,8,5}}].

7.1.3 循环群

循环群用 CyclicGroup[n]表示,其中 n 为循环群的阶.求群阶用命令 GroupOrder[G],求群的生成元用 GroupGenerators[G],求群的元素用 GroupElements[G],其中 G 表示一个已知的群.

例 7.1 求 10 阶循环群的阶、生成元、元素集及其乘法表.

运行 G=CyclicGroup[10];这时 G 表示一个 10 阶循环群.

(1) 求群的阶:运行 GroupOrder[G]得 10;

(2) 求群的生成元:运行 a=GroupGenerators[G]得{Cycles[{{1,2,3,4,5,6,7,8,9,10}}]}.

（3）求群的元素：系统以表的形式用不相交的循环的乘积表示循环群的元素，如运行 GroupElements[G]得{Cycles[{}],Cycles[{{1,2,3,4,5,6,7,8,9,10}}],Cycles[{{1,3,5,7,9},{2,4,6,8,10}}],Cycles[{{1,4,7,10,3,6,9,2,5,8}}],Cycles[{{1,5,9,3,7},{2,6,10,4,8}}],Cycles[{{1,6},{2,7},{3,8},{4,9},{5,10}}],Cycles[{{1,7,3,9,5},{2,8,4,10,6}}],Cycles[{{1,8,5,2,9,6,3,10,7,4}}],Cycles[{{1,9,7,5,3},{2,10,8,6,4}}],Cycles[{{1,10,9,8,7,6,5,4,3,2}}]}

仔细对照可以看出，上述元素是按其生成元 a 的方幂排列的.

（4）群的乘法表：以表的形式表示，n 阶循环群可以用表$\{0,\cdots,n-1\}$模 n 表示. 如运行 TableForm[GroupMultiplicationTable[G]-1,TableHeadings->{Range[0,9],Range[0,9]}]得如图 7-1 所示的图形.

		0	1	2	3	4	5	6	7	8	9
0		0	1	2	3	4	5	6	7	8	9
1		1	2	3	4	5	6	7	8	9	0
2		2	3	4	5	6	7	8	9	0	1
3		3	4	5	6	7	8	9	0	1	2
4		4	5	6	7	8	9	0	1	2	3
5		5	6	7	8	9	0	1	2	3	4
6		6	7	8	9	0	1	2	3	4	5
7		7	8	9	0	1	2	3	4	5	6
8		8	9	0	1	2	3	4	5	6	7
9		9	0	1	2	3	4	5	6	7	8

图 7-1　群 G 的乘法表

7.1.4　初等 Abel 群

初等 Abel 群用 AbelianGroup[{n1,n2,…}]表示，即阶为 $n1,n2,\cdots$的循环群的直积，可以同样求其阶、生成元、群元素等.

例 7.2　求初等 Abel 群 $Z_2\times Z_2\times Z_3$ 的阶、生成元、群元素.

（1）求群阶：运行 GroupOrder[AbelianGroup[{2,2,3}]]得 12；

（2）求生成元：运行 GroupGenerators[AbelianGroup[{2,2,3}]]得生成元为 {Cycles[{{1,2}}],Cycles[{{3,4}}],Cycles[{{5,6,7}}]}；

（3）求群元素：运行 GroupElements[AbelianGroup[{2,2,3}]]得该群的 12 个元素如下：

{Cycles[{}],Cycles[{{5,6,7}}],Cycles[{{5,7,6}}],Cycles[{{3,4}}],Cycles[{{3,4},{5,6,7}}],Cycles[{{3,4},{5,7,6}}],Cycles[{{1,2}}],Cycles[{{1,2},{5,6,7}}],Cycles[{{1,2},{5,7,6}}],Cycles[{{1,2},{3,4}}],Cycles[{{1,2},{3,4},{5,6,7}}],Cycles[{{1,2},{3,4},{5,7,6}}]}.

此结果相当于群元素的下列习惯形式：{ (1),(567),(576),(34),(34)(567),(34)

(576)，(12)，(12)(567)，(12)(576)，(12)(34)，(12)(34)(567)，(12)(34)(576)}，容易看出，这是由元素(567)、(34)、(12)生成的循环群的直积.

例 7.3　求初等 Abel 群 $Z_3 \times Z_5 \times Z_7$ 的阶、生成元、群元素.

(1) 运行 GroupOrder[AbelianGroup[{2,3,4}]] 得 24；

(2) 运行 GroupGenerators[AbelianGroup[{2,3,4}]] 得 {Cycles[{{1,2}}]，Cycles[{{3,4,5}}]，Cycles[{{6,7,8,9}}]]}；

(3) 运行 GroupElements[AbelianGroup[{2,3,4}]] 得 {Cycles[{}]，Cycles[{{6,7,8,9}}]，Cycles[{{6,8}，{7,9}}]，Cycles[{{6,9,8,7}}]，Cycles[{{3,4,5}}]，Cycles[{{3,4,5}，{6,7,8,9}}]，Cycles[{{3,4,5}，{6,8}，{7,9}}]，Cycles[{{3,4,5}，{6,9,8,7}}]，Cycles[{{3,5,4}}]，Cycles[{{3,5,4}，{6,7,8,9}}]，Cycles[{{3,5,4}，{6,8}，{7,9}}]，Cycles[{{3,5,4}，{6,9,8,7}}]，Cycles[{{1,2}}]，Cycles[{{1,2}，{6,7,8,9}}]，Cycles[{{1,2}，{6,8}，{7,9}}]，Cycles[{{1,2}，{6,9,8,7}}]，Cycles[{{1,2}，{3,4,5}}]，Cycles[{{1,2}，{3,4,5}，{6,7,8,9}}]，Cycles[{{1,2}，{3,4,5}，{6,8}，{7,9}}]，Cycles[{{1,2}，{3,4,5}，{6,9,8,7}}]，Cycles[{{1,2}，{3,5,4}}]，Cycles[{{1,2}，{3,5,4}，{6,7,8,9}}]，Cycles[{{1,2}，{3,5,4}，{6,8}，{7,9}}]，Cycles[{{1,2}，{3,5,4}，{6,9,8,7}}]}.

7.1.5　对称群(置换群)

n 阶对称群 S_n 用 SymmetricGroup[n] 表示.

1. 求群阶

例 7.4　求对称群 S_5 的阶.

运行 GroupOrder[SymmetricGroup[5]] 得 120.

2. 求生成元

例 7.5　求对称群 S_{10}、S_{17}、S_{18} 的生成元，并由其结果写出 n 次对称群 S_n 的生成元的一般形式.

(1) 运行 GroupGenerators[SymmetricGroup[10]] 得对称群 S_{10} 的生成元为

{Cycles[{{1,2}}]，Cycles[{{1,2,3,4,5,6,7,8,9,10}}]]}；

(2) 运行 GroupGenerators[SymmetricGroup[17]] 得对称群 S_{17} 的生成元为

{Cycles[{{1,2}}]，Cycles[{{1,2,3,4,5,6,7,8,9,10,11,12,13,14,15,16,17}}]]}

(3) 运行 GroupGenerators[SymmetricGroup[18]] 得对称群 S_{18} 的生成元为

{Cycles[{{1,2}}]，Cycles[{{1,2,3,4,5,6,7,8,9,10,11,12,13,14,15,16,17,18}}]]}.

根据上述结果得出一个结论：S_n 由两个元(12)、(123…n)生成.

3. 求群元素

例 7.6　求出 S_4 的全部元素.

运行 SymmetricGroup[4]//GroupElements 得

{Cycles[{}],Cycles[{{3,4}}],Cycles[{{2,3}}],Cycles[{{2,3,4}}],Cycles[{{2,4,3}}],Cycles[{{2,4}}],Cycles[{{1,2}}],Cycles[{{1,2},{3,4}}],Cycles[{{1,2,3}}],Cycles[{{1,2,3,4}}],Cycles[{{1,2,4,3}}],Cycles[{{1,2,4}}],Cycles[{{1,3,2}}],Cycles[{{1,3,4,2}}],Cycles[{{1,3}}],Cycles[{{1,3,4}}],Cycles[{{1,3},{2,4}}],Cycles[{{1,3,2,4}}],Cycles[{{1,4,3,2}}],Cycles[{{1,4,2}}],Cycles[{{1,4,3}}],Cycles[{{1,4}}],Cycles[{{1,4,2,3}}],Cycles[{{1,4},{2,3}}]}.

7.1.6　交错群

S_n 的子群 A_n 称为交错群,该群中只有偶置换,即置换中逆序数的个数为偶数,排列的逆序数参看高等代数教材,交错群 A_n 用 AlternatingGroup[n] 表示,相关性质讨论如下.

1. 求群阶

例 7.7　求交错群 A_5、A_{10} 的阶并验证其正确性

运行 GroupOrder[AlternatingGroup[5]] 得 60.

运行 GroupOrder[AlternatingGroup[10]] 得 1814400.

由群论知,n 阶交错群 A_n 的阶为 $\dfrac{n!}{2}$.

运行 5!/2 得 60;运行 10!/2 得 1814400,表明计算结果是正确的.

2. 求群元素

例 7.8　求交错群 A_4 的元素,并与例 7.6 的结果比较.

运行 GroupElements[AlternatingGroup[4]] 得

{Cycles[{}],Cycles[{{2,3,4}}],Cycles[{{2,4,3}}],Cycles[{{1,2},{3,4}}],Cycles[{{1,2,3}}],Cycles[{{1,2,4}}],Cycles[{{1,3,2}}],Cycles[{{1,3,4}}],Cycles[{{1,3},{2,4}}],Cycles[{{1,4,2}}],Cycles[{{1,4,3}}],Cycles[{{1,4},{2,3}}]}.

容易看出,此处的元素全在例 7.6 的结果中,且全是偶置换.

3. 求生成元

例 7.9　求交错群 $A_5 \sim A_9$ 的生成元,并由结果写出 n 次交错群 A_n 的生成元的一般形式.

运行 GroupGenerators[AlternatingGroup[5]] 得交错群 A_5 的生成元为

{Cycles[{{1,2,3}}],Cycles[{{1,2,3,4,5}}]}.

类似地得 A_6 的生成元为 {Cycles[{{1,2,3}}],Cycles[{{2,3,4,5,6}}]};A_7 的
生成元为 {Cycles[{{1,2,3}}],Cycles[{{1,2,3,4,5,6,7}}]};A_8 的生成元为 {Cy-
cles[{{1,2,3}}],Cycles[{{2,3,4,5,6,7,8}}]};A_9 的生成元为 {Cycles[{{1,2,
3}}],Cycles[{{1,2,3,4,5,6,7,8,9}}]};由此可见,当 n 为奇数时,A_n 的生成元为
{Cycles[{{1,2,3}}],Cycles[{{1,2,3,$\cdots$,n}}]};

由这些结果容易得出结论:当 n 为偶数时,A_n 的生成元为 {Cycles[{{1,2,3}}],
Cycles[{{2,3,4,$\cdots$,n}}]}.

7.2　生成群及轨道

7.2.1　群元素的随机产生

命令 RandomPermutation[g_i]随机地给出置换群 g_i 中的一个置换,当 g_i 为循环
群时,直接取 g_i 为循环群的阶.

例 7.10　求循环群 Z_6 及 6 次交错群 A_6 的任意一个元素;二面体群 D_5 中的任意三
个元素.

连续两次运行 RandomPermutation[6]得 Cycles[{{2,4,3,6}}]及 Cycles
[{{1,5},{2,6,3,4}}]

连续两次运行 RandomPermutation[AlternatingGroup[6]]得 Cycles[{{1,3,2,
4},{5,6}}]及 Cycles[{{1,3},{4,6}}],读者可以多次运行观察其结果的随机性.

命令 RandomPermutation[g_i,n]随机地给出一个置换群 g_i 中的 n 个置换.

运行 RandomPermutation[DihedralGroup[5],3]得 {Cycles[{{1,3,5,2,
4}}],Cycles[{{1,5,4,3,2}}],Cycles[{{1,5},{2,4}}]}.这里给出了二面体群 D_5
中的三个元素.

7.2.2　由置换乘积生成的群

用命令 PermutationGroup[{perm1,$\cdots$,permn}]产生由置换 perm1,$\cdots$,permn
生成的群.

例 7.11　求由置换 (12)(34) 与 (756) 生成的群 G,并求其阶.

运行 G=PermutationGroup[{Cycles[{{1,2},{3,4}}],Cycles[{{7,5,6}}]}]

得 PermutationGroup[{Cycles[{{1,2},{3,4}}],Cycles[{{5,6,7}}]}]

这样得到的群 G 可以象前节一样探讨其主要特征,例如,运行 GroupOrder[G]得阶
为 6,不再一一列举.

例 7.12　从 100 阶循环群中任取两个置换,并由此生成一个置换群与交错群 A_{100}
比较.

```
SeedRandom[123];
g1=RandomPermutation[100];
g2=RandomPermutation[100];
PermutationGroup[{g1,g2}]==AlternatingGroup[100]
```

得 True.修改 SeedRandom 的参数,即随机数种子,有时得出的结果为 False.结果

表明,从 100 阶循环群中随机取两个元素,有时可以生成群 A_{100}.

7.2.3　元素在群下的作用及元素或集合在群作用下的轨道

1. 元素在群下的作用

要想得到一个排列在一个对称群或子群作用下的结果,可以使用命令 Permute. 并仿照下列例子进行.

运行 Permute[F[a,b,c,d,e],SymmetricGroup[4]]得

F[a,b,c,d,e],F[a,b,d,c,e],F[a,c,b,d,e],F[a,c,d,b,e],F[a,d,b,c,e],F[a,d,c,b,e],F[b,a,c,d,e],F[b,a,d,c,e],F[b,c,a,d,e],F[b,c,d,a,e],F[b,d,a,c,e],F[b,d,c,a,e],F[c,a,b,d,e],F[c,a,d,b,e],F[c,b,a,d,e],F[c,b,d,a,e],F[c,d,a,b,e],F[c,d,b,a,e],F[d,a,b,c,e],F[d,a,c,b,e],F[d,b,a,c,e],F[d,b,c,a,e],F[d,c,a,b,e],F[d,c,b,a,e]}.

运行 Permute[F[a,b,c,d,e],AlternatingGroup[4]]得

{F[a,b,c,d,e],F[a,c,d,b,e],F[a,d,b,c,e],F[b,a,d,c,e],F[b,c,a,d,e],F[b,d,c,a,e],F[c,a,b,d,e],F[c,b,d,a,e],F[c,d,a,b,e],F[d,a,c,b,e],F[d,b,a,c,e],F[d,c,b,a,e]}.

运行 Permute[{a,b,c,d,e},AlternatingGroup[4]]得

{{a,b,c,d,e},{a,c,d,b,e},{a,d,b,c,e},{b,a,d,c,e},{b,c,a,d,e},{b,d,c,a,e},{c,a,b,d,e},{c,b,d,a,e},{c,d,a,b,e},{d,a,c,b,e},{d,b,a,c,e},{d,c,b,a,e}}.

2. 集合在群的作用下的轨道

命令 GroupOrbits[group,{p₁,p₂,…}]给出点集{p₁,p₂,…}在群 group 作用下的轨道.

例 7.13　求{1,2,3,4,5}的若干子集在例 7.11 中的群 G 作用下的轨道.

运行 G= PermutationGroup[{Cycles[{{1,2},{3,4}}],Cycles[{{7,5,6}}]}];此时群 G 已定义,

运行 GroupOrbits[G,{1}]得{{1,2}};

运行 GroupOrbits[G,{3}]得{{3,4}};

运行 GroupOrbits[G,{6}]得{{5,6,7}};

运行 GroupOrbits[G,{1,4}]得{{1,2},{3,4}};

运行 GroupOrbits[G,{1,5}]得{{1,2},{5,6,7}};

运行 GroupOrbits[G,{1,3,5}]得{{1,2},{3,4},{5,6,7}}.

从这些实例可见轨道计算很方便.

例 7.14　求集合{1,2,3,4,5,6,7,8,9,10}的元素在交错群 A_{10}作用下的轨道.

运行 G= AlternatingGroup[10]得 AlternatingGroup[10],相当于定义 $G=A_{10}$,

运行 GroupOrbits[G,{1}]得{{1,2,3,4,5,6,7,8,9,10}},表明{1}在 G 下的轨道是全集.

运行 Table[GroupOrbits[G,{i}],{i,10}]得{{{1,2,3,4,5,6,7,8,9,10}}}(共重复 9 次).

此结果表明每个元在 A_{10} 下的轨道都是{1,2,3,4,5,6,7,8,9,10}.

7.2.4　中心化子

命令 GroupCentralizer[group,g]给出群元素 g 在群 group 下的中心化子.

例 7.15　由元素 (1,2,7) (3,10,5,4)及 (1,4,2,5,3)生成一个群 group,求该群的阶;已知元素 g= (3,7) (4,5) (6,8,10,9),求 g 在群 group 下的中心化子 C、C 的阶、C 的全部元素.

运行 GroupOrder[group=PermutationGroup[{Cycles[{{1,2,7},{3,10,5,4}}],Cycles[{{1,4,2,5,3}}]}]]得 5040,表明定义了一个 5040 阶的置换群 group.

运行 g= Cycles[{{3,7},{4,5},{6,8,10,9}}]将定义一个名为 g 的群元素;

运行 centralizer=GroupCentralizer[group,g]得 g 在 group 中的中心化子为 PermutationGroup[{Cycles[{{4,5}}],Cycles[{{3,7},{4,5}}],Cycles[{{3,4,7,5}}],Cycles[{{1,2}}]}];

运行 GroupOrder[centralizer]得 16,表明这个中心化子是一个 16 阶的子群.

运行 centralizerlist=GroupElements[centralizer]得这个子群的元素如下:{Cycles[{}],Cycles[{{4,5}}],Cycles[{{3,4},{5,7}}],Cycles[{{3,4,7,5}}],Cycles[{{3,5,7,4}}],Cycles[{{3,5},{4,7}}],Cycles[{{3,7}}],Cycles[{{3,7},{4,5}}],Cycles[{{1,2}}],Cycles[{{1,2},{4,5}}],Cycles[{{1,2},{3,4},{5,7}}],Cycles[{{1,2},{3,4,7,5}}],Cycles[{{1,2},{3,5,7,4}}],Cycles[{{1,2},{3,5},{4,7}}],Cycles[{{1,2},{3,7}}],Cycles[{{1,2},{3,7},{4,5}}]}.

7.2.5　特殊群举例

二面体群 D_n 是指正 n 边形的全体对称变换的集合作成的群,本系统用 DihedralGroup[n]表示.

例 7.16　求 D_{10} 的阶及生成元,求 D_4 的元素.

运行 GroupOrder[DihedralGroup[10]]得 20.

运行 GroupGenerators[DihedralGroup[10]]得生成元由两个元素构成:{Cycles[{{1,10},{2,9},{3,8},{4,7},{5,6}}],Cycles[{{1,2,3,4,5,6,7,8,9,10}}]},前一个是反射变换,后一个是旋转变换.

运行 GroupElements[DihedralGroup[4]]得二面体群 D_4 的 8 个元素如下:{Cycles[{}],Cycles[{{2,4}}],Cycles[{{1,2},{3,4}}],Cycles[{{1,2,3,4}}],Cycles[{{1,3}}],Cycles[{{1,3},{2,4}}],Cycles[{{1,4,3,2}}],Cycles[{{1,4},{2,3}}]}.

命令 FiniteGroupCount[n]与 FiniteAbelianGroupCount[n]可以分别求出 n 阶群及 n 阶 Abel 群的个数.

例 7.17　求 1~100 阶群的个数.

运行 Table[{i,"--",FiniteGroupCount[i]},{i,1,100}]得 1 至 100 阶群的个数如下:

{{1--1},{2--1},{3--1},{4--2},{5--1},{6--2},{7--1},{8--5},{9--2}, {10--2},{11--1},{12--5},{13--1},{14--2},{15--1},{16--14},{17--1}, {18--5},{19--1},{20--5},{21--2},{22--2},{23--1},{24--15},{25--2}, {26--2},{27--5},{28--4},{29--1},{30--4},{31--1},{32--51},{33--1}, {34--2},{35--1},{36--14},{37--1},{38--2},{39--2},{40--14},{41--1}, {42--6},{43--1},{44--4},{45--2},{46--2},{47--1},{48--52},{49--2}, {50--5},{51--1},{52--5},{53--1},{54--15},{55--2},{56--13},{57--2}, {58--2},{59--1},{60--13},{61--1},{62--2},{63--4},{64--267},{65--1}, {66--4},{67--1},{68--5},{69--1},{70--4},{71--1},{72--50},{73--1}, {74--2},{75--3},{76--4},{77--1},{78--6},{79--1},{80--52},{81--15}, {82--2},{83--1},{84--15},{85--1},{86--2},{87--1},{88--12},{89--1}, {90--10},{91--1},{92--4},{93--2},{94--2},{95--1},{96--231},{97--1}, {98--5},{99--2},{100--16},其中多余的逗号已经删除,下例同.

根据群的理论知:素数阶群是循环群,由运行 Table[Prime[k],{k,25}]的结果列出的 100 以内的素数表:{2,3,5,7,11,13,17,19,23,29,31,37,41,43,47,53,59,61, 67,71,73,79,83,89,97}与例 7.18 的结果比较,素数阶群(在同构的意义下)只有 1 个.

例 7.18　求 1~100 阶 Abel 群的个数.

运行 Table[{i,"--",FiniteAbelianGroupCount[i]},{i,1,100}]得 1 至 100 阶 Abel 群的个数如下:

{{1--1},{2--1},{3--1},{4--2},{5--1},{6--1},{7--1},{8--3},{9--2}, {10--1},{11--1},{12--2},{13--1},{14--1},{15--1},{16--5},{17--1}, {18--2},{19--1},{20--2},{21--1},{22--1},{23--1},{24--3},{25--2}, {26--1},{27--3},{28--2},{29--1},{30--1},{31--1},{32--7},{33--1}, {34--1},{35--1},{36--4},{37--1},{38--1},{39--1},{40--3},{41--1}, {42--1},{43--1},{44--2},{45--2},{46--1},{47--1},{48--5},{49--2}, {50--2},{51--1},{52--2},{53--1},{54--3},{55--1},{56--3},{57--1}, {58--1},{59--1},{60--2},{61--1},{62--1},{63--2},{64--11},{65--1}, {66--1},{67--1},{68--2},{69--1},{70--1},{71--1},{72--6},{73--1}, {74--1},{75--2},{76--2},{77--1},{78--1},{79--1},{80--5},{81--5}, {82--1},{83--1},{84--2},{85--1},{86--1},{87--1},{88--3},{89--1}, {90--2},{91--1},{92--2},{93--1},{94--1},{95--1},{96--7},{97--1}, {98--2},{99--2},{100--4}}.

比较例 7.18 与例 7.19 的结果,可以得到 1~100 阶非 Abel 群的个数.

第 8 章　Mathematica 软件编程解决复杂数学问题

程序设计的基本思想:自顶向下、逐步细化、模块化,该思想在利用 Mathematica 软件编程时仍然有效.程序的三种基本结构:顺序结构、选择结构、循环结构也有专门的命令实现.

8.1　模块和块中的变量(全局与局部)

前面各章介绍了有关 Mathematica 的各种基本运算及操作,为了使 Mathematica 更有效的工作,可以利用 Mathematica 进行模块化运算.在模块内部通过编写一系列表达式语句,使其实现一定的功能.在 Mathematica 内部也提供了很多程序包,下面将介绍如何调用它们.

一般情况下,Mathematica 假设所有变量都为全局变量.也就是说无论何时你使用一个你自己定义的变量,Mathematica 都认为你指的是同一个目标.然而在编制程序时,你并不希望把所有的变量当作全局变量,因为如果这样,程序可能就不具有通用性,你也可能在调用程序时陷入混乱状态.下面给出定义模块、块及局部变量的常用形式,如表 8-1 所示.

表 8-1　模块、块及局部变量的定义函数

命令格式	意义
Module[{x,y,…},body]	具有局部变量 $x,y,…$ 的模块
Module[{x= x0,y= y0,…},body]	具有初始值的局部变量的模块
rhs:= Module[vars,rhs/:cond]	rhs 和 cond 共享局部变量 vars
Block[{x,y,…},body]	运用局部值 $x,y,…$ 计算 body,body 中显见的 $x,y,…$ 才用局部值,隐式的变量仍用全局变量
Block[{x= x0,y= y0,…,bddy]	给 $x,y,…$ 赋初始值,其余功能同上

Mathematica 中的模块的工作原理很简单,每当使用模块时,就产生一个新的符号来表示它的每一个局部变量.产生的新符号具有唯一的名称,互不冲突,有效的保护了模块内外的每个变量的作用范围.首先来看 Module 函数,这个函数的第一部分参数里说明的变量只在 Module 内起作用,body 为执行体,包含合法的 Mathematica 语句,多个语句之间可用";"分割.

例 8.1　定义有初值的变量 t,Mathematica 默认它为全局变量,再定义局部变量 t 进行比较.

定义全局变量:运行 $t=10$;系统自动定义一个全局变量 t 并赋初值 10.

定义局部变量:运行 Module[{t},t=8;Print["t=",t]]得 t=8,系统在模块中定

义的 t 为局部变量,然后给 t 赋值 8,输出 t 的值为模块中所赋的值,因此,模块中的变量 t 独立于全局变量 t. 运行 Print["t=",t] 得 t= 10,表明这时输出的 t 的值为全局变量 t 的值.

定义并调用包含局部变量的函数:

定义函数 $f[v]$:运行 `f[v_]:=Module[{t},t=(1+v)^2;Expand[t]]`

调用函数 $f[v]$:运行 f[a] 得 $1+2a+a^2$.

从调用 $f[v]$ 的结果可见:函数 $f(v)$ 中的中间变量 t 为局部变量,它不受全局变量的影响.

运行 Print["t=",t] 得 10,表明全局变量 t 的值也不因局部变量中同名变量被重新赋值而改变,即在 Module 中给 t 赋值对全局变量 t 没有影响. 这一特征为模块化程序设计提供了方便.

在模块中可以对局部变量进行初始化,这些初始值总是在模块执行前就被计算出来.

例 8.2 定义一个函数,要求定义时给局部变量 t 赋初值 u,然后再调用.

定义函数 $g(x)$:运行 `g[u_]:= Module[{t= u},t= t+ t/(1+ u)]`,系统定义了函数 $g[u]=u+u/(1+u))$.

调用函数 $g(x)$:运行 g[a+ b] 得 $a+ b+ \dfrac{a+ b}{1+ a+ b}$,结果表明定义 $g[u]$ 时,u 是一个形式变量,即函数的自变量,在调用函数时才取具体的值.

Mathematica 中的模块允许你把某变量名看作局部变量名. 然而,有时希望它们为全局变量但变量值为局部值,这时可以借助 Block[] 函数.

例 8.3 Block 与 Module 的比较.

先定义一个含有全局变量 x 的表达式 y,再使用 x 的局部值计算这个表达式:

运行 y=x^2+1 得 $1+x^2$,此时定义了全局变量 y;

运行 Block[{x=a+1},y] 得 $1+ (1+a)^2$,表明 y 中的 x 被看成是块中的局部变量.

运行 Module[{x= a+ 1},y] 得 $1+ x^2$,表明 y 中的 x 仍被看成全局变量.

在 Mathematica 中编制程序时,必须使程序中的各个部分尽可能独立,便于程序易读、易维护和易修改. 确保程序各部分之间互不不相扰的主要方法是设置具有一定作用域的变量. 在 Mathematica 中有两种限制变量作用域的基本方法,即利用上述模块(Module)和块(Block).

下面进一步对 Block 与 Module 进行比较.

Module[vars,body] 的功能是把执行模块时表达式 body 的形式看成 Mathematica 程序的"代码". 然而当"代码"中直接出现 vars 中的变量时,这些变量都将被看作局部变量,而未显式地出现在 body 中的变量仍为全局变量.

Block[vats,body] 的功能是不查看表达式 body 的形式,而在整个计算 body 的过程中,body 里的所有变量(不论显式或隐式)都使用块中 vars 里的局部值代替.

为了更好地理解 Block 与 Model 的差别,下面再举两例进行说明.

例 8.4 全用局部变量的值.

首先借助变量 i 的值确定变量 m 的值. 运行 m= i^2 得 i^2(这里的 i 与 m 都是全局变量). 然后要求在计算 $i+m$ 的整个过程中,变量 i 都取局部值,这时要用 Block 函数. 运行 Block[{i= a},i+ m]得 a+ a²(这里的 i 用的局部值 a 且 m 中隐含的变量 i 也用的局部值).

例 8.5　全局变量与局部变量同时使用.

首先借助变量 i 的值确定变量 m 的值.运行 m= i^2 得 i^2(这里的 i 与 m 都是全局变量).然后要求在计算 $i+m$ 的整个过程中,只有直接出现在 $i+m$ 中的 i,才被看作局部变量,这时要用 Model 函数.运行 Module[{i=a},i+m]得 a+i²,从结果看出,$i+m$ 里隐藏在 m 中的变量 i 仍作全局变量对待.

在实际编制程序过程中,模块比块更具普遍性.然而在交互式计算中需要定义变量的作用域时,块更实用.

8.2　选择结构

在编程时,选择结构常用条件语句实现.在 Mathematica 中提供了多种设置条件的方法,并规定只有在条件满足时才进行相应操作.

选择结构的常用形式如表 8-2 所示.

表 8-2　选择结构的常用形式

命令格式	意义
lhs:= rhsl/;test	当条件 test 为真时使用定义
If[test,then,else]	当 test 为真时计算 then,当 test 为假时计算 else
Which[test1,value1,test2,value2···]	依次计算 testi,给出第一个 testi 为真的 valuei 的值
Switch[expr,form1,value1,form2,···]	将 expr 与每一个 formi 相比较,给出第一个相匹配的 formi 的值
Switch[expr,form1,value1,form2,···,_def]	用 def 为系统默认值

在其他计算机语言中,条件表达式 test 只有真、假两种可能取值,而 Mathematicaj 是符号处理系统,条件表达式 test 的值常常还有第三种情况:无法判断真假,这时系统将原样输出相关表达式.例如,运行 x=2;x>1 得 True;运行 x=2;x>3 得 False;运行 Clear[x];x>0 得 $x>0$.

表示条件的表达式,除了 1.5.3 小节及 1.5.4 小节介绍的关系表达式及逻辑表达式外,还可用表 8-3 中的判断函数.而且这些函数只给出 True 或 False 两个值.

表 8-3　可以作为条件表达式的判断函数

命令格式	意义
TrueQ[expr]	expr 是否真
ValueQ[x]	变量 x 是否有值
NumericQ[num]	num 是否为一个数量
NumberQ[num]	num 是否为一个数值

TrueQ 的特殊用途:只有当 expr 取真时,TrueQ[expr]为真,因此不会有无法判断表

达式真假的情况发生. 参看例 8.11.

ValueQ[x]当 x 已经赋值时为真,否则为假. 参看例 8.12.

注意 NumericQ 与 NumberQ 的区别,前者判断参数是否为一个数量,后者判断参数是否为一个数值. 例如,运行 NumericQ[3.4]与 NumberQ[3.4]都是 True;运行 NumericQ[Pi]与 NumberQ[Pi]分别是 True 与 False.

8.2.1 If 命令

格式一 If[test,expr].

当 test 为真时计算表达式 expr,且表达式 expr 的值就是整个 If 结构的值;当 test 为假时返回空值;当 test 无法确定真假时原样输出整个语句. 运行 x=2;If[x>0,1]得 1;运行 x=-1;If[x>0,1]得[输出为空];Clear[x];If[x>0,1]得 If[x>0,1]

格式二 If[test,then,else].

当 test 的值为真时计算 then 的值作为整个 If 结构的值;

当 test 的值为假时计算 else 的值作为整个 If 结构的值;

当无法判断 test 的真假时原样输出整个 If 结构.

运行 x=2;If[x>0,1,-1]得 1. 运行 x=-2;If[x>0,1,-1]得-1. 运行 Clear[x];If[x>0,1,-1]得 If[x>0,1,-1].

编程时,为了防止出现因无法判断条件真假而原样输出 If 结构,可以给 If 语句添加第三个输出选项,当测试条件 test 的结果既不是真也不是假的情况下使用它.

格式三 If[test,expr1,expr2,expr3].

当 test 为真时输出 expr1;当 test 为假时输出 expr2;当系统无法确定 test 的真假时输出 expr3.

例 8.6 示例 If 语句的第三种格式.

运行 x=2;If[x>0,1,2,3]得 1;运行 x=-1;If[x>0,1,2,3]得 2;运行 Clear[x];If[x>0,1,2,3]得 3.

注意 编程时,格式三比格式二好,格式二比格式一好.

8.2.2 用格式"/;condition"表示条件

用 Mathematica 编程时经常需要在单个或多个定义之间进行选择. 单个定义的右边可以包含多个由 If 语句控制的分支,多个定义的右边可以用格式"/;condition"来实现. 运用多个定义进行编程常能得到结构很好的程序.

例 8.7 定义一个阶跃函数:当 $x>0$ 时,值为 1,反之,值为-1.

(1)利用 If 语句实现

定义函数:运行 f[x_]:=If[x>0,1,-1].

调用函数:运行 f[3]得 1;运行 f[-2]得-1;运行 f[x]得 If[x>0,1,-1].

(2)用格式/;condition 实现(分别定义阶跃函数的正数和负数部分)

定义函数:运行 g[x_]:=1/;x>0;g[x_]:=-1/;x<=0

调用函数:. 运行{g[3],g[-2],g[x]}得{1,-1,g[x]}.

8.2.3　Which 命令（多路开关）

在一般情况下，If 语句提供一个两者择一的方法. 在条件多于两个的情况下，可用 If 函数的嵌套方式来处理. 但是，借助 Whitch 或 Switch 函数将更方便.

例 8.8　用 Which 定义符号函数，并调用这个函数.

定义函数:运行 h[x_]:=Which[x>0,1,
x==0,0,x<0,-1].

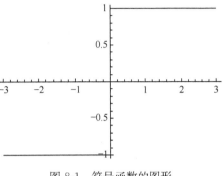

图 8-1　符号函数的图形

调用函数:运行 {h[0],h[3],h[-4]}得 {0,1,-1};运行 Clrar[x];h[x]得 Which[x>0,1,x 0,0,x<0,-1].

当然，还可以作出函数 $h[x]$ 的图形，运行 Plot[h[x],{x,-3,3}]得图 8-1 所示.

8.2.4　Switch 命令（模式匹配）

下例用 Switch 定义一个与模的余数有关的函数.

例 8.9　定义一个函数，按 x 模 3 的不同值输出不同的结果.

定义函数:q[x_]:=Switch[Mod[x,3],0,a,1,b,2,c];

调用函数:运行 {q[17],q[21],q[14],q[-4],q[4]}得 {c,a,c,c,b},由于 Mod[17,3]=2,因此，表中第一个元素运用了 Switch 中的第三种情况，依此类推.

运行 Clear[x];q[x]得

```
Switch[Mod[x,3],
0,a,
1,b,
2,c]
```

结果表明，当条件 Mod[x,3]无法与任何一个选项匹配时，以规范的格式原样输出整个语句.

例 8.10　利用 Switch 命令对输入项 x 进行数据类型判断并做出相关操作.

定义函数:运行

```
switchfunction[x_]:=Switch[x,
_Integer,FactorInteger[x],
_Rational,N[x],
_Real,Rationalize[x],
_Complex,Im[x],
_Symbol,1+x^2,
_,"The Head is "<>ToString[Head[x]]<>"."]
```

调用函数:运行 switchfunction/@{12,1/3,9.1,2+7I,Pi,"Mathematica"}得

$\{\{\{2,2\},\{3,1\}\},0.333333,\dfrac{91}{10},7,1+p^2,\text{The Head is String.}\}$.

注意 此处 f/@expr 相当于 Map[f,expr],如果此处用通常的函数调用格式得不出希望的结果.

运行 switchfunction[{12,1/3,9.1,2+7*I,Pi,"Mathematica"}] 得 The Head is List.

8.2.5 符号条件

在 If 语句的使用中,条件表达式还可以用符号条件,两个符号表达式是否"相同"用"=="(相连的两个等号)表示、两个符号表达式是否"全同"用"==="(相连的三个等号)表示,此处等号间不能有空格.

下面给出处理符号条件的函数.因 x=x 总是成立的,故 Mathematica 给出结果为真:运行 x==x 得 True.但 Mathematica 在下面情况下以符号等式输出.

例 8.11 相同与全同的比较.

运行 Clear[x,y];x==y 得 x==y(此时系统无法判断真假而原样输出).

运行 Clear[x,y];x===y 得 False,因 x 与 y 不全同.下面举两个用于 If 语句的例子.

运行 Clear[x,y];If[x==y,a,b,c] 得 c;运行 Clear[x,y];If[x===y,a,b,c] 得 b.

例 8.12 TrueQ 的应用.

由表 8-4 可知,根据 Mathematica 软件系统对命令 TrueQ 的规定,运行 TrueQ[x==y] 与 TrueQ[x===y] 都得 False,且运行 If[TrueQ[x==y],a,b,c] 与 If[TrueQ[x===y],a,b,c] 都得 b.

表 8-4 定义循环结构的 Do 函数

命令格式	意义
Do[expr,{i,imax}]	循环计算 expr,i 从 1 按步长 1 增加到 $imax$
Do[expr,{i,imin,imax,di}]	循环计算 expr,i 从 $imin$ 按步长 di 增加到 $imax$
Do[expr,{n}]	循环计算 expr n 次

例 8.13 ValueQ 的应用.

由系统对命令 ValueQ 的规定,运行 x= 3;ValueQ[x] 得 True,运行 Clear[x];ValueQ[x] 得 False.

由此可见,灵活应用这些判断函数,可以避免出现无法判断真假的情况发生.

一般情况下,"exp1===exp2"返回值为真(True)或假(False).在特殊情况下可用"==="测试一个表达式的结构,而用"=="测试数学上的等同性.下例用"==="来测试表达式的结构是否相同:运行 x^2+2x+1===2x+1+x^2 得 True.

8.3 循 环 结 构

Mathematica 程序在运行时包括对一系列 Mathematica 表达式的计算.对简单程序,

表达式的计算可用英文标点符号中的分号";"来隔开,运行时从前往后逐条语句依次执行,这种程序就是顺序结构.然而,有时需要对同一表达式进行多次计算,即循环计算,这时就要用循环结构编程才更方便.

关于循环结构的使用,前面已经多次出现,为了读者系统地了解循环结构的主要内容,下面分别介绍几种循环结构的语法及功能.

8.3.1　Do 循环

Do 函数的循环结构形式如表 8-4 所示.

如果初值"大"于终值且步长为正时,则 expr 一次都不计算.

例 8.14　计算并输出 $i+i^2$, i 从 1 按步长 1 增加到 3.

运行 Do[Print[i+i^2],{i,1,3}]得

2

6

12

Do 中定义循环的方式与函数 Table 和 Sum 中的定义一样.借助函数 Do,可以建立多重循环.

例 8.15　给出一个二重循环.

建立一个二重循环,让外层循环变量 i 从 1 到 4 进行,而对于每个 i,内层循环变量 j 又从 1 到 $i-1$ 进行.

运行 Do[Print[{i,j}],{i,4},{j,i-1}](＊i 为外层循环变量,j 为内层循环变量.＊)得

{2,1}

{3,1}

{3,2}

{4,1}

{4,2}

{4,3}

注:i 取 1 时,j 未能取值.

例 8.16　给出一个指定循环次数的循环.

对于变量 t 的初始值进行除以 2 再取整,共执行 3 次.

运行 t=67;Do[Print[t];t=Floor[t/2],{3}]得

67

33

16.

8.3.2　While 循环与 For 循环

在 Mathematica 程序中,Do 循环是以结构方式进行循环的,然而有时你需要生成非结构循环.此时,运用函数 While 和 For 是合适的.While 和 For 函数的循环结构形式如

表 8-5 所示.

表 8-5　定义循环结构的 While 和 For 函数

命令格式	意义
While[test,body]	只要 test 为真,就重复计算 body
For[start,test,incr,body]	以 star 为起始值,重复计算 body 和 incr,直到 test 为 False 终止循环

While 用于"当型循环",For 用于"直到型循环".

在 For[start,test,incr,body]中,start 为初始值,test 为条件,incr 为循环变量修正式,body 为循环体,通常由 incr 项控制 test 的变化.

当 test 的值为真时,While 循环一直进行,因此,为了防止死循环,在 While 中应包括能改变 test 的值的语句.

例 8.17　给出一个 While 循环.

运行 n=25;While[(n=Floor[n/3])!=0,Print["n=",n]]得

n=8

n=2

例 8.18　给出一个简单的 For 循环.

运行 For[i=1,i<4,i++,Print["i=",i]]得

1

2

3

在本例中,$i++$表示 i 的值加 1,相当于赋值语句 $i=i+1$(编程时经常会用到的赋值方法参见 8.3.4 节),从运行结果可以看出,由 Print 输出的 i 值是在执行$i++$之前的值..

例 8.19　给出一个较复杂的 For 循环,注意分号与逗号的区别.

运行 For[i=1;t=x,i^2<10,i++,t=t^2+i;Print[t]]得

$1+x^2$

$2+(1+x^2)^2$

$3+(2+(1+x^2)^2)^2$.

本例中,以"$i^2<10$"作为循环结束的依据,一旦 $i^2<10$ 不成立,就中止循环.从结果可知,程序中的语句"$t=x$"仅在首次执行时进行了一次赋值,变量 t 在此后一直保持其当前值,读者注意到"$i=1$"与"$t=x$"之间是分号";"就能理解为什么是这样的结果了.

Mathematica 中的函数 While 循环和 For 循环总是在执行循环体前对循环条件进行测试.一旦测试结果为假,就中止 While 循环或 For 循环.因此,循环体的计算总是在测试结果为真的情况下进行的.

8.3.3　重复调用函数

除了可用 Do、While、For 等构造循环结构外,还可以直接运用某些函数构造循环结

构进行编程. 运用函数构造循环结构能得出非常有效的程序. 重复运用函数的方式如表 8-6 所示.

表 8-6　重复运用函数的方式

命令格式	意义
Nest[f,expr,n]	对表达式 expr 无条件地重复调用函数 f 共 n 次
FixedPoint[f,expr]	对表达式 expr 重复调用函数 f, 直到调用结果不再变化为止
NestWhile[f,expr,test]	对表达式 expr 重复调用函数 f, 直到产生的结果使 test 的值为假时中止

例 8.20　定义函数 $y=\sin x^2$, 再重复调用 5 次.

运行 f[x_]:=Sin[x^2];Nest[f,x,4] 得 $\mathrm{Sin}[\mathrm{Sin}[\mathrm{Sin}[\mathrm{Sin}[x^2]^2]^2]^2]$.

例 8.21　对纯函数的重复调用, 调用结果与借助 Do 构造的循环结构效果一样.

运行 Nest[Function[t,Sqrt[1+ t^3]],x,3] 得 $\sqrt{1+(1+(1+x^3)^{3/2})^{3/2}}$.

Nest 函数允许你重复运用某函数. 然而, 有时希望在调用后函数值不再发生变化的情况下自动中止对函数的调用, 这时使用函数 FixPoint.FixPoint[f,x] 更方便, 它们是在重复调用函数 f 作用于 x 直到结果不再发生变化时止. "

例 8.22　对一个正整数反复进行除以 3 再取整, 直到结果不变时止.

运行 FixedPoint[Function[t,Print["t=",t];Floor[t/3]],67]; 得

67

22

7

2

0

例 8.23　对一个正整数反复除以 2, 直到结果不再是偶数时止.

运行 div2[x_]:=x/2;NestWhile[div2,256* 9,EvenQ] 得 9.

要想输出每次相除的结果, 可以使用 NestWhileList,

运行 NestWhileList[div2,256* 9,EvenQ] 得 {2304,1152,576,288,144,72,36,18,9}.

8.3.4　一些特殊的赋值方式

一些赋值方式在循环结构中使用较方便, 如表 8-7 所示.

表 8-7　循环结构中的常见赋值方式

命令格式	意义
i++	变量 i 加 1
i--	变量 i 减 1
++i	变量 i 先加 1
--i	变量 i 先减 1

命令格式	意义
i+=di	变量 i 加 di
i-=di	变量 i 减 di
x*=C	变量 x 乘以 C
x/=c	变量 x 除以 c
{x,y}={y,x}	交换 x 和 y 值

例 8.24 交换两个变量的值.

运行 x=2;y=7;Print["{x,y}={",x,",",y,"}."];{x,y}={y,x};Print["{x,y}={",x,",",y,"}."] 得

{x,y}={2,7}.

{x,y}= {7,2}.

结果表明,通过语句"$\{x,y\}＝\{y,x\}$"顺利实现了变量的值的交换.

例 8.25 $i＋＋$ 与 $＋＋i$ 的区别.

语句"i++"是先输出语句的结果,后对 i 的值加 1."＋＋i"是先对 i 的值加 1,后输出语句的值. 例如,

运行 i=1 得 1,运行 i++ 得 1,运行 i 得 2;

运行 i=1 得 1,运行 ++i 得 2,运行 i 得 2.

8.4 流 程 控 制

顺序结构的流程控制一般来说比较简单,但是在包含了借助 While 或 For 等构造的循环结构时就比较复杂了,这是因为它们的流程控制依赖于循环体中某些表达式的值. 而且在这样的循环中,流程的控制并不依赖于循环体中表达式的值. 有时在编制 Mathematica 程序时,在该程序中的流程控制受某一过程或循环体执行结果的影响. 这时,可用 Mathematica 提供的流程控制函数来控制流程. 这些函数的工作过程与 C 语言中的工作过程很相似. 常用的流程控制函数如表 8-8 所示.

表 8-8　流程控制函数

命令格式	意义
Break[]	退出本层循环结构
Continue[]	转入当前循环的下一语句
Return[expr]	退出函数中的所有过程及循环,并返回 expr 的值
Goto[name]	转入当前过程中的元素 Label[name]
Throw[value]	返回 expr 值

以 For 循环为例,在语句执行过程中,如果循环体生成 Break[] 语句,则退出 For 循环;如果循环体生成 Continue[] 语句,则由 incr 的增量进入 For 语句的下一次循环.

例 8.26　循环的中断.

希望当 $t>20$ 时循环中断,可用 Break[] 配合 If 语句实现. 运行 t=1;Do[t*=k; Print[t];If[t>20,Break[]],{k,10}] 得

```
1
2
6
24.
```

例 8.27　循环的继续.

希望当 $k<3$ 时继续循环,可用 Continue[] 配合 If 语句实现. 运行 t=1;Do[t*=k; Print[t];If[k<3,Continue[]];t+=2,{k,5}] 得

```
1
2
6
32
170
```

例 8.28　Return 及其在错误处理中的应用.

定义函数:运行 f[x_]:=(If[x>5,Return[big]];t=x^2;Return[t-7])

调用函数:运行 f[10] 得 big;运行 f[4] 得 9.

Return[] 允许退出一函数,并返回一个值. Mathematica 可以进行局部返回,这可允许退出一列迭代函数. 非局部返回在错误处理时是很有用的. 例 8.29 给出了一个开平方函数,如果调用时自变量取值小于 0,则输出 error~.

例 8.29　重新定义开平方函数,当自变量为负数时自动报错而不必输出复数.

定义函数:运行 h[x_]:=If[x<0,Throw[error],Sqrt[x]]

调用函数:运行 Catch[h[6]] 得 $\sqrt{6}$;运行 Catch[h[-6]] 得 error;运行 h[6] 得 $\sqrt{6}$;运行 h[-6] 得错误提示如下:

```
Throw::nocatch:Uncaught Throw[error] returned to top level.More…
```

并输出 Hold[Throw[error]].

8.5　应　用　实　例

8.5.1　求矩阵的逆矩阵的可读性计算

在 3.4 给出的求逆矩阵命令直接求出了一个可逆矩阵的逆矩阵而无中间过程,如果希望得到象手工求逆矩阵一样的求解过程,可以通过如下程序进行.

先把求逆矩阵的求解过程定义成一个函数如下:

```
InvMatr[A_]:=(If[! MatrixQ[A],Print["A is not a Matrix.We don't calcu-
late the inverse of A."],
```

```
Print["Matrix A=",MatrixForm[A],","];n=Length[A];
    If[n!=Length[A[[1]]],Print["A is  a Matrix.But A  is not a square
matrix.We don't calculate the inverse of A."],
    If[Det[A] 0,Print["A  is  a square matrix.But Determinant of ma-
trix A equals zero.  There isn't inverse Matrix of A."],
    Print[" Performing elementary row transformation for matrix (A|
E):"];
    ident=IdentityMatrix[n];
                AT=Transpose[A];
                Temp=AT;
                Do[Temp=Append[Temp,ident[[i]]],{i,1,n}];
                AE=Transpose[Temp];
                Print["(A|E)=",MatrixForm[AE]];
                Do[k=Infinity;r=j;
                    Do[If[Abs[AE[[i,j]]]<k&&AE[[i,j]]10,k=AE[[i,j]];
r=i],{i,j,n}];
                    If[r1j,TempMatrix=AE[[r]];AE[[r]]=AE[[j]];AE[[j]]=
TempMatrix];
                    Do[AE[[i]]=AE[[i]]-AE[[j]]*AE[[i,j]]/AE[[j,j]],{i,
1,j-1}];
                    Do[AE[[i]]=AE[[i]]-AE[[j]]*AE[[i,j]]/AE[[j,j]],{i,j+1,
n}];
                    AE[[j]]=AE[[j]]/AE[[j,j]];Print["-->",MatrixForm
[AE]];
                    ,{j,1,n}
                    ];
                B=Transpose[AE];
                Temp={B[[n+1]]};
                Do[Temp=Append[Temp,B[[i]]],{i,n+2,2 n}];
                 Print["The Inverse Matrix A  of is ",Transpose[Temp]//Ma-
trixForm,"."
                    ]
                ]
            ]
        )
```

然后针对不同的矩阵只需调用上述函数即可.下面给出四种情况:A 不是矩阵、A 是矩阵但不是方阵、A 是方阵但不可逆、A 是可逆矩阵的例了各一个.

例 8.30 判断下列表是不是矩阵,若是矩阵判断是否为方阵,若是方阵判断是否可逆,若可逆请求出逆矩阵.

(1) $A=\{\{1,1,1,1\},\{1,0,5,4\},\{2,9,16\},\{1,8,3,64\}\}$

(2) $A=\{\{1,3,5\},\{2,4,7\}\}\}$.

(3) $A=\{\{1,0,1,1\},\{1,0,5,4\},\{2,0,0,16\},\{1,0,3,64\}\}$

(4) $A=\{\{2,2,3\},\{1,-1,0\},\{-1,2,1\}\}$.

解答　(1) 运行 Clear;a1={1,1,1,1};a2={1,0,5,4};a3={2,9,16};a4={1,8,3,64};A={a1,a2,a3,a4};InvMatr[A]得

A is not a Matrix.We don't calculate the inverse of A.

(2) 运行 Clear;a1={1,3,5};a2={2,4,7};A={a1,a2};InvMatr[A]得 Matrix

$A=\begin{pmatrix}1 & 3 & 5 \\ 2 & 4 & 7\end{pmatrix}$,

A is a Matrix.But A is not a square matrix.We don't calculate the inverse of A.

(3) 运行 Clear;a1={1,0,1,1};a2={1,0,5,4};a3={2,0,0,16};a4={1,0,3,64};A={a1,a2,a3,a4};InvMatr[A]得

Matrix $A=\begin{pmatrix}1 & 0 & 1 & 1 \\ 1 & 0 & 5 & 4 \\ 2 & 0 & 0 & 16 \\ 1 & 0 & 3 & 64\end{pmatrix}$,A is a square matrix.But Determinant of

matrix A equals zero.There isn't inverse Matrix of A.

(4) 运行 Clear;a1={2,2,3};a2={1,-1,0};a3={-1,2,1};A={a1,a2,a3};InvMatr[A]得

Matrix $A=\begin{pmatrix}2 & 2 & 3 \\ 1 & -1 & 0 \\ -1 & 2 & 1\end{pmatrix}$,Performing elementary row transformation for

matrix (A|E):

$$(A|E)=\begin{pmatrix}2 & 2 & 3 & 1 & 0 & 0 \\ 1 & -1 & 0 & 0 & 1 & 0 \\ -1 & 2 & 1 & 0 & 0 & 1\end{pmatrix}-->$$

$$\begin{pmatrix}1 & -1 & 0 & 0 & 1 & 0 \\ 0 & 4 & 3 & 1 & -2 & 0 \\ 0 & 1 & 1 & 0 & 1 & 1\end{pmatrix}-->$$

$$\begin{pmatrix}1 & 0 & 1 & 0 & 2 & 1 \\ 0 & 1 & 1 & 0 & 1 & 1 \\ 0 & 0 & -1 & 1 & -6 & -4\end{pmatrix}-->$$

$$\begin{pmatrix}1 & 0 & 0 & 1 & -4 & -3 \\ 0 & 1 & 0 & 1 & -5 & -3 \\ 0 & 0 & 1 & -1 & 6 & 4\end{pmatrix}$$,The Inverse Matrix A of

$$\text{is } \begin{bmatrix} 1 & -4 & -3 \\ 1 & -5 & -3 \\ -1 & 6 & 4 \end{bmatrix}.$$

8.5.2　利用 Mathematica 软件实现求解线性规划问题的可读性计算

1. 线性规划问题的直接求解法

利用 Mathematica 软件求解线性规划问题主要有两种格式

第一种格式　Maximize [f,{inequalities},{x,y,…}].

其功能为:求出函数 f 在由不等式组{inequalities}指定的区域上的最大值,其中变量 $x,y,…$都假定非负.计算结果按下列表的形式给出:

{fmax,{x->xmax,y->ymax,…}},其中 fmax 是函数 f 在指定区域上的最大值, x->xmax,y->ymax,…给出函数取得最大值的点.

例 8.31　求解下列线性规划.

$$\max S = 2x_1 + 5x_2$$

$$S.t. \begin{cases} x_1 \leqslant 4 \\ x_2 \leqslant 3 \\ x_1 + 2x_2 \leqslant 8 \\ x_1 \geqslant 0, x_2 \geqslant 0 \end{cases}$$

运行 Maximize[2x1+5x2,{x1<=4,x2<=3,x1+2x2<=8},{x1,x2}]得{19,{x1->2, x2->3}}.

此结果表明,这个线性规划问题的最优解为:$x_1 = 2, x_2 = 3$,目标函数的最大值为 S=19.

如果在 5.0 以上版本运行 ConstrainedMax[2x1 + 5x2,{x1 < = 4, x2 < = 3, x1+2x2<=8},{x1,x2}]将给出命令已过时的提示,同时指出替代的命令为 NMaximize 或 Maximize.

ConstrainedMax::deprec: ConstrainedMax is deprecated and will not be supported in future versions of Mathematica.Use NMaximize or Maximize instead.More…

这种格式的优点在于:还可以利用它求解非线性规划问题.

例 8.32　求函数 $f(x) = \dfrac{x+11}{5} - \sqrt{\dfrac{x^2+4}{3}}$ 的最大值.

Maximize 可以计算出精确值,而 NMaximize 只给出近似值.

运行 Maximize [(x + 11)/5 - Sqrt [x ^ 2 + 4]/3, x] 或 Maximize $\left[\dfrac{x+11}{5} - \dfrac{\sqrt{4+x^2}}{3}, x\right]$得$\left\{\dfrac{5}{3}, \left\{x \to \dfrac{3}{2}\right\}\right\}$.

运行 NMaximize [(x+11)/5-Sqrt[x^2+4]/3,x]得{1.66667,{x→1.5}}.

与 LINGO 软件比较,Maximize 可以求出精确解,而 LINGO 只能求出近似解.

第二种格式 LinearProgramming[List1,Matrix,List2].

其中,List1 是目标函数的系数,Matrix 是约束条件左边的系数,List2 是约束条件右边 的常数.

例 8.33 用不同方式求解下列线性规划问题.

$$\min S = 2x - 3y$$

$$s.t. \begin{cases} x+y<10 \\ x-y>2 \\ x>1 \\ x\geq0, y\geq0 \end{cases}$$

格式一 运行 Minimize[2x-3y,{x+y<10,x-y>2,x>1},{x,y}].

给出提示 Minimize::wksol: Warning: There is no minimum in the region described by the contraints; returning a result on the boundary.More⋯ 并输出{0,{x->6,y->4}}.

提示说明本问题无最小值,并给出边界上的结果.原因是约束条件中的不等式不带等号.

运行 Minimize[2x-3y,{x+y<=10,x-y>=2,x>=1},{x,y}]得{0,{x→6,y→4}}.这时没有无解提示了.

格式二 运行 LinearProgramming[{2,-3},{{-1,-1},{1,-1},{1,0}},{-10,2,1}]得{6,4}.

从结果可见,格式 2 只求出了取得最大值的点而未输出最大值.

格式 2 的二维输入方式:运行 LinearProgramming $\left[\{2,-3\}, \begin{pmatrix} -1 & 1 \\ 1 & -1 \\ 1 & 0 \end{pmatrix}, \{-10,2,1\}\right]$ 得{6,4}.

其中的矩阵可用命令{{-1,-1},{1,-1},{1,0}}//MatrixForm 生成后复制.

上述两种算法的优点:命令结构简单,计算速度快,精确度高,在实际应用中非常方便.缺点:只给出最后结果而无中间过程,如果想知道求解此结果的中间步骤,此命令就无法解决了.

2. 线性规划问题的可读性计算过程

仍然利用 Mathematica 软件编制一个程序.把用单纯形方法求解线性规划问题的解的过程全部显现出来,这样既能自动地计算出结果,又能得到整个计算过程,那将是一个两全其美的事情.

（1）数据表示.对于标准形式的线性规划

$$\max \quad z = cx$$
$$s.t. \quad Ax = b$$
$$x \geq 0$$

目标函数的系数用 n 个元素的表 c 表示,以 m 个表 $a_1, a_2, \cdots, a_m$ 表示系数矩阵 A 的各个行向量,则线性规划的系数矩阵可用一个表表示出来 $A=\{a_1,a_2,\cdots,a_m\}$,右端向量用 m 个元素的表 b 表示,目标函数值的相反数用 z_0 表示.

(2) 数据输出. 为了使计算过程具有较好的可读性,首先要解决数据表示形式的直观性. 这可利用矩阵形式函数 MatrixForm 并配合表生成函数 Table 及表后加元函数 Append 解决,即

```
MatrixForm[Prepend[Prepend[Table[Append[Append[A[[i]],"|"],
b[[i]]],{i,1,m}],A0],Append[Append[c,"|"],- z0]]
```

此命令的优点是把全部已知信息用一个二维表表达出来,并用横线"—"及竖线"|"将目标函数系数、目标函数值、系数矩阵、右端向量分成 4 个子块,进一步增强了可读性,将此自定义复合命令定义成一个函数,在计算过程中随时调用就能实现将计算过程输出的目的.

(3) 算法. 首先由初始表得到第一个单纯形表. 通过对矩阵 A 的列与单位矩阵的列逐一对照,找出第一个可行基 bv:

```
ident= IdentityMatrix[m];At= Transpose[A];bv= Table[0,{m}];
Do[Do[If[At[[j]]= = ident[[i]],bv[[i]]= j],{j,1,n}],{i,1,m}];
```

将基变量对应的目标函数系数变成零,同时改变目标函数值(由于系数 c 的计算用了迭代,目标函数值的计算必须放在改变系数之前),同时求出第一个可行解 fs:

```
fs= Table[0,{n}];
Do[Do[If[bv[[i]]= = j,z0= z0- c[[j]]* b[[i]];c= c- c[[j]]* A[[i]]],
{j,1,n}],{i,1,m}];
Do[If[MemberQ[bv,j],bp= Position[bv,j][[1,1]];fs[[j]]= b[[bp]],
fs[[j]]= 0],{j,1,n}];
```

然后利用命令 Print[P[A,c,b,z0]] 输出结果. 对单纯形表进行判断:先找出目标函数系数的最大值 k 及 k 对应的列号 s.

```
s= 1;k= c[[1]];Do[If[c[[j]]> k,k= c[[j]];s= j],{j,1,n}];T= 1;
```

分三种情况对 k 进行讨论:

(i) 若 $k \leqslant 0$,则得到最优解,输出计算结果的信息后让计算过程结束.

```
Print["The base variable is",bv,".The optima solve is FS= ",fs,"."];
Print["The value of objective function is s= ",- z0,";"];
```

(ii) 若 $k>0$,判断 k 对应的 s 列中 A 的分量是否全不大于零,并以 flag 是否大于零为标志,其命令如下:

```
While[k> 0,T= T+ 1;flag= 0;
Do[If[A[[i,s]]> 0,flag= flag+ 1],{i,1,m}];
```

(a) 若判断结果为"是",则 flag=0,从而线性规划问题无有界的最优解,输出计算结果,并使计算过程结束;

(b) 若判断结果为"否",则 flag>0,即 k 对应的 s 列中 A 的分量中至少有一个为正,则进行换基,然后给出基变量及可行解等信息.

这两步可用如下命令实现:

```
If[flag> 0,k= - 1;W= 0;
    Do[If[A[[i,s]]> 0,W= b[[i]]/A[[i,s]];If[W> k,k= W+ 1]],{i,1,m}];
    W= 0;r= 1;Do[If[A[[i,s]]> 0,W= b[[i]]/A[[i,s]];If[W< k,k= W;r=
i]],{i,1,m}],
    Print["There isn't optimal solution!","The iterative time is",
T,"."];Break[]];
```

(c) 换基,然后给出基变量及可行解等信息,命令如下:

```
bv[[r]]= s;b[[r]]= b[[r]]/A[[r,s]];A[[r]]= 1/A[[r,s]]* A[[r]];z0= z0
- c[[s]]* b[[r]];
    Do[b[[i]]= b[[i]]- A[[i,s]]* b[[r]];A[[i]]= A[[i]]- A[[i,s]]
* A[[r]],{i,1,r- 1}];
    Do[b[[i]]= b[[i]]- A[[i,s]]* b[[r]];A[[i]]= A[[i]]- A[[i,s]]
* A[[r]],{i,r+ 1,m}];
    c= c- c[[s]]* A[[r]];Do[If[MemberQ[bv,j],bp= Position[bv,j][[1,
1]];
fs[[j]]= b[[bp]],fs[[j]]= 0],{j,1,n}];
```

换基后,返回对新的基进行判断,重复上述过程,直到求出最优解或判断出无有界的最优解时退出循环.

(4) 防止循环. 对于上述换基迭代方法,对于某些线性规划问题[1],有可能出现无终止的循环. 为了防止死循环的发生,文中采用了如下的办法:将初始可行解存入表 bv0 中(bv0= bv;),以后每进行一次迭代后,将新的可行解与该解进行比较,一旦出现相同立即终止循环:

```
If[bv= = bv0,Print["There is a cycling! ","The cyclic time is",
T,"."];Break[]].
```

3. 实例

例 8.34　求解线性规划问题

$$\max z=5x_2-2x_3+8$$

$$\text{s. t.} \begin{cases} x_1+x_3=4 \\ x_2+x_4=3 \\ x_1+2x_2+x_5=8 \\ x_1,x_2,x_3,x_4,x_5 \geqslant 0 \end{cases}$$

首先通过运行

```
Clear;c= {0,5,- 2,0,0};a1= {1,0,1,0,0};a2= {0,1,0,1,0};a3= {1,2,0,
0,1};
    A= {a1,a2,a3};b= {4,3,8};z0= - 8;
```

将该线性规划问题的全部信息读入内存.执行输出后得初始表及初始单纯形表为

$$\begin{pmatrix} 0 & 5 & -2 & 0 & 0 & 8 \\ 1 & 0 & 1 & 0 & 0 & 4 \\ 0 & 1 & 0 & 1 & 0 & 3 \\ 1 & 2 & 0 & 0 & 1 & 8 \end{pmatrix}$$

$$\left(\begin{array}{ccccc|c} 2 & 5 & 0 & 0 & 0 & 0 \\ \hline 1 & 0 & 1 & 0 & 0 & 4 \\ 0 & 1 & 0 & 1 & 0 & 3 \\ 1 & 2 & 0 & 0 & 1 & 8 \end{array}\right)$$

The base variable is {3,4,5}.The feasible solution is FS= = {0,0,4,3, 8}.

The value of objective function is s= 0;

经过换基后得第二个单纯形表为

$$\left(\begin{array}{ccccc|c} 2 & 0 & 0 & -5 & 0 & -15 \\ \hline 1 & 0 & 1 & 0 & 0 & 4 \\ 0 & 1 & 0 & 1 & 0 & 3 \\ 1 & 0 & 0 & -2 & 1 & 2 \end{array}\right)$$

再次判断后输出判断结果:

The base variable is {3,2,5}.The feasible solution is FS= {0,3,4,0,2}.

The value of objective function is s= 15;

此结果表明,基变量由{3,4,5}变成{3,2,5},即 x_2 为进基变量,x_4 为离基变量,目标函数值由 0 增加到 15.

再次换基,又得第三个单纯形表

$$\left(\begin{array}{ccccc|c} 0 & 0 & 0 & -1 & -2 & -19 \\ \hline 0 & 0 & 1 & 2 & -1 & 2 \\ 0 & 1 & 0 & 1 & 0 & 3 \\ 1 & 0 & 0 & -2 & 1 & 2 \end{array}\right)$$

再次判断后输出判断结果:

The base variable is {3,2,1}.The optimal solution is FS= {2,3,2,0,0}.

The value of objective function is s= 19.

此结果表明,基变量由{3,2,5}变成{3,2,1},即 x_1 为进基变量,x_3 为离基变量,目标函数值由 15 增加到 19,并且这时得出的解已是最优解.

将上述各部分连在一起即得线性规划问题可读性计算的完整程序及更多的实例.

下面给出的既是一个完整的程序,同时也是一个具体的实例.

数据输入部分、计算过程、计算过程输出部分可以分别执行,以便用于不同的线性规划问题的计算中.

下面给出例 8.31 中的线性规划问题可读性计算过程的完整程序.

数据输入部分:

```
Clear;
```

```
c= {0,5,- 2,0,0};
a1= {1,0,1,0,0};a2= {0,1,0,1,0};a3= {1,2,0,0,1};
A= {a1,a2,a3};b= {4,3,8};z0= - 8;
```

计算部分及计算过程输出部分：

```
Print["The Simplex Method of Solving Linear Programming"]
m= Length[A];n= Length[A[[1]]];
A0= Append[Append[Table["- ",{n}],"+ "],"- "];
P[A_,C_,b_,z0_]:= MatrixForm[Prepend[Prepend[Table[Append[Append
[A[[i]],"|"],b[[i]]],{i,1,m}],A0],Append[Append[c,"|"],- z0]]];
Print["The initial table is follow:"];Print[P[A,c,b,z0]];
ident= IdentityMatrix[m];At= Transpose[A];
bv= Table[0,{m}];fs= Table[0,{n}];
Do[Do[If[At[[j]]= = ident[[i]],bv[[i]]= j],{j,1,n}],{i,1,m}];
Do[Do[If[bv[[i]]= = j,z0= z0- c[[j]]* b[[i]];c= c- c[[j]]* A[[i]]],
{j,1,n}],{i,1,m}];
Print["We shall exchange baseas follows:"];
Print["The first simplex table:"];
Print[P[A,c,b,z0]];
Do[If[MemberQ[bv,j],bp= Position[bv,j][[1,1]];fs[[j]]= b[[bp]],fs
[[j]]= 0],{j,1,n}];
bv0= bv;
Print["The base variable is",bv,"."]
Print["The feasible solutionis FS= ",fs,"."];
Print["The value of objective function is s= ",- z0,";"];
s= 1;k= c[[1]];Do[If[c[[j]]> k,k= c[[j]];s= j],{j,1,n}];T= 1;
While[k> 0,T= T+ 1;flag= 0;
  Do[If[A[[i,s]]> 0,flag= flag+ 1],{i,1,m}];If[flag> 0,k= - 1;W= 0;
    Do[If[A[[i,s]]> 0,W= b[[i]]/A[[i,s]];If[W> k,k= W+ 1]],{i,1,m}];
    W= 0;r= 1;Do[If[A[[i,s]]> 0,W= b[[i]]/A[[i,s]];
      If[W< k,k= W;r= i]],{i,1,m}],Print["There isn't optimal so-
lution!","The iterativetime is ",T,"."];Break[]];
bv[[r]]= s;b[[r]]= b[[r]]/A[[r,s]];A[[r]]= 1/A[[r,s]]* A[[r]];
z0= z0- c[[s]]* b[[r]];
Do[b[[i]]= b[[i]]- A[[i,s]]* b[[r]];
  A[[i]]= A[[i]]- A[[i,s]]* A[[r]],{i,1,r- 1}];
Do[b[[i]]= b[[i]]- A[[i,s]]* b[[r]];
  A[[i]]= A[[i]]- A[[i,s]]* A[[r]],{i,r+ 1,m}];
c= c- c[[s]]* A[[r]];
```

```
Print["The ",T,"th simplex table:"];
Print[P[A,c,b,- z0]];
s= 1;k= c[[1]];Do[If[c[[j]]> k,k= c[[j]];s= j],{j,1,n}];
Do[If[MemberQ[bv,j],bp= Position[bv,j][[1,1]];fs[[j]]= b[[bp]],
fs[[j]]= 0],{j,1,n}];
If[k≤0,Print["The base variable is ",bv,"."];
    Print[" The optima solution is FS= ",fs,"."];
    Print["The value of objective function is s= ",- z0,"."];
    Print["The iterative time is ",T,"."],Print["The base variable
is ",bv,". "]
        Print["The feasible solution is FS= ",fs,"."];
    Print["The value of objective function is s= ",- z0,";"]];
If[bv = bv0,Print[ "There is a cycling!","The cyclictime is ",
T,"."];Break[]]]
```

运行后自动显示下列计算过程.

The Simplex Method of Solving Linear Programming:

The initial table is follow:

$$\begin{pmatrix} 0 & 5 & -2 & 0 & 0 & \vdots & 8 \\ \hline 1 & 0 & 1 & 0 & 0 & \vdots & 4 \\ 0 & 1 & 0 & 1 & 0 & \vdots & 3 \\ 1 & 2 & 0 & 0 & 1 & \vdots & 8 \end{pmatrix}$$

We shall exchange baseas follows:

The first simplex table:

$$\begin{pmatrix} 2 & 5 & 0 & 0 & 0 & \vdots & 0 \\ \hline 1 & 0 & 1 & 0 & 0 & \vdots & 4 \\ 0 & 1 & 0 & 1 & 0 & \vdots & 3 \\ 1 & 2 & 0 & 0 & 1 & \vdots & 8 \end{pmatrix}$$

The base variable is {3,4,5} .

The feasible solutionis FS= {0,0,4,3,8} .

The value of objective function is s= 0;

The 2th simplex table:

$$\begin{pmatrix} 2 & 0 & 0 & -5 & 0 & \vdots & -15 \\ \hline 1 & 0 & 1 & 0 & 0 & \vdots & 4 \\ 0 & 1 & 0 & 1 & 0 & \vdots & 3 \\ 1 & 0 & 0 & -2 & 1 & \vdots & 2 \end{pmatrix}$$

The base variable is {3,2,5} .

The feasible solution is FS= {0,3,4,0,2}.

The value of objective function is s= 15;

The 3th simplex table:

$$\begin{pmatrix} 0 & 0 & 0 & -1 & -2 & \vdots & -19 \\ \hline 0 & 0 & 1 & 2 & -1 & \vdots & 2 \\ 0 & 1 & 0 & 1 & 0 & \vdots & 3 \\ 1 & 0 & 0 & -2 & 1 & \vdots & 2 \end{pmatrix}$$

```
The base variable is {3,2,1}.
The optima solutionis FS= {2,3,2,0,0}..
The value of objective function is s= 19.
The iterative time is 3 .
```

对于不同的线性规划问题,只需改变程序前部的 c、A、b、z_0 的内容即可.

例 8.35　求解线性规划问题

$$\max \quad z = 0.4x_1 + 0.28x_2 + 0.32x_3 + 0.72x_4 + 0.64x_5 + 0.6x_6$$

$$\text{s. t.} \quad \begin{cases} 0.01x_1 + 0.01x_2 + 0.01x_3 + 0.03x_4 + 0.03x_5 + 0.03x_6 \leqslant 850 \\ 0.02x_1 + 0.05x_4 \leqslant 700 \\ 0.02x_2 + 0.05x_5 \leqslant 100 \\ 0.03x_3 + 0.08x_6 \leqslant 900 \\ x_1, x_2, x_3, x_4, x_5, x_6 \geqslant 0 \end{cases}$$

数据输入部分可以表示如下:

```
Clear;
c= {0.4,0.28,0.32,0.72,0.64,0.6,0,0,0,0};
a1= {0.01,0.01,0.01,0.03,0.03,0.03,1,0,0,0};
a2= {0.02,0,0,0.05,0,0,0,1,0,0};
a3= {0,0.02,0,0,0.05,0,0,0,1,0};
a4= {0,0,0.03,0,0,0.08,0,0,0,1};
A= {a1,a2,a3,a4};b= {850,700,100,900};z0= 0;
```

计算部分的程序代码与例 8.24 中的代码相同,运行后自动显示的计算过程如下:

```
The Simplex Method of Solving Linear Programming
The initial table is follow:
```

$$\begin{pmatrix} 0.4 & 0.28 & 0.32 & 0.72 & 0.64 & 0.6 & 0 & 0 & 0 & 0 & \vdots & 0 \\ \hline 0.01 & 0.01 & 0.01 & 0.03 & 0.03 & 0.03 & 1 & 0 & 0 & 0 & \vdots & 850 \\ 0.02 & 0 & 0 & 0.05 & 0 & 0 & 0 & 1 & 0 & 0 & \vdots & 700 \\ 0 & 0.02 & 0 & 0 & 0.05 & 0 & 0 & 0 & 1 & 0 & \vdots & 100 \\ 0 & 0 & 0.03 & 0 & 0 & 0.08 & 0 & 0 & 0 & 1 & \vdots & 900 \end{pmatrix}$$

```
We shall exchange baseas follows:
The first simplex table:
```

$$\begin{pmatrix} 0.4 & 0.28 & 0.32 & 0.72 & 0.64 & 0.6 & 0 & 0 & 0 & 0 & \vdots & 0 \\ \hline 0.01 & 0.01 & 0.01 & 0.03 & 0.03 & 0.03 & 1 & 0 & 0 & 0 & \vdots & 850 \\ 0.02 & 0 & 0 & 0.05 & 0 & 0 & 0 & 1 & 0 & 0 & \vdots & 700 \\ 0 & 0.02 & 0 & 0 & 0.05 & 0 & 0 & 0 & 1 & 0 & \vdots & 100 \\ 0 & 0 & 0.03 & 0 & 0 & 0.08 & 0 & 0 & 0 & 1 & \vdots & 900 \end{pmatrix}$$

The base variable is {7,8,9,10}.

The feasible solutionis FS= {0,0,0,0,0,0,850,700,100,900}.

The value of objective function is s= 0;

The 2th simplex table:

$$
\left(
\begin{array}{cccccccccc|c}
0.112 & 0.28 & 0.32 & 0. & 0.64 & 0.6 & 0 & -14.4 & 0 & 0 & 100080. \\
\hline
-0.002 & 0.01 & 0.01 & 0. & 0.03 & 0.03 & 1 & -0.6 & 0 & 0 & 430. \\
0.4 & 0 & 0 & 1. & 0 & 0 & 0 & 20. & 0 & 0 & 14000. \\
0 & 0.02 & 0 & 0 & 0.05 & 0 & 0 & 0 & 1 & 0 & 100 \\
0 & 0 & 0.03 & 0 & 0 & 0.08 & 0 & 0 & 0 & 1 & 900
\end{array}
\right)
$$

The base variable is{7,4,9,10}.

The feasible solution is FS= {0,0,0,14000.,0,0,430.,0,100,900}.

The value of objective function is s= 10080.;

The 3 th simplex table:

$$
\left(
\begin{array}{cccccccccc|c}
0.112 & 0.024 & 0.32 & 0. & 0. & 0.6 & 0 & -14.4 & -12.8 & 0 & 11360. \\
\hline
-0.002 & -0.002 & 0.01 & 0. & 0. & 0.03 & 1 & -0.6 & -0.6 & 0 & 370. \\
0.4 & 0 & 0 & 1. & 0 & 0 & 0 & 20 & 0 & 0 & 14000. \\
0 & 0.4 & 0 & 0 & 1. & 0 & 0 & 0 & 20. & 0 & 2000. \\
0 & 0 & 0.03 & 0 & 0 & 0.08 & 0 & 0 & 0 & 1 & 900
\end{array}
\right)
$$

The base variable is {7,4,5,10} .

The feasible solution is FS= {0,0,0,14000.,2000.,0,370.,0,0,900}.

The value of objective function is s= 11360.;

The 4th simplex table:

$$
\left(
\begin{array}{cccccccccc|c}
0.112 & 0.024 & 0.095 & 0. & 0. & 0. & 0 & -14.4 & -12.8 & -7.5 & 18110. \\
\hline
-0.002 & -0.002 & -0.00125 & 0. & 0. & 0. & 1 & -0.6 & -0.6 & -0.375 & 32.5 \\
0.4 & 0 & 0 & 1. & 0 & 0 & 0 & 20. & 0 & 0 & 14000. \\
0 & 0.4 & 0 & 0 & 1. & 0 & 0 & 0 & 20. & 0 & 2000. \\
0 & 0 & 0.375 & 0 & 0 & 1. & 0 & 0 & 0 & 12.5 & 11250.
\end{array}
\right)
$$

The base variable is{7,4,5,6}.

The feasible solution is FS= {0,0,0,14000.,2000.,11250.,32.5,0,0,0}.

The value of objective function is s= 18110.;

The 5 th simplex table:

$$
\left(
\begin{array}{cccccccccc|c}
0. & 0.024 & 0.095 & -0.28 & 0. & 0. & 0 & -20. & -12.8 & -7.5 & 22030. \\
\hline
0. & -0.002 & -0.00125 & 0.005 & 0. & 0. & 1 & -0.5 & -0.6 & -0.375 & 102.5 \\
1. & 0 & 0 & 2.5 & 0 & 0 & 0 & 50.0 & 0 & 0 & 35000. \\
0. & 0.4 & 0 & 0 & 1. & 0 & 0 & 0 & 20. & 0 & 2000. \\
0 & 0 & 0.375 & 0 & 0 & 1. & 0 & 0 & 0 & 12.5 & 11250
\end{array}
\right)
$$

The base variable is {7,1,5,6} .

The feasible solution is FS= {35000.,0,0,0,2000.,11250.,102.5,0,0, 0}.

The value of objective function is s= 22030.;

The 6 th simplex table:

$$
\begin{pmatrix}
0. & 0.024 & 0. & -0.28 & 0. & -0.253333 & 0 & -20. & -12.8 & -10.6667 & -24880 \\
0. & -0.002 & 0. & 0.005 & 0. & 0.00333333 & 1 & -0.5 & -0.6 & -0.333333 & 140. \\
1. & 0 & 0 & 2.5 & 0 & 0 & 0 & 50. & 0 & 0 & 35000. \\
0 & 0.4 & 0 & 0 & 1. & 0 & 0 & 0 & 20.0 & 0 & 2000. \\
0 & 0 & 1. & 0 & 0 & 2.66667 & 0 & 0 & 0 & 33.3333 & 30000.
\end{pmatrix}
$$

The base variable is {7,1,5,3}.

The feasible solution is FS= {35000.,0,30000.,0,2000.,0,140.,0,0, 0}.

The value of objective function is s= 24880.;

The 7th simplex table:

$$
\begin{pmatrix}
0. & 0. & 0. & -0.28 & -0.06 & -0.253333 & 0 & -20.0 & -14. & -10.6667 & -25000. \\
0. & 0. & 0. & 0.005 & 0.005 & 0.00333333 & 1 & -0.5 & -0.5 & -0.333333 & 150. \\
1. & 0 & 0 & 2.5 & 0 & 0 & 0 & 50. & 0 & 0 & 35000. \\
0 & 1. & 0 & 0 & 2.5 & 0 & 0 & 0 & 50. & 0 & 5000. \\
0 & 0 & 1. & 0 & 0 & 2.66667 & 0 & 0 & 0 & 33.3333 & 30000.
\end{pmatrix}
$$

The base variable is {7,1,2,3}.

The optima solution is FS= {35000.,5000.,30000.,0,0,0,150.,0,0,0}.

The value of objective function is s= 25000.

The iterative time is 7.

8.5.3　求特殊射影线性群 PSL(2,q) 的元阶集的搜索算法

设群 G 是一个有限群,以 $\pi_e(G)$ 表示群 G 的元阶集[2],在文献[2~4]中,给出了用 $\pi_e(G)$ 刻画群 G 的性质的方法. 在这些刻画中,通常要先计算已知群的元阶集 $\pi_e(G)$ 及各阶元的个数,对于特殊射影线性群 $G=\mathrm{PSL}(2,q)$(其中 q 为素数)而言,已经有了求 $\pi_e(G)$ 的公式,但还没有求各阶元的个数的公式、各阶元的代表元及群的阶的公式,下面给出求以上各项数值的搜索算法,并讨论算法复杂性.

1. 一般讨论

设 q 为素数,域 $F=GF(q)$,则 F 上全体二阶可逆方阵的全体对矩阵乘法组成全线性群 $\mathrm{GL}(2,q)$,而 F 上全体行列式为 1 的二阶可逆方阵的全体对矩阵乘法组成特殊线性群 $\mathrm{SL}(2,q)$. 设 $\mathrm{GL}(2,q)$ 的中心为 Z,则 Z 由 F 上全体二阶非零纯量阵组成. 令 $D=Z\bigcap\mathrm{SL}(2,q)$,则特殊射影线性群 $\mathrm{PSL}(2,q)=\mathrm{SL}(2,q)/D$,由商群的构造知,群 $\mathrm{PSL}(2,q)$ 中元的形式为 Dx,其中 x 为 F 上行列式为 1 的二级非零纯量阵,

$$\boldsymbol{E}_1 = \begin{pmatrix} 1 & 0 \\ 0 & 1 \end{pmatrix}, \quad \boldsymbol{E}_q = \begin{pmatrix} q-1 & 0 \\ 0 & q-1 \end{pmatrix}.$$

下面讨论 PSL(2,q) 的元的阶的求法. 因为 PSL(2,q) 中的单位元为 D,而 $(Dx)r = D$ 当且仅当 $(Dx)r = D$,即 $xr \in D$,即

$$xr = \boldsymbol{E}_1 \quad \text{或} \quad xr = \boldsymbol{E}_q \tag{1}$$

可见,要求 Dx 的阶,只需求满足条件(1)的最小正整数 r 即可. 又当 x 取遍 SL(2,q) 中所有元时,Dx 取遍 PSL(2,q) 中所有元,并且 SL(2,q) 中每两个元 x 及 $\boldsymbol{E}_{qx}$ 对应 PSL(2,q) 中同一个元 Dx,因此,下文中统计出的 SL(2,q) 中行列式为 1 的 x 的个数的一半就是 PSL(2,q) 中相应元 Dx 的个数.

SL(2,q) 的元可如下构造:

由于 $F = GF(q)$ 与模 q 的剩余类环 Z_q 同构,取 $x = \begin{pmatrix} a_{11} & a_{12} \\ a_{21} & a_{22} \end{pmatrix}$,$a_{ij} \in Z_q$,则 $x \in$ SL(2, q) 当且仅当 $\det(x) \equiv 1 (\bmod q)$. 在计算中,只需对 a_{ij} 循环取值 0 到 $q-1$,对每一个 x 求其行列式的值并对模 q 取余,结果为 1 的就是 SL(2,q) 中的元素.

2. 算法分析

为使结构清晰,下面以主程序及其过程的方式说明求 $\pi_e(G)$ 及各阶元的个数、各阶元的代表元及群的阶的算法.

过程 1:求矩阵 x 的行列式 $\det(x) = a_{11}a_{22} - a_{12}a_{21}$ 并按模 q 取余,若值为 1,则令 Determinant(x) 取 1;否则,取 0.

过程 2:求矩阵 x 与 y 的乘积并把值赋给矩阵 y.

过程 3:求 Dx 的阶.

若 $x = \boldsymbol{E}_1$ 或 $x = \boldsymbol{E}_q$,则取 $r = 1$;否则,

取 $r = 1$,矩阵 y 取初值 x.

循环开始

  $r = r + 1$

  调用过程 2 求矩阵 x 与 y 的乘积并把结果赋给矩阵 y.

  若 $y = \boldsymbol{E}_1$ 或 $y = \boldsymbol{E}_q$,则 r 即为 x 的阶,跳出循环;否则,继续循环.

循环结束.

过程 4:求元阶集 $\pi_e(G)$,统计各阶元的个数及群的阶,记录各阶元的代表元.

以数组 paieg() 记录元的阶之集,以 k 记录元阶集中元素的个数,由于单位元是 1 阶元,可令初值 k= 1;paieg(1)= 1.用数组 Number() 记录 PSL(2,q)k 中各个相同阶的元对应于 SL(2,q) 中元的个数,用数组 Element() 记录各阶元的一个代表元素对应的矩阵.

由过程 3 求出 Dx 的阶 r 后,将 r 与数组 paieg() 中各元进行比较. 如果数组 paieg() 中第 k 个元素与 r 相同,则表明阶为 r 的元已在此之前出现过,赋值使 r 阶元的个数增1:Number(k)= Number(k)+ 1;如果 paieg() 中没有一个元素与 r 相同,则表明 Dx 是搜索到的第一个 r 阶元,把 r 放到数组 paieg() 中,并以该 x 作为 r 阶元的代表,以赋值语句实现:

k= k+ 1;paieg(k)= r;Number(k)= 1;Element(k)= x.

　　过程 5:输出结果.

　　循环:i 从 1 到 k

　　　　输出 paieg(i)就得 π_e(G).

　　　　输出 Number(i)/2 就得各阶元的个数.

　　　　输出 Element(i)就得各阶元的代表元素对应的二级矩阵.

　　循环结束.

　　输出群 PSL(2,q)的阶 Matrixnumber/2.

　　主程序如下:

　　定义有关数组.

　　输入奇素数 q.

　　四重循环:$a_{11},a_{12},a_{21},a_{22}$分别从 0 到 q−1 取值产生一个矩阵 $\boldsymbol{x}=\begin{pmatrix} a_{11} & a_{12} \\ a_{21} & a_{22} \end{pmatrix}$.

　　调用过程 1,求出 Determinant(x).

　　如果 Dentrminant(x)=1,令 Matrixnumber= Matrixnumber+ 1(统计SL(2,q)中行列式为 1 的矩阵个数),同时调用过程 3 求 Dx 的阶 r.

　　调用过程 4 更新元阶集 paieg();统计 r 阶元的个数;记录第一次出现的 r 阶元对应的矩阵.

　　循环结束.

　　调用过程 5 输出统计结果.

　　3. 完整程序

```
paieg[q_]:= (t= 2;
  E1= IdentityMatrix[t];
  Eq= DiagonalMatrix[Table[q- 1,{t}]];
  mproduct[A_,B_]:= (m= Length[A];s= Length[A[[1]]];n= Length[B[[1]]];
  product= Table[0,{m},{n}];Do[Do[element= 0;Do[element= element+ A
[[i,k]]* B[[k,j]],{k,1,s}];
  product[[i,j]]= element,{j,1,n}],{i,1,m}];Mod[product,q]);
  matrixorder[X_]:= (A= X;order= 1;B= X;
  While[A! = E1 && A! = Eq,A= mproduct[A,B];order= order+ 1];order);
  number= 0;orderset= {};ordernumber= {};delegate= {};
  Do[
    Do[
      Do[
        Do[x= {{a11,a12},{a21,a22}};d= Mod[Det[x],q];
          Do[If[d= = 1,matrixorder[x];number= number+ 1;
```

```
If[MemberQ[orderset,order],
Do[If[order= = orderset[[k]],ordernumber[[k]]= ordernumber[[k]]+
1],{k,1,Length[orderset]}];Break[],
        orderset= Append[orderset,order];
        ordernumber= Append[ordernumber,1];
        delegate= Append[delegate,x];]]],
  {a11,0,q- 1}], {a12,0,q- 1}],{a21,0,q- 1}];Print[a22],{a22,0,q- 1}];
Print["element- order- - number"];
Do[Print[MatrixForm[delegate[[i]]],"- - - - ",orderset[[i]],"- - -
- ", ordernumber[[i]]/2,";"],{i,1,Length[orderset]}];
Print["The order of Group PSL2(",q,") is ",number/2,"."];
Print["The set of order of element is ",Union[{},orderset],"." ];)
```

4. 实例

例 8.36　设 $G=\mathrm{PSL}(2,7)$，求 $\pi_e(G)$ 及各阶元的个数。

首先运行前述完整程序定义函数 paieg[q_]，然后通过运行 paieg[7]调用该函数得

```
element- order- - number
```

$$\begin{pmatrix} 0 & 6 \\ 1 & 0 \end{pmatrix}------2----21;\quad \begin{pmatrix} 1 & 6 \\ 1 & 0 \end{pmatrix}-----3----56;$$

$$\begin{pmatrix} 2 & 6 \\ 1 & 0 \end{pmatrix}------7----48;\quad \begin{pmatrix} 3 & 6 \\ 1 & 0 \end{pmatrix}-----4----42;$$

$$\begin{pmatrix} 1 & 0 \\ 0 & 1 \end{pmatrix}------1----1;$$

```
The order of Group PSL2( 7 ) is 168.
The set of order of element is {1,2,3,4,7}.
```

解释：由上述算法求得 $\pi_e(G)=\{1,2,3,4,7\}$. $x_1=\begin{pmatrix} 1 & 0 \\ 0 & 1 \end{pmatrix}$ 对应 1 阶元 Dx_1，$x_2=\begin{pmatrix} 0 & 1 \\ 6 & 0 \end{pmatrix}$ 对应 2 阶元 Dx_2，$x_3=\begin{pmatrix} 0 & 1 \\ 6 & 1 \end{pmatrix}$ 对应 3 阶元 Dx_3，$x_4=\begin{pmatrix} 0 & 1 \\ 6 & 3 \end{pmatrix}$ 对应 4 阶元 Dx_4，$x_5=\begin{pmatrix} 0 & 1 \\ 6 & 2 \end{pmatrix}$ 对应 7 阶元 Dx_5，其中 $D=\{E_1,E_q\}$，而 $E_1=\begin{pmatrix} 1 & 0 \\ 0 & 1 \end{pmatrix}$ 及 $Eq=\begin{pmatrix} 6 & 0 \\ 0 & 6 \end{pmatrix}$.

各阶元个数如下：

1 阶元 1 个；2 阶元 21 个；3 阶元 56 个；4 阶元 42 个；7 阶元 48 个；群的阶为 168.

例 8.37　设 $G=\mathrm{PSL}(2,17)$，求 $\pi_e(G)$ 及各阶元的个数.

首先运行前述完整程序定义 paieg[q_]，然后通过运行 paieg[17]调用该函数得

```
element- order- - number
```

$$\begin{pmatrix} 0 & 16 \\ 1 & 0 \end{pmatrix} ----2----153; \quad \begin{pmatrix} 1 & 16 \\ 1 & 0 \end{pmatrix} ----3----272;$$

$$\begin{pmatrix} 2 & 16 \\ 1 & 0 \end{pmatrix} ----17----288; \quad \begin{pmatrix} 3 & 16 \\ 1 & 0 \end{pmatrix} ----9----816;$$

$$\begin{pmatrix} 5 & 16 \\ 1 & 0 \end{pmatrix} ----8----612; \quad \begin{pmatrix} 6 & 16 \\ 1 & 0 \end{pmatrix} ----4----306;$$

$$\begin{pmatrix} 1 & 0 \\ 0 & 1 \end{pmatrix} ----1----1;$$

The order of Group PSL2(17) is 2448 .

The set of order of element is {1,2,3,4,8,9,17} .

即 $\pi_e(G) = \{1,2,3,4,8,9,17\}$.

$$\boldsymbol{x}_1 = \begin{pmatrix} 1 & 0 \\ 0 & 1 \end{pmatrix} 对应 1 阶元 D\boldsymbol{x}_1, \boldsymbol{x}_2 = \begin{pmatrix} 0 & 16 \\ 1 & 0 \end{pmatrix} 对应 2 阶元 D\boldsymbol{x}_2, \boldsymbol{x}_3 = \begin{pmatrix} 1 & 16 \\ 1 & 0 \end{pmatrix} 对应 3 阶元$$

$$D\boldsymbol{x}_3, \boldsymbol{x}_4 = \begin{pmatrix} 6 & 16 \\ 1 & 0 \end{pmatrix} 对应 4 阶元 D\boldsymbol{x}_4, \boldsymbol{x}_5 = \begin{pmatrix} 5 & 16 \\ 1 & 0 \end{pmatrix} 对应 8 阶元 D\boldsymbol{x}_5, \boldsymbol{x}_6 = \begin{pmatrix} 3 & 16 \\ 1 & 0 \end{pmatrix} 对应 9 阶$$

$$元 D\boldsymbol{x}_6, \boldsymbol{x}_7 = \begin{pmatrix} 2 & 16 \\ 1 & 0 \end{pmatrix} 对应 17 阶元 D\boldsymbol{x}_7. 其中 D = \{\boldsymbol{E}_1, \boldsymbol{E}_q\}, 而 \boldsymbol{E}_1 = \begin{pmatrix} 1 & 0 \\ 0 & 1 \end{pmatrix} 及 \boldsymbol{E}_q =$$

$$\begin{pmatrix} 16 & 0 \\ 0 & 16 \end{pmatrix}.$$

各阶元个数如下：

1 阶元 1 个；2 阶元 153 个；3 阶元 272 个；4 阶元 306 个；8 阶元 612 个；9 阶元 816 个；17 阶元 288 个；群的阶为 2448.

5. 复杂度分析

本算法的输入尺寸由 q 决定，算法执行的运算次数取决于 q 的大小. 下面只对在最坏情况下的时间复杂度作粗略的估计.

在过程 1 中，求一个二阶矩阵的行列式要 2 次乘法，主程序中由于二阶矩阵的 4 个元分别从 0 到 $q-1$ 循环，过程 1 共调用 q^4 次，共计算了 $2q^4$ 次乘法.

特殊线性群 $SL(2,q)$ 的阶为 $q(q^2-1)$，说明其中行列式为 1 的矩阵 $\boldsymbol{x}$ 有 $q(q^2-1)$ 个，每个这样的矩阵都要调用过程 2 求 $\boldsymbol{x}$ 的阶. 在求阶过程中，每个 r 阶元 $\boldsymbol{x}$ 要进行矩阵乘法 $r-1$ 次，每次矩阵乘法要进行 8 次数的乘法. 在最坏的情况下，r 取 $q(q^2-1)$（而在平均情况下 r 取 q），因此，最坏要进行 $8q(q^2-1)$ 次乘法. 此外，每个矩阵 $\boldsymbol{x}$ 还需进行 $2r$ 次判断与 $\boldsymbol{E}_1$ 及 $\boldsymbol{E}_q$ 是否相等，每判断一次要进行 4 次数的比较，最坏时要进行 $8q^2(q^2-1)^2$ 次数的比较.

在过程 3 中进行统计时，还要多次对数组 paieg() 进行搜索，由搜索算法知，在最坏的情况下，每搜索一次的运算量为 N，其中 N 为数组 paieg() 的大小，从而总的搜索次数

$W(N) < q^2(q^2-1)^2 < q^6$.

综上所述,整个计算过程中的计算量在最坏的情况下也不超过

$$2q^4 + q(q^2-1)[8q(q^2-1) + 8q^2(q^2-1)^2 + q(q^2-1)] < 10q^9.$$

可见,其工作量是与输入尺寸 q 成多项式增长的.

8.5.4　追逐问题

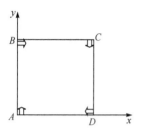

图 8-2　追逐问题初始状态

例 8.38　追逐问题,如图 8-2 所示,正方形 $ABCD$ 的 4 个顶点各有一人,分别是甲、乙、丙、丁. 在某一时刻(设为 $t_0 = 0$),4 个人同时出发,以匀速 v 走向顺时针方向的下一个人. 如果他们始终保持对准目标,则最终将按螺旋状曲线汇合于中心点 O. 请求出这种情况下每个人的行动轨迹.

建立如图 8-2 所示的坐标系,则甲在 $t=0$ 时刻所处的坐标位置为 $(0,0)$,乙在 $t=0$ 时刻所处的坐标位置为 $(0,10)$,丙在 $t=0$ 时刻所处的坐标位置为 $(10,10)$,丁在 $t=0$ 时刻所处于坐标位置为 $(10,0)$.

取时间间隔为 Δt,采样并计算每个人在每一时刻 t 的下一时刻 $t+\Delta t$ 的位置(坐标). 设甲追逐乙,t 时刻甲的坐标为 (x_1,y_1),乙的坐标为 (x_2,y_2). 容易计算出甲在 $t+\Delta t$ 时刻的坐标为

$$(x_1 + v\Delta t\cos\theta_1, y_1 + v\Delta t\sin\theta_1),$$

其中

$$\cos\theta_1 = \frac{x_2-x_1}{\sqrt{(x_2-x_1)^2+(y_2-y_1)^2}} = \frac{x_2-x_1}{d},$$

$$\sin\theta_1 = \frac{y_2-y_1}{\sqrt{(x_2-x_1)^2+(y_2-y_1)^2}} = \frac{y_2-y_1}{d}, \quad d = \sqrt{(x_2-x_1)^2+(y_2-y_1)^2}.$$

问题的算法设计如下:

(1) 赋初值:终止时间 t,采样间隔 Δt,行进速度 v 及各点的起始位置;

(2) 确定循环次数 n;

(3) 对 $i = 1,2,3,\cdots,n$ 循环计算;对 $j = 1,2,3,4$(对应 4 个人)循环计算;当 $j+1 = 5$ 时改为 1;

(4) 分别将 4 个人在各时刻对应的点连成折线,并画在同一图形中即得 4 个人的行动轨迹.

程序代码如下:

```
t= 10;dt= 0.02;v= 1;n= t/dt;robit= {{{0,10}},{{10,10}},{{10,0}},
{{0,0}}};
For[i= 1,i< = n,i+ + ,For[j= 1,j< 4,j+ + ,xx1= robit[[j,i,1]];yy1=
robit[[j,i,2]];
If[j! = 4,xx2= robit[[j+ 1,i,1]];yy2= robit[[j+ 1,i,2]],xx2= robit
[[1,i,1]];yy2= robit[[1,i,2]]];
```

```
dd= Sqrt[(xx2- xx1)^2+ (yy2- yy1)^2]//N;
xx1= xx1+ v* dt* (xx2- xx1)/dd;yy1= yy1+ v* dt* (yy2- yy1)/dd;
robit[[j]]= Append[robit[[j]],{xx1,yy1}]]];
    g1= ListPlot[robit[[1]],PlotJoined- > True,DisplayFunction- > Iden-
tity];
    g2= ListPlot[robit[[2]],PlotJoined- > True,DisplayFunction- > Iden-
tity];
    g3= ListPlot[robit[[3]],PlotJoined- > True,DisplayFunction- > Iden-
tity];
    g4= ListPlot[robit[[4]],PlotJoined- > True,DisplayFunction- > Iden-
tity];
    g5= ListPlot[{{0,10},{10,10},{10,0},{0,0}},PlotJoined- > True,
DisplayFunction- > Identity];
    Show[{g1,g2,g3,g4,g5},DisplayFunction- > $ DisplayFunction]
```
运行结果如图 8-3 所示.

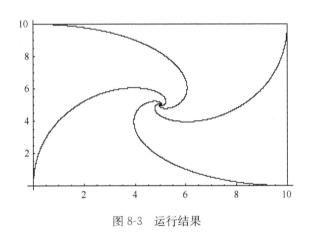

图 8-3　运行结果

8.5.5　验证哥德巴赫猜想

在数论中,有一个著名的哥德巴赫猜想:任何一个大于 2 的偶数都能分解为两个素数之和. 200 多年过去了,至今未能进行证明,也未找到反例. 下列程序可以实现对不太大的偶数验证这个猜想的正确性.

```
GerdBach[n_]:= For[i= 1,PrimePi[i]< = n/2,i+ + ,If[PrimeQ[n- Prime[i]],
Print[n,"= ",Prime[i],"+ ",n- Prime[i]];Break[]]];
```
调用:运行 Gedebahe[16]得 16＝3＋13

例 8.39　将 4～100 的偶数表示成两个素数之和.

运行 Do[Gedebahe[i],{i,4,100,2}]得

4＝2＋2	30＝7＋23	56＝3＋53	82＝3＋79
6＝3＋3	32＝3＋29	58＝5＋53	84＝5＋79
8＝3＋5	34＝3＋31	60＝7＋53	86＝3＋83
10＝3＋7	36＝5＋31	62＝3＋59	88＝5＋83
12＝5＋7	38＝7＋31	64＝3＋61	90＝7＋83
14＝3＋11	40＝3＋37	66＝5＋61	92＝3＋89
16＝3＋13	42＝5＋37	68＝7＋61	94＝5＋89
18＝5＋13	44＝3＋41	70＝3＋67	96＝7＋89
20＝3＋17	46＝3＋43	72＝5＋67	98＝19＋79
22＝3＋19	48＝5＋43	74＝3＋71	100＝3＋97
24＝5＋19	50＝3＋47	76＝3＋73	
26＝3＋23	52＝5＋47	78＝5＋73	
28＝5＋23	54＝7＋47	80＝7＋73	

8.5.6　趣味编程举例

例 8.40　"算24"是常见的一种速算游戏. 例如,用数字 3,3,8,8 算出 24,只能用加、减、乘、除和括号,并且每个数字只能用一次.

人工计算往往要进行较多次试探,如果编制 Mathematica 程序进行计算就比较容易.

程序如下：

```
(* 3 o (3 o 8 o 8)= 24 ,"o"代表一个运算符 ,只可以是"+ .- .* ./"四种运算符* )
info= expr[{"+ "},{"- "},{"* "},{"/"}];
For[a= 1,a< 5,a+ + ,
    For[b= 1,b< 5,b+ + ,
     For[c= 1,c< 5,c+ + ,
       temp= StringJoin["8",Part[info,a],"(3",Part[info,b],"8",Part
[info,c],"3)"];
If[ ToExpression[temp]= = 24, Print[temp,"= 24"]]]]];
```

运行结果为 8/ (3- 8/3)= 24 .

例 8.41　确定算式 (34o5o6o8o9o1) o2= 2008,其中"o"代表"+ 、- 、* "三个运算符之一.

这是一个人工不容易求得的问题,借助 Mathematica 却比较容易.

程序如下：

```
info= expr[{"+ "},{"- "},{"* "}];
    For [ a= 1, a< 4, a+ + ,
     For [ b= 1, b< 4, b+ + ,
       For [ c= 1, c< 4, c+ + ,
         For [ d= 1, d< 4, d+ + ,
```

```
      For [ e= 1, e< 4, e+ + ,
       For [ f= 1, f< 4, f+ + ,
  temp= StringJoin[ " (34", Part[info, a], "5", Part[info, b], "6", Part
[info, c], "8", Part[info, d], "9", Part[info, e], "1)", Part[info, f], "2"] ;
If [ ToExpression[temp]= = 2008, Print[temp, "= 2008"] ] ] ] ] ] ] ]
```

运行结果为 (34* 5* 6- 8- 9+ 1)* 2= 2008.

程序说明:info= expr[{"+ "}, {"- "}, {"* "}];相当于定义一个字符数组,第一个元素是加号,第二个元素是减号,第三个是乘号.

Part[info, a]表示取出 info 中第 a 个元素;StringJoin[str1, str2, str3, str4,…]的意思是将 str1, str2, str3, str4,…等字符串串在一起;ToExpression[temp]函数是求出 temp 这个字符串所对应的值.

第 9 章　Mathematica 软件的帮助功能与软件自学

在使用 Mathematica 的过程中,常常需要了解一个命令的详细用法,或者想知道系统中是否有完成某一计算的命令,联机帮助系统永远是最详细、最方便的资料库.

9.1　获取函数和命令的帮助

在 Notebook 界面下,用? 或?? 可向系统查询运算符、函数和命令的定义和用法,获取简单而直接的帮助信息. 例如,要向系统查询作图函数 Plot 的用法,只需运行? Plot,系统将给出调用 Plot 的格式以及 Plot 命令的功能;如果用两个问号"??",则信息会更详细一些. 在以这种方式寻求帮助时,*代表一串任意字符,如运行? Plot* 将给出所有以 Plot 这 4 个字母开头的命令或参数选项的名称:

运行? Plot * 得 Plot,Plot3D,Plot3Matrix,PlotDivision,PlotJoined,PlotLabel,Plot-Points,PlotRange,PlotRegion,PlotStyle,如果在 8.0 版本下运行,还增加了 PlotLayout,PlotRangeClipping,PlotMarkers,PlotRangePadding.

然后可以选择所需命令单击进行进一步的了解. 对于记得不准确的命令用此方法查询是最方便的.

如果想了解一个命令的全部选项,可以通过 Options 命令进行查询. 例如,运行 Options[Plot]可以列出 Plot 命令的全部参数如下(此处是 5.0 版本下的输出结果):

{AspectRatio→1/GoldenRatio, Axes→Automatic,AxesLabel→None, AxesOrigin→Automatic, AxesStyle →Automatic, Background→Automatic, ColorOutput →Automatic, Compiled→ True, DefaultColor→ Automatic, DefaultFont:→ $ DefaultFont, DisplayFunction:→ $ DisplayFunction, Epilog→ { }, FormatType:→ $ FormatType, Frame→False,FrameLabel→ None, FrameStyle → Automatic, FrameTicks → Automatic, GridLines→None, ImageSize→ Automatic, MaxBend→ 10. , PlotDivision→ 30. , PlotLabel → None, PlotPoints→25,PlotRange→Automatic,PlotRegion→Automatic,PlotStyle→Automatic, Prolog→{ },RotateLabel→True,TextStyle:→ $ TextStyle,Ticks→Automatic}.

9.2　Help 菜单

在任何时候都可以通过按 F1 键或点击帮助菜单项"Help→Help Browser"调出帮助窗口,如图 9-1 所示(7.0 版本下为"Help→Decumentation Center",且窗口样式也变化了),其中的各按钮用途如下:

Built-in Functions　　　　　内建函数,按数值计算、代数计算、图形和编程分类存放
Add-ons & Links　　　　　有程序包(StandardPackages)MathLinkLibrary 等内容
The Mathematica Book　　一本完整的 Mathematica 使用手册

Getting Started	初学者入门指南
Demos	多种演示
Master Index	按字母命令给出命令、函数和选项的索引表
Frent End	前言

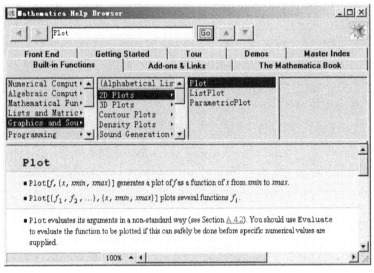

图 9-1 Mathematica 的帮助窗口

如果要查找 Matthematica 中具有某个功能的函数,可以通过帮助菜单中的 Mathematica 使用手册,通过其目录索引,可以快速定位到自己要找的帮助信息。例如,需要查找 Mahematica 中有关解方程的命令,单击"The Mathematica Book→Contents",在目录中找到有关解方程的节次 1.5.7,单击相应的超链接,有关内容的详细说明就马上调出来了. 如果知道具体的函数名,但不知其详细使用说明,则可以在命令按钮 Go 左边的文本框中键入函数名,按回车键后就显示有关函数的定义、例题和链接的相关章节. 例如,要查找函数 Plot 的用法,只要在文本框中键入 Plot,按回车键后显示如图 9-1 一样的窗口,其中显示了 Plot 函数的详细用法和例题. 如果已经确知 Mathematica 中存在某个功能的函数,但不知具体函数名,则可以单击"Built-in Functions"按钮,再按功能分类从粗到细一步一步找到具体的函数,例如,要查找画一元函数图形的函数. 通过单击"Built-in Functions→Graphics and Sound→2DPlots→Plot",即找到 Plot 的帮助信息.

9.3 Mathematica 的常见问题

9.3.1 特殊符号的输入

希望输入元素与集合间的从属关系∈可以由输入\[Element]完成(在 Word 中输入后复制也有效).

例如,输入 Clear[a,b];Simplify[Re[a+ b* I],a\[Element]Reals]显示成 Simplify[Re[a+ b* I],a∈Reals],运行后得 a- Im[b].还有很多数学符号的输入,比较简洁的方法是使用菜单命令直接选择,5.0 版本已在 1.2.4 小节介绍过,7.0 以上版本专门设置有一个"Palettes"菜单.

9.3.2　取消对命令的保护

系统保留字是受系统保护的,因此不能对其进行赋值等操作,例如,运行 Plot＝3 提示 Set∷wrsym∷SymbolPlotisProtected. More…,如果确实需要改变系统保留字的默认信息,可能先对其取消保护,例如,运行 Unprotect[Plot]取消对命令 Plot 的保护,再运行 Plot＝3 得 3,表明保护已取消.这时的 Plot 已经不是原来的那个命令了,比较运行 Plot[Sin[x],{x,0,2Pi}]得 3[Sin[x],{x,0,2 π}].

如果需要恢复 Plot 的功能,运行 Clear[Plot];Protect[Plot]即可,当然,退出系统时系统会自动恢复原有属性.

例:运行 Clear[x,y];Log[3＊x＊y]得 Log[3xy].结果表明系统并没有把积的对数变成对数的和,如果需要进行这样变形,可以如下操作:运行 Unprotect[Log];Log[a_＊b_]∶＝Log[a]＋Log[b];Log[3＊x＊y]得 Log[3]＋Log[x]＋Log[y].还原操作如下:运行 Clear[Log];Protect[Log];Log[3＊x＊y]得 Log[3 x y].

9.3.3　中断运行

如果遇到死循环或程序较长时间运行无法中止,此时最右边的括号成黑色,这时运行其他语句也处于等待状态,遇到这种情况,可以采用如下方法强行中止.

方法一:"Alt"＋".",直接终止当前执行的运算,输出 $Aborted.

方法二:"Alt"＋",",显示窗口如图 9-2 所示,根据需要选择是否终止或者继续运行.

方法三:如果此法不能终止,单击菜单"Kernel→Quit Kernal→Local"必定能退出当前运算(图 9-3).(7.0 以上版本单击菜单"Evaluation→Quit Kernal→Local").

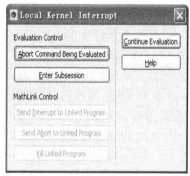
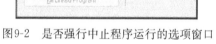

图9-2　是否强行中止程序运行的选项窗口　　　　图9-3　询问是否退出内核

方法一与方法二仅退出当前语句,而方法三把内存中的全部信息清除,因此读者遇到长时间运行无结果时要谨慎选择中止的方法.读者可以通过语句 Do[t= n!,{n,100000}]进行上述实验.

9.3.4　对符号关联相应的转换规则

对于某些运算,必须指定参数的取值范围,否则将无法算出具体结果,通过/:可以给变量定义转换规则.

例如,

运行 Re[x+ y* I]得- Im[y]+ Re[x],如果先运行

x/:Im[x]= 0;

x/:Re[x]= x;

y/:Im[y]= 0;

y/:Re[y]= y;

就规定了变量 x,y 的转换规则了,再运行 Re[x+ y* I]得 x.

当然,直接输入 Simplify[Re[x+ y* I],{x,y}\[Element]Reals]后,显示成 Simplify[Re[x+ y* I],{x,y}∈ Reals],运行可以得到同样的结果 x. 其原因是,命令中“{x,y}∈Reals”表示 x,y 限制在实数域内取值.

9.3.5　Mathematica 中使用中文

在 Mathematica 3/4/4.1 系统中,如果希望使用中文,则需要先选中所在的 cell,或者选中输入的中文乱码,在菜单 Format→Font 中选中对应的中文字体后才能正确显示.

Mathematica 4.2 以上版本在国际化方面有较大的改进,可以直接输入中文而不会出现乱码,可以更方便地在支持中文的其他软件之间共享数据. 例如,运行 Print["学习数学软件"]得“学习数学软件”.

9.4　不同版本间的比较

Wolfram Research 于 2011 年 3 月 23 日发布了 Mathematica 8.0.1 简体中文版. 该版本增加了 500 多个新函数,功能涵盖更多应用领域,并拥有更友好更高质量的中文用户界面、中文参考资料中心及数以万计的中文互动实例,使中国用户学习和使用 Mathematica 更加方便快捷.

2016 年 9 月 4 日正式发布 Mathematica 11 中文版,该版本已实现机器学习、三维打印、音频等,想了解或试用的读者可以通过网址:http://www. newsciencecore. com/home/index 进入了解.

随着版本的增加,Mathematica 的功能越来越强,内部命令越来越多. 在 Mathematica 5.0 版中,共有 1688 个系统保留字 (System)(命令及参数等);在 Mathematica 7.0 版中,共有 3265 个系统保留字(命令及参数等),比 5.0 新增了 1623 个,淘汰了 46 个;在 Mathematica 8.0 版中,共 3954 个系统保留字,比 7.0 新增了 703 个,淘汰了 14 个. Mathematica9.0 添加了 400 多种新功能,包括全新的 Wolfram 预测界面、社交网络分析、企业级 CDF 部署等.

下面列举几条在不同版本中有区别的命令进行比较.

1. 实型数的有效数字位数

命令 N[x,n]将 x 转换成近似实数,精度为 n.

注意 Mathematica 4.0 版的缺陷,当 $0 \leqslant n \leqslant 16$ 时,系统总是以 6 位有效数字输出计算结果.

例如,运行 N[10Sqrt[2],1] 与 N[10Sqrt[2],16],结果都是 14.1421,而运行 N[10Sqrt[2],17] 得 14.142135623730950.系统升级至 5.0 版后已经弥补此缺陷,可以输出任意精度的实数,例如:运行 Do[Print[N[Pi,i]],{i,1,10}] 得 3.;3.1;3.14;3.142;3.1416;3.14159;3.141593;3.1415927;3.14159265; 3.141592654.

2. 程序包的变化

Graphics`ImplicitPlot`是 Mathematica 5.0 中绘制隐函数图像的程序包,在 Mathematica 7.0 中已过时,相关隐函数图像的绘制已放入命令 ContourPlot 中实现. 例如 Mathematica5.0 中的命令组合

```
< < Graphics`ImplicitPlot`;
ImplicitPlot[x^2+ y^2= = 1,{x,- 1,1},{y,- 1,1}]
```

可以在 Mathematica 7.0 中用一条命令 ContourPlot[x^2+ y^2= = 1,{x,- 1, 1},{y,- 1,1}]实现.

3. 图形显示更方便

在 Mathematica 5.0 中,Circle[{2,3},1]命令要通过 Graphics 变成图形格式,再用 Show 才能显示出来,在 6.0 以上版本中,直接用 Graphics 就可以显示了.

同样,在 Mathematica 5.0 中用 Graphics3D 命令绘制的图形也要通过 Whow 才能显示,而在 Mathematica 7.0 中已能直接显示.

4. 计算瑕积分更方便

在 Mathematica 4.0 版本中求瑕积分及在 Mathematica 5.0 版本中求瑕积分的近似值时必须插入被积函数的瑕点,否则要报错. 在更高版本中则不需要插入瑕点,使用起来更方便. 例如计算瑕积分 $\int_{-1}^{1} \frac{1}{\sqrt{|x|}} \mathrm{d}x$.

在 Mathematica 4.0 版本中只有运行 Integrate[1/Sqrt[Abs[x]],{x,- 1,0,1}]才能得到精确解"4".

在 Mathematica 5.0 版本中运行 Integrate[1/Sqrt[Abs[x]],{x,- 1,1}]就能得到正确结果"4",但为了求近似值,运行 NIntegrate[1/Sqrt[Abs[x]],{x,- 1,1}]将提示

NIntegrate::inum: Integrand $\dfrac{1}{\sqrt{\mathrm{Abs}[x]}}$ is not numerical at {x}= {0.}.

More….

运行 NIntegrate[1/Sqrt[Abs[x]],{x,- 1,0,1}]才能得到近似值"4.".

在 Mathematica 7.0 版本中,运行 Integrate[1/Sqrt[Abs[x]],{x,- 1,1}]就能得到精确值"4".运行 NIntegrate[1/Sqrt[Abs[x]],{x,- 1,1}]就能得到近似值"4.".

还有一些差别已在前面相关应用中有所体现,此处不再重复.

第二篇　优化与建模软件 LINGO

LINGO 软件是用来求解优化模型的简易工具软件. LINGO 内置了一种建立最优化模型的语言,可以简便地表达大规模问题,利用 LINGO 高效的求解器可快速求解并分析结果.

优化模型是一种特殊的数学模型,这种模型通常包含下列三个要素:

(1) 决策变量:它通常是该问题要求解的那些未知量,不妨用 n 维向量 $\boldsymbol{x}=(x_1, x_2,\cdots,x_n)^{\mathrm{T}}$ 表示;

(2) 目标函数:它通常是该问题要优化求值(最大或最小)的那个目标的数学表达式,它是决策变量 x 的函数,记为 $f(x)$.

(3) 约束条件:由该问题对决策变量的限制条件给出,常用一组关于 $\boldsymbol{x}$ 的等式 $h_i(x)=0,i=1,\cdots,m$ 与不等式 $g_j(x)\leqslant0,j=1,\cdots,l$ 来界定,分别称为等式约束与不等式约束.

通常还有决策变量的取值范围限制:$x\in D\subseteq\mathbf{R}^n$.

因此,优化模型在数学上可以表示为如下一般形式:

$$\min \quad f(x) \tag{1}$$
$$\text{s. t.} \ \ h_i(x)=0,i=1,\cdots,m \tag{2}$$
$$g_j(x)\leqslant0,j=1,\cdots,l \tag{3}$$
$$x\in D\subseteq\mathbf{R}^n \tag{4}$$

优化模型可从不同的角度进行分类:

按有无约束分成两类:

无约束优化:只有(1)、没有(2)、(3)、(4),即没有约束,只有目标函数.

约束优化:有(1)及(2)、(3)、(4)至少一个,即有约束及目标函数.

这种分类方式下,还有一些特殊情况:

方程组:只有(2)而没有(1)、(3)、(4).

不等式组:只有(3)而没有(1)、(2)、(4).

优化模型的另一种分类方法,按照目标函数及约束条件的形式、决策变量的取值范围进行分类:

(1) 连续优化:模型中决策变量 x 的所有分量取值均为连续数值(即实数),通常称为数学规划.

连续优化还可以进一步细分成:

(i) 线性规划(LP):目标函数 $f(x)$ 和约束条件中 h_i,g_j 均为线性函数.

(ii) 非线性规划(NLP):目标函数 $f(x)$ 和约束条件中 h_i,g_j 至少有一个非线性函数,特别地,如果目标函数 $f(x)$ 是二次函数,而 h_i,g_j 均为线性函数,则称为二次规划(QP).

(2) 离散优化或组合优化:模型中决策变量 x 的一个或多个分量只取离散数值. 通常决策变量 x 的一个或多个分量只取整数数值,称为整数规划(IP),整数规划可以进一步明确地分为:

(ⅰ)纯整数规划(PIP):x 的所有分量只取整数数值;其中,若 x 的分量中取整数数值的范围还限定为只取 0 或 1,则称为 0—1 规划(ZOP).

(ⅱ)混整数规划(MIP):x 的部分分量只取整数数值.

与连续优化分为线性规划与非线性规划类似,整数规划也可以分为整数线性规划(ILP)与整数非线性规划(INLP).

还有按其他标准对优化模型进行的分类,如按需要优化的目标函数的多少,分为单目标规划与多目标规划. 其余分类与 LINGO 软件没有太大的联系,这里不再赘述.

在优化模型的解中,只满足约束条件的解叫可行解;既满足约束又使目标函数取到最优值的解称为最优解.

本篇不准备对优化理论进行具体介绍,而是重点放在如何借助 LINGO 软件建立优化模型并求解及分析所得到的计算结果.

第 10 章　LINGO 软件的基本用法

LINGO 软件是高度集成化的用于建立及求解优化模型的系统,程序的常规形式的表达方式与优化问题建立的数学模型格式相近,语法简单,初学者容易入门,下面按程序结构、求解结果的解读及线性规划模型的灵敏度分析报告分别进行介绍.

LINGO 程序具有高度模块化特征,通常一个程序由目标约束段、集合段、数据段、初始段及计算段等五段构成. 各段之间没有明确的先后次序,只要求数据段中涉及的变量在此前的集合段中已经定义.

10.1　模型的目标约束段

10.1.1　系统启动主窗口

系统启动与常用应用软件的启动方法相同.

当你在 Windows 下运行 LINGO 系统时,会得到如图 10-1 所示的一个窗口.

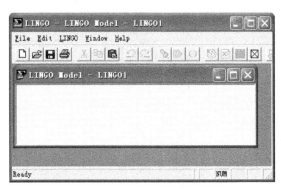

图 10-1　LINGO 软件的程序编辑窗口

外层是主框架窗口,包含了所有菜单命令和工具条,其他所有的窗口将被包含在主窗口之下. 在主窗口内的标题为 LINGOModel-LINGO1 的窗口是 LINGO 的默认模型窗口,建立的模型都要在该窗口内编码实现. 所有的菜单命令及功能见第 12 章.

10.1.2　模型的目标约束段

下面通过一个简单模型的编程及求解对 LINGO 的基本语法进行介绍.

例 10.1　在 LINGO 中求解如下的 LP 问题:

$$\min \quad 2x_1 + 3x_2$$

$$\text{s. t.} \begin{cases} x_1 + x_2 \geqslant 350 \\ x_1 \geqslant 100 \\ 2x_1 + x_2 \leqslant 600 \\ x_1, x_2 \geqslant 0 \end{cases}$$

1. 程序输入

在 LINGO 系统的模型窗口中输入下列程序.

```
Model:
    min=2* x1+ 3 * x2;
    x1+x2>=350;
    x1>=100;
    2* x1+ x2<= 600;
End
```

本程序只包含 LINGO 程序的基本部分:目标约束段,其中只有目标函数及约束条件.

2. 程序的基本语法

LINGO 的基本语法规定如下:

(1) 求目标函数的最大值或最小值分别用 max＝…或 min＝…来表示;

(2) 每个语句必须以分号";"结束,每行可以有多条语句,语句可以跨行;

(3) 变量名称必须以字母(A～Z)开头,由字母、数字(0～9)和下划线所组成,长度不超过 32 个字符,不区分大小写(后文的集、集成员、集属性名称与此相同);本书中常常对表示"段"的首尾的标识符号进行首字母大写处理,这仅仅是为了版面美观,并非程序本身的语法要求.

(4) 可以给语句加上标号,例如［OBJ］min＝2 * x1＋3 * x2;

(5) 以感叹号"!"开头,以分号";"结束的语句是注释语句;

(6) 如果对变量的取值范围没有作特殊说明,则默认所有决策变量都取非负实数;

(7) LINGO 程序以语句"Model:"开头,以"End"结束(对于比较简单的模型,这两个语句可以省略. 但编程的好习惯是写出它们).

(8) 除了注释语句中的内容及字符串中的内容可以使用汉字及全角字符外,所有的字符都必须是半角状态下的英文字符.

3. 程序的运行及结果的输出

点击工具条上的 🔘 按钮(或按快捷组合键 Ctrl＋S)即可弹出如图 10-2 所示的运行状态窗口及运行结果窗口.

状态窗口的信息说明见 12.6,运行结果窗口的主要内容如下:

```
Global optimal solution found.
Objective value:                      800.0000
Total solver iterations:              2
Variable              Value           Reduced Cost
      X1            250.0000              0.000000
      X2            100.0000              0.000000
```

此结果说明:当决策变量 $x_1＝250, x_2＝100$ 时,目标函数 $2x_1＋3x_2$ 取最小值 800.

图 10-2　LINGO 软件的运行状态窗口

10.2　模型的集合段

对实际问题建模时,总会遇到一群或多群相联系的对象,如学校、学生、课程、工厂、消费者群体、交通工具和雇工等. LINGO 允许把这些相联系的对象聚合成集(sets). 一旦把对象聚合成集,就可以利用集来最大限度地发挥 LINGO 建模语言的优势.

下面详细介绍如何创建集,并用数据初始化集的属性. 读完本节后,对如何将基于建模技术的集引入模型会有一个初步的理解.

10.2.1　为什么使用集

集是 LINGO 建模语言的基础,是程序设计最强有力的基本构件. 借助于集,能够用一个单一的、长的、简明的复合公式表示一系列相似的约束,从而可以快速、方便地表达规模较大的模型.

例 10.2　利用集合编程

使用 LINGO 软件求解 6 个发点与 8 个收点的最小费用运输问题. 各产地的产量、各销地的销量及从产地到销地的单位运价如表 10-1 所示.

表 10-1　各产地到各销地间的单位运价表

销地 产地	B_1	B_2	B_3	B_4	B_5	B_6	B_7	B_8	产量
A_1	6	2	6	7	4	2	5	9	60
A_2	4	9	5	3	8	5	8	2	55
A_3	5	2	1	9	7	4	3	3	51
A_4	7	6	7	3	9	2	7	1	43
A_5	2	3	9	5	7	2	6	5	41
A_6	5	5	2	2	8	1	4	3	52
销量	35	37	22	32	41	32	43	38	

1. LINGO 程序

```
Model:
    !6 发点 8 收点运输问题;
    Sets:
    warehouses/wh1..wh6/:capacity;!6 个产地,此处用隐式罗列方式,参看
10.2.3小节;
        vendors/v1..v8/:demand;!8 个销地;
        links(warehouses,vendors):cost,volume;!派生集;
    Endsets
    !目标函数;
    min= @sum(links:cost * volume);
    !需求约束;
    @for(vendors(J):@sum(warehouses(I):volume(I,J))= demand
(J));
    !产量约束;
    @for(warehouses(I):@sum(vendors(J):volume(I,J))< = capaci-
ty(I));
    !这里是数据;
    Data:
        capacity= 60 55 51 43 41 52;!数据之间也可用","分隔;
        demand= 35 37 22 32 41 32 43 38;
        cost= 6 2 6 7 4 2 9 5
              4 9 5 3 8 5 8 2
              5 2 1 9 7 4 3 3
              7 6 7 3 9 2 7 1
              2 3 9 5 7 2 6 5
              5 5 2 2 8 1 4 3;
    Enddata
End
```

2. 运行结果

单击工具条上的🖼按钮即可得到运行结果.

从运行结果可以看出,最小运量是 664,6 个发点与 8 个收点之间的运量如表 10-2
所示.

表 10-2 各产地到各销地间的运量

销地＼产地	B₁	B₂	B₃	B₄	B₅	B₆	B₇	B₈	产量
A₁		19			41				60
A₂	1			32					55
A₃		11					40		51
A₄						5		38	43
A₅	34	7							41
A₆			22			27	3		52
销量	35	37	22	32	41	32	43	38	

3. 程序的通常形式

上述程序如果不用集合表示,可以通过按快捷组合键"Ctrl＋G"得到下列形式的程序 Model:

```
[_1]MIN=6*VOLUME_WH1_V1+2*VOLUME_WH1_V2+6*VOLUME_WH1_V3+7
*VOLUME_WH1_V4+4*VOLUME_WH1_V5+2*VOLUME_WH1_V6+9*
VOLUME_WH1_V7+5*VOLUME_WH1_V8+4*VOLUME_WH2_V1+9*
VOLUME_WH2_V2+5*VOLUME_WH2_V3+3*VOLUME_WH2_V4+8*
VOLUME_WH2_V5+5*VOLUME_WH2_V6+8*VOLUME_WH2_V7+2*
VOLUME_WH2_V8+5*VOLUME_WH3_V1+2*VOLUME_WH3_V2+VOLUME_WH3_V3+
9*VOLUME_WH3_V4+7*VOLUME_WH3_V5+4*VOLUME_WH3_V6+3*
VOLUME_WH3_V7+3*VOLUME_WH3_V8+7*VOLUME_WH4_V1+6*
VOLUME_WH4_V2+7*VOLUME_WH4_V3+3*VOLUME_WH4_V4+9*
VOLUME_WH4_V5+2*VOLUME_WH4_V6+7*VOLUME_WH4_V7+VOLUME_WH4_V8+
2*VOLUME_WH5_V1+3*VOLUME_WH5_V2+9*VOLUME_WH5_V3+5*
VOLUME_WH5_V4+7*VOLUME_WH5_V5+2*VOLUME_WH5_V6+6*
VOLUME_WH5_V7+5*VOLUME_WH5_V8+5*VOLUME_WH6_V1+5*
VOLUME_WH6_V2+2*VOLUME_WH6_V3+2*VOLUME_WH6_V4+8*
VOLUME_WH6_V5+VOLUME_WH6_V6+4*VOLUME_WH6_V7+3*VOLUME_WH6_V8;
[_2]VOLUME_WH1_V1+VOLUME_WH2_V1+VOLUME_WH3_V1+VOLUME_WH4_V1+
VOLUME_WH5_V1+VOLUME_WH6_V1=35;
[_3]VOLUME_WH1_V2+VOLUME_WH2_V2+VOLUME_WH3_V2+VOLUME_WH4_V2+
VOLUME_WH5_V2+VOLUME_WH6_V2=37;
[_4]VOLUME_WH1_V3+VOLUME_WH2_V3+VOLUME_WH3_V3+VOLUME_WH4_V3+
VOLUME_WH5_V3+VOLUME_WH6_V3=22;
[_5]VOLUME_WH1_V4+VOLUME_WH2_V4+VOLUME_WH3_V4+VOLUME_WH4_V4+
VOLUME_WH5_V4+VOLUME_WH6_V4=32;
[_6]VOLUME_WH1_V5+VOLUME_WH2_V5+VOLUME_WH3_V5+VOLUME_WH4_V5+
```

VOLUME_WH5_V5+VOLUME_WH6_V5=41;

［7］VOLUME_WH1_V6+VOLUME_WH2_V6+VOLUME_WH3_V6+VOLUME_WH4_V6+
VOLUME_WH5_V6+VOLUME_WH6_V6=32;

［8］VOLUME_WH1_V7+VOLUME_WH2_V7+VOLUME_WH3_V7+VOLUME_WH4_V7+
VOLUME_WH5_V7+VOLUME_WH6_V7=43;

［9］VOLUME_WH1_V8+VOLUME_WH2_V8+VOLUME_WH3_V8+VOLUME_WH4_V8+
VOLUME_WH5_V8+VOLUME_WH6_V8=38;

［10］VOLUME_WH1_V1+VOLUME_WH1_V2+VOLUME_WH1_V3+VOLUME_WH1_V4+
VOLUME_WH1_V5+VOLUME_WH1_V6+VOLUME_WH1_V7+VOLUME_WH1_V8<=60;

［11］VOLUME_WH2_V1+VOLUME_WH2_V2+VOLUME_WH2_V3+VOLUME_WH2_V4+
VOLUME_WH2_V5+VOLUME_WH2_V6+VOLUME_WH2_V7+VOLUME_WH2_V8<=55;

［12］VOLUME_WH3_V1+VOLUME_WH3_V2+VOLUME_WH3_V3+VOLUME_WH3_V4+
VOLUME_WH3_V5+VOLUME_WH3_V6+VOLUME_WH3_V7+VOLUME_WH3_V8<=51;

［13］VOLUME_WH4_V1+VOLUME_WH4_V2+VOLUME_WH4_V3+VOLUME_WH4_V4+
VOLUME_WH4_V5+VOLUME_WH4_V6+VOLUME_WH4_V7+VOLUME_WH4_V8<=43;

［14］VOLUME_WH5_V1+VOLUME_WH5_V2+VOLUME_WH5_V3+VOLUME_WH5_V4+
VOLUME_WH5_V5+VOLUME_WH5_V6+VOLUME_WH5_V7+VOLUME_WH5_V8<=41;

［15］VOLUME_WH6_V1+VOLUME_WH6_V2+VOLUME_WH6_V3+VOLUME_WH6_V4+
VOLUME_WH6_V5+VOLUME_WH6_V6+VOLUME_WH6_V7+VOLUME_WH6_V8<=52;

End

经过比较容易发现,如果不用集合,对于解决大型优化问题是极不方便的.

10.2.2 集的基本概念

1. 集的定义

集是一组具有某种共同特征的对象的全体,这些对象也称为集的成员. 一个集可能是一个班的全体学生、一系列产品、卡车或雇员等. 每个集成员可能有一个或多个与之有关联的特征,将这些特征称为集的属性. 属性值可以预先给定,也可以是未知的,有待于LINGO 求解(如决策变量). 例如,学生集中的每个学生可以有学号、姓名、性别、成绩等属性;产品集中的每个产品可以有价格、产量、销量等属性;卡车集中的每辆卡车可以有牵引力、载重量等属性;雇员集中的每位雇员可以有姓名、工龄、薪水、生日等属性.

2. 集的分类

LINGO 有两种类型的集,即原始集(primitive set)和派生集(derived set).

一个原始集是由一些最基本的对象组成的. 一个派生集是用一个或多个原始集或已经定义的派生集来定义的,它的成员来自于其他已存在的集.

3. 模型的集合段

集合段是 LINGO 模型的一个可选部分. 在 LINGO 模型中使用集之前,必须在集合段事先定义. 集合段以关键字"Sets:"开始,以"Endsets"结束. 一个模型可以没有集合段或有一个简单的集合段,也可以有多个集合段. 一个集合段可以放置在模型的任何地方,但是一个集及其属性在模型中被引用之前必须先定义.

10.2.3　原始集

为了定义一个原始集,必须详细声明下列事项:

(1) 集的名称;

(2) 集的成员(可选);

(3) 集成员的属性(可选).

定义一个原始集的语法如下:

Setname[/member_list/][:attribute_list];

注意:符号"[]"及他们之间的内容表示该部分内容可选,下同,不再赘述.

Setname 在建模时给出,用于标记集的名称,集的名称最好具有较强的可读性. 集名称与变量名称的命名规则相同.

Member_list 是集成员列表. 如果集成员放在集定义中,那么对它们可采取显式罗列和隐式罗列两种方式. 如果集成员不放在集定义中,那么可以在随后的数据段进行定义.

(1) 当显式罗列成员时,必须为每个成员输入一个不同的名称,中间用空格或逗号隔开,并且允许混合使用空格与逗号.

例 10.3　定义一个名为 students 的原始集,它具有 4 个成员:John,Jil,Rose 和 Mike,两个属性:sex 和 age.

Sets:
    students/John Jill,Rose Mike/:sex,age;
Endsets

(2) 当隐式罗列成员时,不必罗列出每个集成员. 可采用如下语法:

setname/member1..memberN/[:attribute_list];

这里的 member1 是集的第一个成员名,memberN 是集的最后一个成员名,LINGO 将自动产生中间的所有成员名. LINGO 能接受一些特定的首成员名和末成员名,用于创建一些特殊的集如表 10-3 所示.

表 10-3　集的隐式成员定义方式表

隐式成员列表格式	示　例	所产生的集成员
1..n	1..5	1,2,3,4,5
StringM..StringN	Car2..car9	Car2,Car3,Car4,…,Car9
DayM..DayN	Mon..Fri	Mon,Tue,Wed,Thu,Fri
MonthM..MonthN	Oct..Jan	Oct,Nov,Dec,Jan
MonthYearM..MonthYearN	Oct2001..Jan2002	Oct2001,Nov2001,Dec2001,Jan2002

(3) 集成员不放在集定义中,而在随后的数据段来定义,如例 10.4,其用法参看 10.3.1 小节及 11.8.1 小节.

例 10.4　把集成员放在数据段.

```
Model:
    !集合段;
    Sets:
        students:sex,age;
    Endsets
    !数据段;
    Data:
        students,sex,age= John 1 16
            Jill 0 14
            Rose 0 17
            Mike 1 13;
    Enddata
End
```

运行结果如下：

Variable	Value
SEX(JOHN)	1.000000
SEX(JILL)	0.000000
SEX(ROSE)	0.000000
SEX(MIKE)	1.000000
AGE(JOHN)	16.00000
AGE(JILL)	14.00000
AGE(ROSE)	17.00000
AGE(MIKE)	13.00000

在集合段只定义了一个集 students,并未指定成员. 在数据段罗列了集成员 John，Jill,Rose 和 Mike,并对属性 sex 和 age 分别给出了值.

集成员无论用什么名称标记,它的索引都是从 1 开始连续计数. 在 attribute_list 中可以指定集成员的一个或多个属性,属性之间必须用逗号隔开.

可以把集、集成员和集属性同 C 语言中的结构体作类比,如图 10-3 所示.

集 ⟷ 结构体

集成员 ⟷ 结构体的域

集属性 ⟷ 结构体实例

图 10-3 "集"与"结构体"的比较

LINGO 内置的建模语言是一种描述性语言,用它可以描述现实世界中的一些问题,然后再借助于 LINGO 求解器求解. 因此,集属性的值一旦在模型中被确定,就不能再更改. 在 LINGO 中,只有在初始段中给出的集属性值在以后的求解中可更改. 这与前面并不矛盾,初始段是 LINGO 求解器的需要,并不是描述问题所必需的.

10.2.4　派生集

1. 基本语法

为了定义一个派生集,必须详细声明下列事项:
(1) 集的名称;
(2) 父集的名称;
(3) 集成员(可选);
(4) 集成员的属性(可选).
定义一个派生集的语法如下:

Setname(parent_set_list)[/member_list/][:attribute_list];

Setname 为集的名称;parent_set_list 为已定义的集的列表,其中有多个集时必须用逗号隔开. 如果没有指定成员列表,那么 LINGO 会自动创建父集成员的所有组合作为派生集的成员. 派生集的父集既可以是原始集,也可以是已定义的派生集.

2. 实例

例 10.5　由三个父集生成一个派生集.

```
Sets:
  product/A B/;
  machine/M N/;
  week/1..3/;
  allowed(product,machine,week):x;
Endsets
```

说明:该程序生成三个父集成员的所有成员的组合共 12 组成员作为派生集 allowed 的成员,如表 10-4 所示.

表 10-4　派生集的成员列表

编　号	成　员
1	$(A,M,1)$
2	$(A,M,2)$
3	$(A,M,3)$
4	$(A,N,1)$
5	$(A,N,2)$
6	$(A,N,3)$
7	$(B,M,1)$
8	$(B,M,2)$
9	$(B,M,3)$
10	$(B,N,1)$
11	$(B,N,2)$
12	$(B,N,3)$

3. 稠密集与稀疏集

当成员列表被忽略时,派生集的成员由父集成员的所有组合构成(相当于集合的叉积),这样的派生集称为稠密集,如例 10.5. 如果限制派生集的成员,使它只选择父集成员所有组合构成的集合的一个子集,则这样的派生集称为稀疏集. 同原始集一样,派生集成员的声明也可以放在数据段. 一个派生集的成员列表有两种方式生成:①显式罗列;②设置成员资格过滤器. 当采用方式①时,必须显式罗列出所有要包含在派生集中的成员,并且罗列的每个成员必须属于稠密集.

例如:在例 10.5 中,可以显式罗列派生集的成员如下:

```
allowed(product,machine,week)/A M 1,A N 2,B N 1/;
```

这里集 allowed 共包含 3 个成员,如果需要生成一个大的、稀疏的集,那么显式罗列就很不方便. 幸运的是,许多稀疏集的成员都满足一些条件,以便和非成员相区分. 可以把这些逻辑条件看作过滤器,当 LINGO 生成派生集的成员时,把使逻辑条件为假的成员从稠密集中过滤掉.

例 10.6 使用过滤器定义稀疏集.

```
Model:
    Sets:
        !学生集:性别属性 sex,1 表示男性,0 表示女性;年龄属性 age.;
        students/John,Jill,Rose,Mike/:sex,age;
        !男学生和女学生的联系集:友好程度属性 friend 由[0,1]之间的数表示.;
        linkmf(students,students)|sex(&1)# eq# 1# and# sex(&2)# eq# 0:
            friend;
        !男学生和女学生的友好程度不小于 0.5 的集;
        linkmf2(linkmf) | friend(&1,&2)# ge# 0.5 :x;
    Endsets
    Data:
        sex,age= 1 16
                 0 14
                 0 17
                 0 13;
        friend= 0.3 0.5 0.6;
    Enddata
End
```

运行结果如下:

```
    Variable              Value
        SEX(JOHN)                 1.000000
        SEX(JILL)                 0.000000
```

SEX(ROSE)	0.000000
SEX(MIKE)	0.000000
AGE(JOHN)	16.00000
AGE(JILL)	14.00000
AGE(ROSE)	17.00000
AGE(MIKE)	13.00000
FRIEND(JOHN,JILL)	0.3000000
FRIEND(JOHN,ROSE)	0.5000000
FRIEND(JOHN,MIKE)	0.6000000
X(JOHN,ROSE)	1.234568
X(JOHN,MIKE)	1.234568

如果将程序中"linkmf2(linkmf)|friend(&1,&2)#ge#0.5:x;"这一句里"#ge#"改成"#gt#"后运行,则结果中

　　X(JOHN,ROSE)　1.234568

将不再出现.

　　说明:LINGO用竖线(|)来标记一个成员资格过滤器(把不符合条件的过滤掉)的开始. #eq#是逻辑运算符,用来判断是否"相等",可参考 11.1.2 小节,&1 表示派生集的第 1 个原始父集的索引,它取遍该原始父集的所有成员;&2 表示派生集的第 2 个原始父集的索引,它取遍该原始父集的所有成员;&3,&4,… 依此类推. 值得注意的是,如果派生集 B 的父集是另外的派生集 A,那么上面所说的原始父集是集 A 向前回溯到最终的原始集,其顺序保持不变,并且派生集 A 的过滤器对派生集 B 仍然有效. 因此,派生集的索引个数是最初原始父集的个数,索引的取值是从原始父集到当前派生集所作限制的总和.

　　总的来说,LINGO 可识别的集只有两种类型,即原始集和派生集.

　　在一个模型中,原始集是基本的对象,不能再被拆分成更小的成分. 原始集可以由显式罗列和隐式罗列两种方式来定义(还可在数据段读入). 当用显式罗列方式时,需在集成员列表中逐个输入每个成员. 当用隐式罗列方式时,只需在集成员列表中输入首成员和末成员,而中间的成员由 LINGO 自动产生.

　　另一方面,派生集是由其他的集来创建的. 这些集被称为该派生集的父集(原始集或其他的派生集). 一个派生集既可以是稀疏的,也可以是稠密的. 稠密集包含了父集成员的所有组合(即父集的笛卡儿乘积). 稀疏集仅包含父集的笛卡儿乘积的一个子集,可通过显式罗列和成员资格过滤器两种方式来定义. 显式罗列方法就是逐个罗列稀疏集的成员. 成员资格过滤器方法通过使用稀疏集成员必须满足的逻辑条件从稠密集成员中过滤出不属于稀疏集的成员. 不同集类型的关系如图 10-4 所示.

　　如果程序中只有集及属性而没有对其赋值,则属性的值自动取 1.234568,但当这些表示属性的变量在目标约束段中出现且没有赋值,变量取值 0. 当然,已赋值的属性除外.

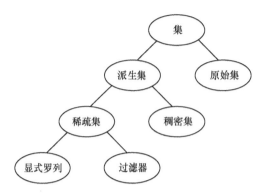

图 10-4　LINGO 软件中集的类型

10.3　模型的数据段

在处理模型的数据时,需要为集指定一些成员,并且在 LINGO 求解模型之前为集的某些属性指定值. 为此,LINGO 为用户提供了两个可选部分:输入集的成员或输入集的属性值的数据段和为决策变量设置初始值的初始段.

10.3.1　数据段入门

数据段提供了模型相对静止部分和数据分离的可能性. 显然,这对模型的维护和维数的缩放非常便利.

数据段以关键字"Data:"开始,以关键字"Enddata"结束. 在这里,可以指定集的成员、集的属性. 其语法如下:

```
object_list= value_list;
```

对象列(object_list)包含要设置集成员的集名、要指定属性值的属性名,集名或属性名之间用逗号或空格隔开. 一个对象列中至多有一个集名,而属性名可以有任意多个. 如果对象列中有多个属性名,那么它们的数据类型必须一致. 如果对象列中有一个集名,那么对象列中所有的属性的类型就是这个集.

数值列(value_list)包含要分配给对象列中的对象的值,用逗号或空格隔开. 注意:属性值的个数必须等于集成员的个数(个数多了或少了都要出错). 参看下面的例子(也可参见例10.2).

注意　右边数值列中的常数不能含有运算符,如 0.5 不能用 1/2 代替(需要计算时可在计算段完成).

例 10.7　在数据段内给变量赋值,采取对变量分别赋值的方式.

```
Sets:
  set1/A,B,C/:x,y;!3 个集成员,两个属性;
Endsets
Data:
  x= 1,2,3;                    !属性 X 正好 3 个属性值;
```

```
    y= 4,5,6;
Enddata
```

说明:在集 set1 中定义了两个属性 x 和 y. x 的三个值是 $1,2$ 和 3, y 的三个值是 $4,5$ 和 6. 也可采用例 10.8 中的复合数据声明实现同样的功能.

例 10.8 在数据段内给变量赋值,采取对变量同时赋值的方式.

```
Sets:
    set1/A,B,C/:x,y;
Endsets
Data:
    x,y= 1 4
         2 5
         3 6;
Enddata
```

阅读例 10.8 中的程序时,可能会认为 x 被指定了 $1,4$ 和 2 三个值,因为它们是数值列中的前三个,而正确的答案是 $1,2$ 和 3(读者可自行运行后对照结果). 假设对象列有 n 个对象(注意:上例为 x,y 两个对象),LINGO 在为对象指定值时,首先在 n 个对象的第 1 个索引(对应例中的 A)处依次分配数值列中的前 n 个对象,然后在 n 个对象的第 2 个索引(对应例中的 B)处依次分配数值列中紧接着的 n 个对象,⋯⋯依此类推,直到最后一个索引(对应例中的 C)分配数值列中最后 n 个对象.

模型的所有数据——集成员和属性值——被单独放在数据段,这是最规范的数据输入方式.

注意 在数据段中,属性值的个数必须与属性对应的集中的集成员个数相同.

10.3.2 参数

在数据段也可以指定一些标量变量(与集无直接关系的量). 当一个标量变量在数据段确定时,称之为参数. 例如,假设模型中用利率 3.5% 作为一个参数,就可以像下面这样输入一个利率作为参数.

例 10.9 在数据段内为参数指定一个值.

```
Data:
    interest_rate=.035;          !这里的变量既不是集名,也不是属性名,而是
                                   用于对参数的指定.
Enddata
```

也可以同时指定多个参数.

例 10.10 在数据段内同时指定多个参数的值.

```
Data:
    interest_rate,inflation_rate=.085 .03;
Enddata
```

10.3.3 实时数据处理

在某些情况下,模型中的某些数据并不是定值. 例如,模型中有一个通货膨胀率的参数,想在 2%~6%范围内变化,并对不同的值求解模型来观察模型的结果对通货膨胀的依赖有多么敏感. 将这种情况称为实时数据处理. LINGO 有一个特征可方便地做到这件事,即在本该放数据的地方输入一个问号"?"即可.

例 10.11 在数据段内以"?"代替数据实现实时数据处理.

```
Data:
    interest_rate,inflation_rate=.085 ?;
Enddata
```

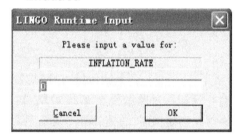

图 10-5 实时数据输入窗口

每一次求解模型时,LINGO 都会提示为参数 inflation_rate 输入一个值. 在 Windows 操作系统下,将会接收到一个如图 10-5 所示的对话框.

直接输入一个值再单击"OK"按钮,LINGO 就会把输入的值赋值给 inflation_rate,然后继续求解模型.

除了参数之外,也可以实时输入集的属性值,但不允许实时输入集成员名.

10.3.4 指定属性为一个值

当某属性对每个成员的值都相等时,可以在数据声明的右边输入一个值来把所有的成员的该属性指定为一个值. 请看下面的例子.

例 10.12 某属性对每个成员值相同时的简化处理.

```
Sets:
    days /MO,TU,WE,TH,FR,SA,SU/:needs;
Endsets
Data:
    needs=20;
Enddata
```

该程序将用 20 指定 days 集的所有成员的 needs 属性. 对于多个属性的情形,见例 10.13.

例 10.13 几个属性对每个成员的值分别相同时的简化处理.

```
Sets:
    days /MO,TU,WE,TH,FR,SA,SU/:needs,cost;
Endsets
Data:
    needs cost=20 100;
```

Enddata

在例 10.12 的基础上,该程序把数值 100 赋值给 days 集的所有成员的 cost 属性.

10.3.5　数据段的未知数值

有时只希望为一个集的某个属性的部分成员指定值,而让其余成员的该属性保持未知,以便让 LINGO 去求出它们的最优值. 与实时数据处理类似,LINGO 有一个特征可以方便地做到这件事,即在数据声明中,在本该放数据的位置输入一个空格或输入空(输入两个相连的逗号),表示该位置对应的集成员的属性值未知.

例 10.14　某属性对某些成员的值未知时的处理.

```
Sets:
  years/1..5/:capacity;
Endsets
Data:
  capacity=,34,20,,;
Enddata
```

属性 capacity 的第 2 个值和第 3 个值分别为 34 和 20,其余的值为未知.

10.4　模型的初始段

10.4.1　初始段的作用及语法

本段的语句语法与数据段的语句的语法相同,但是,在该段内指定了值的变量还可以在程序运行过程中改变,而在数据段中给变量赋值之后的变量在程序运行过程中其值不能再改变.

初始段是 LINGO 提供的另一个可选部分. 在初始段中,可以输入初始声明,它和数据段中的数据声明语法相同. 对实际问题进行建模时,初始段并不起到描述模型的作用,在初始段输入的值仅被 LINGO 求解器当作初始点来使用,并且仅仅对非线性模型有用. 与数据段指定变量的值不同的是,LINGO 求解器在求解过程中可以自由改变在初始段被初始化过的变量的值.

一个初始段以关键词"Init;"开始,以"Endinit"结束. 初始段的初始声明规则和数据段的数据声明规则相同. 也就是说,可以在声明的左边同时列出多个集属性,可以把多个集属性初始化为一个值,可以用问号实现实时数据处理,还可以用"空格"或"空"指定未知数值.

10.4.2　指定决策变量的初始值

例 10.15　在初始段内为变量指定初始值.

```
model:
    Max=x^2+y^2;
    y=@ log(x);
    x^2+ y^2<=25;
```

```
    Init:
      x,y=0,.1;
    Endinit
End
```
运行的部分结果为

```
Local optimal solution found.
  Objective value:                    25.00000
      Extended solver steps:              5
      Total solver iterations:          151
      Variable          Value        Reduced Cost
         X             4.750954        0.000000
         Y             1.558345        0.000000
```

在程序中给出好的初始点会减少模型的求解时间. 例如, 上面的程序中, 如果把 x, y 的初始值改为接近最优解的值 $5, 2$, 结果迭代次数 Total solver iterations 由 151 降为 101. 如果把 x, y 的初始值改为远离最优解的值 $8, 7$, 结果 Total solver iterations 多达 264. 但并非初始值越接近最优解, 迭代次数就越少.

注意　如果不对 x, y 的初始值进行修改, 则第二次运行程序时的迭代次数会大大减少, 就好像 LINGO 有记忆功能一样.

在本节中, 仅介绍了一些基本的数据输入和初始化概念, 不过现在读者应该可以轻松地为自己的模型加入原始数据和初始值了.

10.5　模型的计算段

10.5.1　计算段的作用及语法

在有些模型中, 可能原始数据较多或数据结构较复杂, 有必要对原始数据进行预处理, 处理后模型更简洁, 或者处理后的数据才能被模型利用, 对数据进行预处理就要涉及计算段.

一个计算段以关键词"Calc:"开始, 以"Endcalc"结束. 其作用在于对一些原始数据进行计算处理. 因为在实际问题中, 输入的数据往往是原始数据, 不一定能在模型中直接使用, 这时, 可以在计算段对这些原始数据进行一定的"预处理", 得到模型中真正需要的数据. 在计算段中的语句是顺序执行的.

计算段语句的语法与表示约束条件语句的语法相同, 但语句中不能包含决策变量.

10.5.2　引用计算段使模型更简洁

例 10.16　某市有 6 个区, 每个区都可建消防站, 为了节省开支, 市政府希望设置的消防站最少, 但必须保证在该市任何地区发生火灾时, 消防车能在 15 分钟内赶到现场. 假定各区的消防站要建的话, 就建在区的中心, 根据实地测量, 各区之间消防车行驶的最长时间如表 10-5 所示.

表 10-5　某市各区之间消防车行驶的最长时间表　　　（单位:分钟）

	1 区	2 区	3 区	4 区	5 区	6 区
1 区	4	10	16	28	27	20
2 区	10	5	24	32	17	10
3 区	16	24	4	12	27	21
4 区	28	32	12	5	15	25
5 区	27	17	27	15	3	14
6 区	20	10	21	25	14	6

请为该市制定一个设置消防站的最节省的计划.

1. 建立简单模型

该问题实际上是要确定各个区是否要建立消防站,使其既满足要求,又最节省开支.这自然可引入 0-1 变量,故设

$$x_j = \begin{cases} 1, & \text{当在第 } j \text{ 区建消防站时} \\ 0, & \text{当不在第 } j \text{ 区建消防站时} \end{cases} \quad (j=1,2,\cdots,6)$$

目标是使 $f = \sum_{j=1}^{6} x_j$ 最小.下面考虑约束条件.

若 1 区发生火灾,按照"消防车要在 15 分钟内赶到现场"的要求,则 1 区和 2 区至少应有一个消防站,即 $x_1+x_2 \geq 1$,

同理得:$x_1+x_2+x_6 \geq 1, x_3+x_4 \geq 1, x_3+x_4+x_5 \geq 1, x_4+x_5+x_6 \geq 1, x_2+x_5+x_6 \geq 1$

从而得完整模型为:

$$\min f = \sum_{j=1}^{6} x_j$$

$$\text{s. t.} \begin{cases} x_1+x_2 \geq 1 \\ x_1+x_2+x_6 \geq 1 \\ x_3+x_4 \geq 1 \\ x_3+x_4+x_5 \geq 1 \\ x_4+x_5+x_6 \geq 1 \\ x_2+x_5+x_6 \geq 1 \\ x_j=0,1,(j=1,2,\cdots,6) \end{cases}$$

2. 模型简化

仔细观察约束条件发现,若决策变量满足第一、第三两个约束条件,则必然满足第二、第四两个约束条件,故第二、第四两个约束条件是多余的,可省略.从而模型简化为:

$$\min f = \sum_{j=1}^{6} x_j$$

$$\text{s. t.}\begin{cases}x_1+x_2\geqslant1\\x_3+x_4\geqslant1\\x_4+x_5+x_6\geqslant1\\x_2+x_5+x_6\geqslant1\\x_j=0,1,(j=1,2,\cdots,6)\end{cases}$$

3. 利用集合编程

```
Model:
  Sets:
    area/1..6/:x;
  Endsets
  Min= @sum(area:x);
  X(1)+x(2)>1;
  X(3)+x(4)>1;
  X(4)+x(5)+x(6)>1;
  X(2)+x(5)+x(6)>1;
  @for(area:@bin(x));
End
```

4. 直接由距离矩阵确定约束条件

如果城市太多,这样人工查找约束条件是不方便的,能否利用距离矩阵自动生成约束条件? 只要注意到距离小于或等于 15 时对应约束不等式左边的决策变量的系数取 1,否则取 0,据此容易编制出如下程序:

```
Model:
  Sets:
    area/1..6/:x,y;
    link (area,area):distance,a;
  Endsets
  min= @sum(area(i):x(i));
  @for(area(I):@sum(area(j):@floor((@sign(15.1-distance(i,j))+
1)/2*x(j)))> =1);
  @for(area:@bin(x));
  Data:
    distance=
      4,10,16,28,27,20
      10,5,24,32,17,10
      16,24,4,12,27,21
      28,32,12,5,15,25
```

```
        27,17,27,15,3,14
        20,10,21,25,14,6;
    Enddata
End
```

5. 在计算段中对距离矩阵进行处理获得系数矩阵

在上述程序中,变量的系数的表达式比较复杂,不便于对程序的阅读与理解,可以利用计算段先对系数进行预处理,程序如下:

```
Model:
    Sets:
      area/1..6/:x;
      link(area,area): distance,a;
    Endsets
    [object]min=@sum(area(i):x(i));
    @for(area(i):[area1]@sum(area(j):a(i,j)* x(j))> = 1);
    @for(area:@ bin(x));
  Data:
    Distance=
        4,10,16,28,27,20
        10,5,24,32,17,10
        16,24,4,12,27,21
        28,32,12,5,15,25
        27,17,27,15,3,14
        20,10,21,25,14,6;
      efcl= 0.01;! 用于调节误差;
    Enddata
    Calc:
        @ for(link(i,j):a(i,j)= @ floor((@ sign(15+ efcl-distance(i,
j))+ 1)/2));
    Endcalc
End
```

6. 运行结果

运行 3~5 中任何一个程序都可得出结果为 x(2)=1,x(4)=1,即在第二、四两区分别建立消防站即符合消防要求.

10.5.3　引用计算段对原始数据进行加工

例 10.16 中的 5. 已经用到计算段,下面再举一例说明借助计算段对原始数据进行加工的过程.

例 10.17 某三种股票12年的价格(含分红在内)每年的增长情况如表10-6所示(及500种股票的价格指数的增长情况. 如表中第一个数据1.300的含义是股票A在2000年的年末价格是其年初价格的1.300倍,即收益为30%,其余数据的含义依此类推. 假设你在2012年年初有一笔资金准备投资这三种股票,并期望年收益率至少达到15%,那么你应该如何投资? 当期望的年收益率变化时,投资组合的相应的风险如何变化?

表 10-6 　股票收益数据

年份	股票 A	股票 B	股票 C	股票指数
2000	1.300	1.225	1.149	1.258997
2001	1.103	1.290	1.260	1.197526
2002	1.216	1.216	1.419	1.364361
2003	0.954	0.728	0.922	0.919287
2004	0.929	1.144	1.169	1.057080
2005	1.056	1.107	0.965	1.055012
2006	1.038	1.321	1.133	1.187925
2007	1.089	1.305	1.732	1.317130
2008	1.090	1.195	1.021	1.240164
2009	1.083	1.390	1.131	1.183675
2010	1.035	0.928	1.006	0.990108
2011	1.176	1.715	1.908	1.526236

1. 模型建立

设股票 A、B、C 每年的年收益率+1分别用 R_1,R_2,R_3 表示,则 R_i 为随机变量,由表10-6的数据可以计算出 R_i 的数学期望和方差.

假设手中资金全部用于投资,且没有其他投资渠道,设用于购买三种股票的比例分别为 x_1,x_2,x_3,则年投资收益率+1就是 $R=x_1R_1+x_2R_2+x_3R_3$,R 也是一个随机变量,投资的总期望收益为 $ER=x_1ER_1+x_2ER_2+x_3ER_3$,年投资收益率的方差(表示风险大小)为

$$V=D(x_1R_1+x_2R_2+x_3R_3)=\sum_{j=1}^{3}\sum_{i=1}^{3}x_ix_j\text{cov}(R_i,R_j)$$

如果希望年收益率达到0.15,则希望风险指标 V 达到最小,这样得到如下数学模型

$$\min\sum_{j=1}^{3}\sum_{i=1}^{3}x_ix_j\text{cov}(R_i,R_j)$$

$$\text{s.t. } x_1ER_1+x_2ER_2+x_3ER_3\geqslant 0.15$$

$$x_1+x_2+x_3=1$$

$$x_1,x_2,x_3\geqslant 0$$

2. LINGO 程序

由该模型编制 LINGO 程序如下:

```
MODEL:
    Title 简单的投资组合模型;
    Sets:
        year/1..12/;
        stocks/ A,B,C/:mean,X;
        link(year,stocks):R;
        stst(stocks,stocks):cov;
    Endsets
    Data:
        target= 1.15;
        ! R是原始数据;
        R=
```

1.300	1.225	1.149
1.103	1.290	1.260
1.216	1.216	1.419
0.954	0.728	0.922
0.929	1.144	1.169
1.056	1.107	0.965
1.038	1.321	1.133
1.089	1.305	1.732
1.090	1.195	1.021
1.083	1.390	1.131
1.035	0.928	1.006
1.176	1.715	1.908

```
        ;
    Enddata
    Calc:! 计算均值向量 mean 与协方差矩阵 cov;
        @for(stocks(i):mean(i)= @sum(year(j):R(j,i))/@size(year));
        @for(stst(i,j):cov(i,j)= @sum(year(k):
            (R(k,i)-mean(i))* (R(k,j)-mean(j)))/(@size(year)-1));
    Endcalc
    [OBJ]min= @sum(STST(i,j):COV(i,j)* x(i)* x(j));
    [ONE]@sum(stocks:x)= 1;
    [TWO]@sum(stocks:mean* x)> = target;
End
```

3. 运行结果

程序运行结果如下:
Local optimal solution found.
    Objective value: 0.2241378E-01

```
Extended solver steps:                                    5
Total solver iterations:                                  4
        Variable         Value            Reduced Cost
          target       1.150000            0.000000
         MEAN(A)       1.089083            0.000000
         MEAN(B)       1.213667            0.000000
         MEAN(C)       1.234583            0.000000
            X(A)      0.5300926            0.000000
            X(B)      0.3564076            0.000000
            X(C)      0.1134998            0.000000
        COV(A,A)      0.1080754E-01        0.000000
        COV(A,B)      0.1240721E-01        0.000000
        COV(A,C)      0.1307513E-01        0.000000
        COV(B,A)      0.1240721E-01        0.000000
        COV(B,B)      0.5839170E-01        0.000000
        COV(B,C)      0.5542639E-01        0.000000
        COV(C,A)      0.1307513E-01        0.000000
        COV(C,B)      0.5542639E-01        0.000000
        COV(C,C)      0.9422681E-01        0.000000
```

结果表明,按 0.5300926:0.3564076:0.1134998 的比例投资三种股票,不仅能使期望的年收益率达到 15%,而且方差 0.2241378E-01 为最小,表示风险最小(比两种股票 B,C 的风险 0.5839170E-01、0.9422681E-01 都小).

4. 投资组合的风险随年收益率变化

改变程序中 target 的值,得到不同的投资比例及相应的风险,如表 10-7 所示。

表 10-7　投资收益与风险的关系

target	目标函数最大值(方差)
1.11	0.1142128E-01
1.12	0.1420986E-01
1.13	0.1640836E-01
1.14	0.1914300E-01
1.15	0.2241378E-01
1.16	0.2622069E-01
1.17	0.3056374E-01
1.18	0.3544293E-01
1.19	0.4085826E-01
1.2	0.4680973E-01
1.21	0.5329734E-01

续表

target	目标函数最大值(方差)
1.22	0.6042510E-01
1.23	0.7922803E-01
1.231	0.8215842E-01
1.232	0.8527973E-01
1.233	0.8859196E-01
1.234	0.9209513E-01

从表中数据可以看出,随着期望收益的增加,风险也随之增加.

10.6　模型的灵敏度分析

灵敏度分析是研究当目标函数的费用系数和约束条件右端项在什么范围变化(此时假定其他系数不变)时,最优解保持不变.

10.6.1　灵敏度分析的激活

灵敏性分析是在求解模型时作出的,因此,要想获得灵敏性分析报告,在求解模型时,灵敏性分析应该处于激活状态,但是 LINGO 默认是不激活的. 为了激活灵敏性分析,选择菜单命令"LINGO→Options…",选择"General Solver"标签,在"Dual Computations"列表框中,选择"Prices&Ranges"选项,单击"OK"按钮即可. 灵敏性分析将耗费相当多的求解时间,因此,当速度很关键或不需要灵敏性分析报告时,就没有必要激活它. 此外,灵敏度分析只对线性规划模型有意义.

10.6.2　结果窗口内容解读

例 10.18　某家具公司制造书桌、餐桌和椅子,所用的资源有三种:木料、木工和漆工. 生产数据如表 10-8 所示.

表 10-8　每类家具消耗的各种资源表

	每个书桌/单位	每个餐桌/单位	每个椅子/单位	现有资源总数/单位
木料	8	6	1	48
漆工	4	2	1.5	20
木工	2	1.5	0.5	8
成品单价	60	30	20	

若限制餐桌的生产量不超过 5 件,如何安排三种产品的生产可使利润最大?

1. 建立模型(编制程序)

用 desks,tables 和 chairs 分别表示三种产品的生产量,建立 LP 模型如下:

```
Model:
    [Object]max= 60 * desks+ 30 * tables+ 20 * chairs;
    [Timber]8 * desks+ 6 * tables+ chairs<=48;
    [Painters]4 * desks+ 2 * tables+ 1.5 * chairs<=20;
    [Carpentry]2 * desks+ 1.5 * tables+ .5 * chairs<=8;
    [Table]tables<=5;
End
```

2. 运行程序

激活灵敏性分析,并求解这个模型.这时,会自动弹出"求解报告窗口"(Solution Reports),查看其中内容可以看到如下结果:

```
Global optimal solution found.
    Objective value:                      280.0000
        Total solver iterations:      3
```

Variable	Value	Reduced Cost
DESKS	2.000000	0.000000
TABLES	0.000000	5.000000
CHAIRS	8.000000	0.000000

Row	Slack or Surplus	Dual Price
OBJECT	280.0000	1.000000
TIMBER	24.00000	0.000000
PAINTERS	0.000000	10.00000
CARPENTRY	0.000000	10.00000
TABLE	5.000000	0.000000

3. 解读求解报告

(1) 目标函数值.

Global optimal solution found. 表示求出了全局最优解;Objective value:280.0000 表示最优目标值为 280;Total solver iteration:3 表示求解时共用了 3 次迭代.

(2) 决策变量.

Value 给出最优解中各变量的值:造 2 个书桌(desks),0 个餐桌(tables),8 个椅子(chairs). 所以 desks、chair 是基变量(取值非 0),tables 是非基变量(取值 0).

(3) 变量的判别数.

Reduced Cost 给出最优单纯形表中判别数所在行的变量的系数,表示当变量有微小变动时,目标函数的变化率. 其中基变量的 reduced cost 值应为 0. 对于非基变量 x_j,相应的 reduced cost 值表示当这个变量 x_j 增加一个单位时目标函数值减少的量(max 型问题).在本例中,变量 tables 对应的 reduced cost 值为 5,表示当非基变量 tables 的值从 0 变为 1 时(此时假定其他非基变量的值保持不变,但为了满足约束条件,基变量显然会发生变化),对应的目标函数值=280-5=275.验证方法:在程序中增加一个约束条件"tables=1"后再运行,目标函数最优解变成 275.

(4) 紧约束与松约束.

"Slack or Surplus"给出松弛或剩余变量的值,其值为零的对应约束为"紧约束",表示在最优解下该项资源已经用完;其值为非零的对应约束为"松约束",表示在最优解下该项资源还有剩余.

在本题中,由 Painters 行与 Carpentry 行的 Slack or Surplus 取值是 0,表示这两行对应的约束是"紧约束",即漆工、木工无剩余.而 Timber 行与 Table 行的 Slack or Surplus 取值非零,表示应对的两个约束为"松约束",分别还有剩余量 24 及 5.

(5) 对偶价格(经济学:影子价格).

DUAL PRICE(对偶价格)表示当对应约束有微小变动时目标函数的变化率.输出结果中对应于每一个"紧约束"有一个对偶价格.若其数值为 p,则表示对应约束中不等式右端项增加 1 个单位,目标函数将增加 p 个单位(max 型模型).显然,如果在最优解处约束条件正好取等号(也就是"紧约束",也称为有效约束或起作用约束),对偶价格值才可能不是 0.在本例中,Painters 行是紧约束,对应的对偶价格值为 10,表明如果 Painters 的值增加一个单位(本例变成 21),则目标函数值增加 10 个单位(本例将变成 290).

验证,将程序中语句[Painters]4 * desks+2 * tables+1.5 * chairs<=20 变成

[Painters]4 * desks+ 2 * tables+1.5 * chairs<=21

后求解,目标函数值为 280+10=290.对 CARPENTRY 行也可类似验证.

对于非紧约束(如本例中 Timber 行,Table 行是非紧约束),Dual Price 的值为 0,表示对应约束条件中不等式右端项的微小扰动不影响目标函数值.有时通过分析 Dual Price,也可能找到某些模型不可行的原因.

10.6.3 灵敏度分析报告

续例 10.18,当程序正常运行结束后,即可以提取"灵敏度分析报告".单击菜单"LINGO→Range"得到如下报告.

```
Ranges in which the basis is unchanged:
                   Objective Coefficient Ranges
                 Current      Allowable      Allowable
    Variable    Coefficient   Increase       Decrease
       desks     60.00000     20.00000       4.000000
      tables     30.00000     5.000000       INFINITY
      chairs     20.00000     2.500000       5.000000
```

```
                    Righthand Side Ranges
    Row        Current       Allowable        Allowable
                 RHS         Increase         Decrease
    timber     48.00000      INFINITY         24.00000
  painters     20.00000      4.000000         4.000000
 carpentry     8.000000      2.000000         1.333333
     table     5.000000      INFINITY         5.000000
```

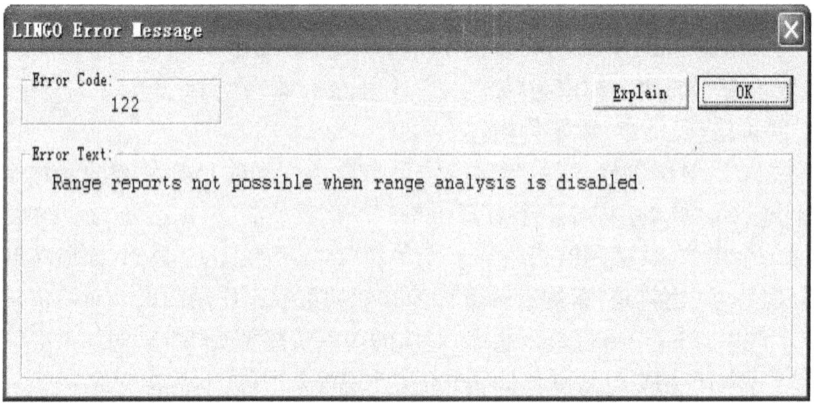

图 10-6   无法提取"灵敏度分析"的提示

如果上述操作出现如图 10-6 所示的提示窗口,表明"灵敏度分析"功能没有激活,应该先按 10.6.1 小节的方法设置后重新运行程序,再提取. 灵敏度分析报告解读如下.

1. 目标函数系数的变化范围

目标函数中变量 desks 原来的费用系数为 60,允许增加(Allowable Increase)20、允许减少(Allowable Decrease)4,说明当它在$[60-4,60+20]=[56,80]$内变化时,最优基保持不变. 对变量 tables,chairs 也可以类似地解释. 由于此时约束条件没有变化(只是目标函数中某个费用系数发生变化),所以最优基保持不变的意思也就是最优解不变(当然,由于目标函数中费用系数发生了变化,所以最优值是会变化的).

2. 约束条件右端项的变化范围

Timber 行约束中右端项(Righthand Side,RHS)当前值为 48,当它在区间$[48-24,48+\infty)=[24,\infty)$内变化时,最优基保持不变. 其余行也可以类似地解释. 然而,由于此时约束条件发生变化,最优基虽然不变,最优解、最优值要发生变化.

灵敏性分析报告表示的是最优基保持不变时决策变量的系数的变化范围. 由此,也可以进一步确定当目标函数的费用系数和约束条件的右端项发生小的变化时,最优基和最优解、最优值的变化情况. 下面再通过求解一个实际问题来进行说明.

例 10.19   一奶制品加工厂用牛奶生产 A_1,A_2 两种奶制品,一桶牛奶可以在甲车间用 12h 加工成 3kg A_1,或者在乙车间用 8h 加工成 4kg A_2. 根据市场需求,生产的 A_1,A_2 全部能售出,并且每公斤 A_1 获利 24 元,每公斤 A_2 获利 16 元. 现在加工厂每天能得到 50 桶牛奶的供应,每天正式工人总的劳动时间 480h,并且甲车间每天至多能加工 100kg A_1,乙车间的加工能力没有限制. 试为该厂制订一个生产计划,使每天获利最大,并进一步讨论以下三个附加问题:

(1) 若用 35 元可以买到一桶牛奶,是否应该做这项投资? 若投资,每天最多购买多少桶牛奶?

(2) 若可以聘用临时工人以增加劳动时间,付给临时工人的工资最多是每小时几元?

(3) 由于市场需求变化,每公斤 A_1 的获利增加到 30 元,是否应该改变生产计划?

1. 模型程序代码

```
Model:
    [OBJECT]max=72*x1+64*x2;
    [MILK]x1+x2<=50;
    [TIME]12*x1+8*x2<=480;
    [SHOP]3*x1<=100;
End
```

2. 求解结果报告

```
Global optimal solution found.
    Objective value:                        3360.000
    Total solver iterations:                       2
    Variable          Value           Reduced Cost
    X1             20.00000            0.000000
    X2             30.00000            0.000000
    Row       Slack or Surplus        Dual Price
    OBJECT        3360.000            1.000000
      MILK        0.000000           48.00000
      TIME        0.000000            2.000000
      SHOP       40.00000            0.000000
```

3. 灵敏性分析报告

```
Ranges in which the basis is unchanged:
                    Objective Coefficient Ranges
                  Current          Allowable        Allowable
    Variable    Coefficient        Increase          Decrease
    x1           72.00000          24.00000          8.000000
    x2           64.00000          8.000000         16.00000
```

Righthand Side Ranges

Row	Current RHS	Allowable Increase	Allowable Decrease
MILK	50.00000	10.00000	6.666667
TIME	480.0000	53.33333	80.00000
SHOP	100.0000	INFINITY	40.00000

4. 报告解读

在求解结果报告中,可以读出职下信息:

(1) 目标函数值.

第 1 行"Global optimal solution found."表示本程序获得全局最优解;

第 2 行"Objective value: 3360.000"表示最优值为 3360;

第 3 行"Total solver iterations: 2"表示求解过程共进行了 2 次迭代;

(2) 决策变量.

第 4-6 行给出在最优解下各变量的取值分别为 20、30;

上述结果表明:这个线性规划的最优解为 $x_1=20$,$x_2=30$,最优值为 $z=3360$,即用 20 桶牛奶生产 A_1,30 桶牛奶生产 A_2,可获最大利润 3360 元.

(3) 紧约束与松约束.

三个约束条件的右端不妨看作三种"资源":原料、劳动时间、车间甲的加工能力. 从 7-11 行可知,输出中 Slack or Surplus 的取值就是对应资源的剩余值,因此,Slack or Surplus 取零的约束就是紧约束,本例中是 MILK 与 TIME;Slack or Surplus 取非零的约束就是松约束,本例中的 SHOP 在最优解下还有 40 个单位的剩余. 总之,报告显示:原料(即牛奶)、劳动时间的剩余均为零,车间甲尚余 40(公斤)的加工能力.

(4) 对偶价格.

目标函数可以看作"效益",成为紧约束的"资源"一旦增加,"效益"必然跟着增长. 求解报告中 Dual Prices 给出在最优解下这三种"资源"分别增加一个单位时"效益"的增量:原料增加一个单位(1 桶牛奶)时利润增长 48 个单位(元),劳动时间增加一个单位(1h)时利润增长 2 个单位(元),而增加非紧约束车间甲的能力显然不会使利润增长. 这里,"效益"的增量可以看作"资源"的潜在价值,经济学上称之为影子价格,即一桶牛奶的影子价格为 48 元,1h 劳动力的影子价格为 2 元,车间甲的影子价格为零. 读者可以用直接求解的办法验证上面的结论,也就是将程序中原料约束[MILK]行右端的 50 改为 51,看看求解得到的最优值(利润)是否恰好增长 48(元). 用影子价格的概念很容易回答附加问题(1):当"用 35 元可以买到一桶牛奶"时,由于 35 元低于一桶牛奶的影子价格 48 元,当然应该做这项投资. 回答附加问题(2):聘用临时工人以增加劳动时间,付给的工资低于劳动时间的影子价格才可以增加利润,所以工资最多是每小时 2 元.

(5) 目标函数系数的变化范围.

目标函数的系数发生变化时(假定约束条件不变),最优解和最优值会改变吗? 这个问题不能简单地回答. 灵敏性分析报告给出了最优基不变的条件下目标函数系数的允许变化范围：x_1 的系数为 $(72-8,72+24)=(64,96)$；x_2 的系数为 $(64-16,64+8)=(48,72)$. 注意：允许 x_1 的系数在指定范围变化时，需要 x_2 的系数 64 不变，反之也成立. 由于目标函数的费用系数变化并不影响约束条件，因此，此时最优基不变，也就能保证最优解也不变，但最优值一般要变化. 用这个结果很容易回答附加问题(3)：若每公斤 A_1 的获利增加到 30 元，则 x_1 系数变为 $30×3=90$，还在允许范围内，所以不应改变生产计划，但最优值变为 $90×20+64×30=3720$.

（6）约束条件右端项的变化范围.

下面对"资源"的影子价格作进一步的分析. 影子价格的作用（即在最优解下"资源"增加一个单位时"效益"的增量）是有限制的. 每增加一桶牛奶，利润增长 48 元（影子价格），但是上面输出的 CURRENT RHS 的 ALLOWABLE INCREASE 和 ALLOWABLE DECREASE 给出了影子价格有意义条件下约束右端的限制范围：原料[MILK]最多增加 10（桶牛奶），劳动时间[TIME]最多增加 53(h). 现在可以回答附加问题(1)的第 2 问：虽然应该批准用 35 元买一桶牛奶的投资，但每天最多购买 10 桶牛奶. 顺便地说，可以用低于每小时 2 元的工资聘用临时工人以增加劳动时间，但最多增加 53.3333h.

需要注意的是，灵敏性分析给出的只是最优基保持不变的充分条件，而不一定是必要条件. 例如，对于上面的问题，"原料最多增加 10（桶牛奶）"的含义只能是"原料增加 10（桶牛奶）"时最优基保持不变，所以影子价格有意义，即利润的增加大于牛奶的投资. 反过来，原料增加超过 10（桶牛奶），影子价格是否一定没有意义？最优基是否一定改变？一般来说，这是不能从灵敏性分析报告中直接得到的. 此时，应该用新数据重新求解规划模型，才能作出判断. 因此，从正常理解的角度来看，上面回答"原料最多增加 10（桶牛奶）"并不是完全科学的.

第 11 章　LINGO 软件中的运算符及常用函数

有了前几章的基础知识,再加上本章的内容,就能够借助于 LINGO 建立并求解复杂的优化模型了.

LINGO 包含 3 种类型的运算符及 8 种类型的函数,具体如下:

(1) 基本运算符:算术运算符、逻辑运算符和关系运算符;

(2) 数学函数:常规的数学函数;

(3) 金融函数:两种在金融中求资金现值的函数;

(4) 概率函数:大量与概率相关的函数;

(5) 变量界定函数:这类函数用来定义变量的取值范围;

(6) 集操作函数:这类函数对集的操作提供帮助;

(7) 集循环函数:遍历集的元素、对集执行一定操作的函数;

(8) 数据输入输出函数:这类函数允许模型和外部数据源相联系,进行数据的输入输出;

(9) 辅助函数:各种杂类函数.

11.1　基本运算符

这些运算符是非常基本的,但在 LINGO 中,它们是非常重要的.

11.1.1　算术运算符

算术运算符是针对数值进行操作的. LINGO 提供了如下 5 种二元运算符:

(1) ^　乘方;

(2) *　乘;

(3) /　除;

(4) +　加;

(5) -　减.

LINGO 唯一的一元算术运算符是取反运算"-".

这些运算符的优先级由高到低排列如下:

高　-　(取反)

　　^

　　* /

低　+ -

运算符的运算次序为从左到右按优先级高低来执行. 运算的次序可以用圆括号"( )"来改变.

例 11.1 算术运算符示例.

$2-5/3,(2+4)/5$ 等.

11.1.2 逻辑运算符

在 LINGO 中,逻辑运算符主要用于集循环函数的条件表达式中,用来控制函数对哪些成员起作用,见 11.7 节. 也可用于在创建稀疏集时用在成员资格过滤器中,用来控制在派生集中哪些集成员被包含,哪些被排斥,见 10.2.4 小节.

LINGO 具有 9 种逻辑运算符,如表 11-1 所示.

表 11-1 9 种逻辑运算符及其意义

运算符	数学符号	意义
#not#		否定操作数的逻辑值,#not#是一个一元运算符
#eq#	=	若两个运算数相等,则为 true;否则为 flase
#ne#	≠	若两个运算数不相等,则为 true;否则为 flase
#gt#	>	若左边的运算数严格大于右边的运算数,则为 true;否则为 flase
#ge#	>=	若左边的运算数大于或等于右边的运算数,则为 true;否则为 flase
#lt#	<	若左边的运算数严格小于右边的运算数,则为 true;否则为 flase
#le#	<=	若左边的运算数小于或等于右边的运算数,则为 true;否则为 flase
#and#		仅当两个参数都为 true 时,结果为 true;否则为 flase
#or#		仅当两个参数都为 false 时,结果为 false;否则为 true

这些运算符的运算优先级由高到低排列如下:

高　#not#

　　#eq#　#ne#　#gt#　#ge#　#lt#　#le#

低　#and#　#or#

例 11.2 逻辑运算符示例.

2#gt# 3#and# 4#gt#2.由于 2#gt# 3 为假,4# gt#2 为真,所以最后结果为假(0).

11.1.3 关系运算符

在 LINGO 中,关系运算符主要是被用在模型中,用来指定一个表达式的左边是否等于、小于等于或大于等于右边,形成模型的一个约束条件.

LINGO 有三种关系运算符:"=""<="和">=". LINGO 中还可以用"<"表示小于等于关系,">"表示大于等于关系,LINGO 并不支持严格小于和严格大于关系运算符. 然而,如果需要严格小于和严格大于关系,如让 A 严格小于 B:$A<B$,那么可以把它变成如下的小于等于表达式:$A+\varepsilon<=B$,这里 ε 是一个小的正数,它的值依赖于模型中 A 小于 B 多少才算不等.

这些运算符处于同一优先级.

关系运算符与逻辑运算符#eq# 、#le# 、#ge# 截然不同,前者是模型中该关系运算符所指定关系的为真描述,而后者仅仅判断该关系是否被满足:满足为真,不满足为假.

下面给出以上三类操作符的优先级.

高　#not#-(取反)

　　^

　*/

　+ -

　#eq#　#ne#　#gt#　#ge#　#lt#　#le#

　#and#　#or#

低　<==>=

11.2　数 学 函 数

LINGO 提供了大量的标准数学函数:一般格式为@f(x).

@abs(x)　　　　　　　　　返回 x 的绝对值.

@sin(x)　　　　　　　　　返回 x 的正弦值,x 采用弧度制.

@cos(x)　　　　　　　　　返回 x 的余弦值,x 采用弧度制.

@tan(x)　　　　　　　　　返回 x 的正切值,x 采用弧度制.

@exp(x)　　　　　　　　　返回常数 e 的 x 次方.

@log(x)　　　　　　　　　返回 x 的自然对数值.

@lgm(x)　　　　　　　　　返回 x 的 Gamma(伽玛)函数的自然对数.

@sign(x)　　　　　　　　符号函数,如果 $x<0$,返回 -1;如果 $x>0$,返回 1,如果 $x=0$,返回 0.

@floor(x),　　　　　　　地板函数,返回 x 的整数部分. 当 $x \geqslant 0$ 时,返回不超过 x 的最大整数;当 $x<0$ 时,返回不低于 x 的最小整数. 事实上,该函数按绝对值减少的方向去尾舍入,与 C 语言中的函数 floor(x) 有所不同.

@smax(x1,x2,…,xn)　　　最大值函数,返回 $x_1,x_2,\cdots,x_n$ 中的最大值.

@smin(x1,x2,…,xn)　　　最小值函数,返回 $x_1,x_2,\cdots,x_n$ 中的最小值.

上述函数可以通过如下程序进行验证.

```
Model:
     y= @floor(x);
     @free(x);@free(y);
   Data:
     x= 3.7;
   Enddata
End
```

令 x 取不同的值,并修改 y 的表达式中的函数,再运行查看结果,即可检验上述函数的正确性.

例 11.3　给定一个直角三角形,求包含该三角形的最小正方形.

如图 11-1 所示，设直角三角形的两个直角边分别为 a,b，则

$$CE=a\sin x, \quad AD=b\cos x, \quad DE=a\cos x+b\sin x,$$

求最小的正方形就相当于求如下的最优化问题：

min max$\{CE,AD,DE\}$

s. t. $0\leqslant x\leqslant\dfrac{\pi}{2}$

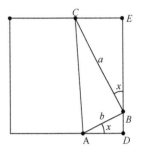

图 11-1　直角三角形的
外接正方形

LINGO 程序如下：

```
Model:
    Sets:
      object/1..3/:f;
    Endsets
    Data:
      a,b= 3,4;!a,b 为两个直角边长;
    Enddata
      f(1)=a*@sin(x);
      f(2)=b*@cos(x);
      f(3)=a*@cos(x)+b*@sin(x);
      min=@smax(f(1),f(2),f(3));
      @bnd(0,x,1.57);
End
```

在上面的代码中用到了函数@bnd,见 11.5 节. 运行结果为

```
Linearization components added:
    Constraints:                 7
    Variables:                   4
    Integers:                    3


  Local optimal solution found.
  Objective value:              3.880570
  Extended solver steps:         2
  Total solver iterations:       37


    Variable          Value            Reduced Cost
    A               3.000000             0.000000
    B               4.000000             0.000000
    X               0.2449787            0.000000
    F(1)            0.7276069            0.000000
    F(2)            3.880570             0.000000
    F(3)            3.880570             0.000000
```

说明:由"objective value:3.880570"知,对于直角边边长为 3,4 的直角三角形,所求最小正方形边长约为 3.88.

将程序中的 a,b 分别改为 5,7,再次运行得

```
Linearization components added:
  Constraints:                        7
  Variables:                          4
  Integers:                           3

Local optimal solution found.
Objective value:                    6.730668
Extended solver steps:              2
Total solver iterations:            39
```

Variable	Value	Reduced Cost
A	5.000000	0.000000
B	7.000000	0.000000
X	0.2782997	0.000000
F(1)	1.373606	0.000000
F(2)	6.730668	0.000000
F(3)	6.730668	0.000000

结果表明,对于直角边边长分别为 5,7 的直角三角形,所求最小正方形边长约为 6.73.

11.3 金 融 函 数

LINGO 系统目前提供了两个金融函数.

11.3.1 @fpa(I,n)

返回如下情形的净现值:单位时段利率为 I,连续 n 个时段支付,每个时段支付单位费用. 若每个时段支付 x 单位的费用,则净现值可用 x 乘以 @fpa(I,n) 计算出来. @fpa 的计算公式为

$$\sum_{k=1}^{n} \frac{1}{(1+I)^k} = \frac{1-(1+I)^{-n}}{I}.$$

公式推导过程如下:设第 k 期支付 1 个单位货币的现值为 a_k,则 $a_k(1+I)^k=1$,由此解出 $a_k = \frac{1}{(1+I)^k}$,于是前 n 期的总现值为

$$A = a_1 + a_2 + \cdots + a_n = \sum_{k=1}^{n} \frac{1}{(1+I)^k} = \frac{\frac{1}{1+I} - \left(\frac{1}{1+I}\right)^{n+1}}{1-\frac{1}{1+I}} = \frac{1-(1+I)^{-n}}{I}.$$

净现值就是在一定时期内为了获得一定收益在该时期初所支付的实际费用.

例 11.4 贷款买房问题. 贷款金额 50000 元, 贷款年利率 5.31%, 采取分期付款方式(每年年末偿还固定金额, 直至还清). 问拟贷款 10 年, 每年需偿还多少元?

LINGO 代码如下:

```
Model:
  50000= x * @fpa(.0531,10);
End
```

通过 LINGO 求得答案为 $x=6573.069$ 元.

11.3.2 @fpl(I,n)

返回如下情形的净现值: 单位时段利率为 I, 第 n 个时段支付单位费用. @fpl(I,n) 的计算公式为

$$(1+I)^{-n}.$$

细心的读者可以发现这两个函数间的关系如下:

$$@fpa(I,n) = \sum_{k=1}^{n} @fpl(I,k).$$

11.4 概 率 函 数

设 X 是一个随机变量, x 是任意实数, 函数 $F(x)=P\{X \leqslant x\}$ 称为 X 的分布函数(也叫累积分布函数). LINGO 为了建立各种随机模型, 给出了常见分布的分布函数.

1. @pbn(p,n,x)

二项分布的分布函数. 当 n 或 x 不是整数时, 用线性插值法进行计算.

2. @pcx(n,x)

自由度为 n 的 χ^2 分布的分布函数.

3. @peb(a,x)

当到达负荷为 a, 服务系统有 x 个服务器且允许无穷排队时的 Erlang 繁忙概率.

4. @pel(a,x)

当到达负荷为 a, 服务系统有 x 个服务器且不允许排队时的 Erlang 繁忙概率.

5. @pfd(n,d,x)

自由度为 n 和 d 的 F 分布的分布函数.

6. @pfs(a,x,c)

当负荷上限为 a, 顾客数为 c, 平行服务器数量为 x 时有限源的 Poisson 服务系统的

等待或返修顾客数的期望值. a 是顾客数乘以平均服务时间,再除以平均返修时间. 当 c 或 x 不是整数时,采用线性插值进行计算.

7. @phg(pop,g,n,x)

超几何分布的分布函数. pop 表示产品总数,g 是正品数. 从所有产品中任意取出 $n(n\leqslant pop)$ 件,其中有 x 件是正品的概率. pop,g,n 和 x 都可以是非整数,这时采用线性插值进行计算.

8. @ppl(a,x)

Poisson 分布的线性损失函数,即返回 $\max\{0,z-x\}$ 的期望值,其中随机变量 z 服从均值为 a 的 Poisson 分布.

9. @pps(a,x)

均值为 a 的 Poisson 分布的分布函数. 当 x 不是整数时,采用线性插值进行计算.

10. @psl(x)

单位正态线性损失函数,即返回 $\max\{0,z-x\}$ 的期望值,其中随机变量 z 服从标准正态分布.

11. @psn(x)

标准正态分布的分布函数.

12. @ptd(n,x)

自由度为 n 的 t 分布的分布函数.

13. @qrand(seed)

产生服从 $(0,1)$ 区间的拟随机数. @qrand 只允许在模型的数据段使用,它将用拟随机数填满集的属性. 通常声明一个 $m\times n$ 的二维表,m 表示运行中实验的次数,n 表示每次实验所需的随机数的个数. 在行内,随机数是独立分布的;在行间,随机数是均匀分布的. 模型中的参数不能用此函数赋值(参看 10.3.2).

例 11.5 产生一个 4×2 的随机数表.

```
Model:
    Data:
      M=4; N=2; seed=1234567;  !此处 seed 是随机数种子;
    Enddata
    Sets:
      rows/1..M/;
      cols/1..N/;
```

```
        table(rows,cols):x;
    Endsets
    Data:
       X=@qrand(seed);
    Enddata
End
```
运行结果为

Variable	Value
M	4.000000
N	2.000000
SEED	1234567.
X(1,1)	0.2085788
X(1,2)	0.1381721
X(2,1)	0.6283858
X(2,2)	0.2530084
X(3,1)	0.3767461
X(3,2)	0.7546936
X(4,1)	0.9335576
X(4,2)	0.5737700

如果没有为函数@qrand指定随机数种子,那么 LINGO 将用系统时间作为随机数构造种子.

14. @rand(seed)

返回 $0\sim1$ 的伪随机数,依赖于指定的种子. 典型用法是 $U(I+1)=@rand(U(I))$. 注意:如果 seed 不变,那么产生的随机数也不变.

例 11.6　利用@rand产生 15 个标准正态分布的随机数和自由度为 2 的 t 分布的随机数.

```
Model:
     !产生一列正态分布和 t 分布的随机数;
   Sets:
     series/1..15/:u,znorm,zt;
   Endsets
     !第一个均匀分布随机数是任意的;
     u(1)=@rand(.1234);
     !产生其余的均匀分布的随机数;
     @for(series(I)|I#GT#1:u(I)=@rand(u(I-1)));
     @for(series(I):
     !正态分布随机数;
     @psn(znorm(I))=u(I);
```

```
      ！自由度为 2 的 t 分布随机数；
      @ptd(2,zt(I))= u(I);
      ！znorm 和 zt 可以是负数；
      @free(znorm(I));@free(zt(I));
      );
  End
```

运行结果为

Variable	Value
U(1)	0.3552309
U(2)	0.4020910
U(3)	0.6675038
U(4)	0.7715732
U(5)	0.3196386
U(6)	0.4183410
U(7)	0.2795288E-01
U(8)	0.1066621
U(9)	0.2619716
U(10)	0.9876259
U(11)	0.5957522
U(12)	0.7012478
U(13)	0.8887449
U(14)	0.9135782
U(15)	0.6174043
znorm(1)	-0.3712361
znorm(2)	-0.2479387
znorm(3)	0.4330309
znorm(4)	0.7440377
znorm(5)	-0.4687097
znorm(6)	-0.2061395
znorm(7)	-1.911769
znorm(8)	-1.244477
znorm(9)	-0.6372786
znorm(10)	2.245308
znorm(11)	0.2423674
znorm(12)	0.5279927
znorm(13)	1.219881
znorm(14)	1.363124
znorm(15)	0.2986708

zt(1)	- 0.4277928
zt(2)	- 0.2823957
zt(3)	0.5028280
zt(4)	0.9148290
zt(5)	- 0.5469645
zt(6)	- 0.2341098
zt(7)	- 4.049892
zt(8)	- 1.802055
zt(9)	- 0.7655615
zt(10)	6.238039
zt(11)	0.2759352
zt(12)	0.6218059
zt(13)	1.748362
zt(14)	2.081557
zt(15)	0.3416208

11.5　变量界定函数

变量界定函数实现对变量取值范围的附加限制,共有 4 个变量界定函数:

@bin(x)　　　　　　　限制变量 x 为 0 或 1.

@bnd(L,x,U)　　　　　限制 $L \leqslant x \leqslant U$.

@free(x)　　　　　　取消对变量 x 的默认下界为 0 的限制,使 x 可以取任意实数.

@gin(x)　　　　　　限制 x 为整数.

在默认情况下,LINGO 规定变量是非负的实数,也就是说,下界为 0,上界为 $+\infty$. @free 取消了默认下界为 0 的限制,使变量也可以取负值. @bnd 用于设定一个变量的上下界,利用它也可以取消默认下界为 0 的约束.

11.6　集操作函数

LINGO 提供了几个函数用于帮助处理集.

11.6.1　@in

@in 函数的语法:@in(set_name,primitive_index_1[,primitive_index_2,…]),如果元素在指定集中,返回 1;否则,返回 0.

例 11.7　全集为 I,B 是 I 的一个子集,C 是 B 的补集.

```
Sets:
  I/x1..x4/:x;
```

```
    B(I)/x2/:y;
    C(I)|# not# @ in(B,&1):z;
  Endsets
```

运行的部分结果为

Variable	Value
X(X1)	1.234568
X(X2)	1.234568
X(X3)	1.234568
X(X4)	1.234568
Y(X2)	1.234568
Z(X1)	1.234568
Z(X3)	1.234568
Z(X4)	1.234568

从结果可见,C 是 B 的补集.

11.6.2　@index

@index 函数的语法为:@ index([set_name,] primitive_set_element).

该函数返回在集 set_name 中原始集成员_set_element 的索引. 如果忽略 set_name, 那么 LINGO 将返回与 primitive_set_element 匹配的**第一个原始集**成员的索引. 如果程序中任何原始集都不含元素 primitive_set_element,则程序运行时将产生一个错误.

下面的例子表明,有时为@index 指定集是必要的.

例 11.8　@index 中是否指定集的比较.

```
Sets:
  girls/debble,sue,alice/;
  boys/bob,joe,sue,fred/;
Endsets
I1=@ index(sue);
I2=@ index(boys,sue);
```

运行结果如下:I_1 的值是 2. 这表明 sue 是集 girls 的第二个元素;I_2 的值是 3;这表明 I_2 的表达式指定了集 boys,得出 sue 是集 boys 的第三个元素.

建议在使用@index 函数时最好指定集.

例 11.9　如何确定集成员 (B,Y) 属于派生集 s_3.

```
Sets:
  S1/A B C/;
  S2/X Y Z/;
  S3(S1,S2)/A X,A Z,B Y,C X/;
Endsets
X=@ in(S3,@ index(S1,B),@ index(S2,Y));
```

运行结果返回 X 的值为 1，表明 (B,Y) 属于派生集 S_3.

11.6.3　@wrap

@wrap 函数的语法：@wrap(index,limit).

该函数返回 $j=\mathrm{index}-k*\mathrm{limit}$，其中 k 是一个整数，取适当的 k 值保证 j 落在区间 $[1,\mathrm{limit}]$ 内. 该函数相当于 index 模 limit 再加 1. 该函数在循环、多阶段计划编制中特别有用.

11.6.4　@size

@size 函数的语法：@size(set_name).

该函数返回名为"set_name"的集里的成员个数. 如果在模型中需要明确给出集的大小时，最好使用该函数. 它的使用使模型更具数据独立性，当集的大小改变时也更容易对程序进行维护.

11.7　集循环函数

集循环函数遍历整个集进行操作. 其语法为

@function(setname[(set_index_list)[|conditional_qualifier]]:
expression_list);

其中，@function 相应于下面罗列的 5 个集循环函数之一：

@for 循环；@sum 求和；@min 求最小值；@max 求最大值；@prod 求积.

setname 是要遍历的集；

set_index_list 是集索引列表；

conditional_qualifier 用来限制集循环函数的作用范围，当集循环函数遍历集的每个成员时，LINGO 都要对 conditional_qualifier 进行评价. 若结果为真，则对该成员执行@function 操作；否则，跳过对该成员的操作，继续执行下一次循环.

expression_list 是被应用到每个集成员的表达式列表，当用的是@for 函数时，expression_list 可以包含多个表达式，其间用逗号隔开. 这些表达式将被作为约束条件加到模型中. 当使用其余的 4 个集循环函数时，expression_list 只能有一个表达式. 如果省略 set_index_list，那么在 expression_list 中引用的所有属性的类型都是 setname 集.

11.7.1　@for

@for 函数用来产生对集成员的约束. 基于建模语言的参数需要显式输入每个约束，然而，@for 函数允许只输入一个约束，然后 LINGO 自动产生每个集成员的约束.

例 11.10　产生通项为 n^2 的数列的前 5 项 $\{1,4,9,16,25\}$.

```
Model:
    Sets:
        number/1..5/:x;
    Endsets
```

```
    @for(number(I):x(I)=I^2);
    End
```
运行的部分结果为
```
Variable                    Value
    X(1)                    1.000000
    X(2)                    4.000000
    X(3)                    9.000000
    X(4)                    16.00000
    X(5)                    25.00000
```

11.7.2　@sum

@sum 函数返回遍历指定的集成员的一个表达式的和.

例 11.11　求向量{5,1,3,4,6,10}前 5 个数的和.
```
Model:
    Data:
            N=6;                                !定义一个常数;
    Enddata
    Sets:
      number/1..N/:x;
    Endsets
    Data:
      x=5,1,3,4,6,10;
    Enddata
      s=@sum(number(I) |I#le#5:x);!属性 x 在集合 number 上求和;
    End
```
运行的部分结果为
```
N           6.000000
S           19.00000
```

11.7.3　@prod

@prod 函数返回遍历指定的集成员的一个表达式的积.

若将前例中的 sum 改为 prod,则结果为向量前{5,1,3,4,6,10}5 个数的积 S=360.

11.7.4　@min 或@max

返回指定的集成员的一个表达式的最小值或最大值.

例 11.12　求向量{5,1,3,4,6,10}前 5 个数的最小值,后 3 个数的最大值.
```
Model:
    Data:
```

```
      N=6;
   Enddata
   Sets:
     number/1..N/:x;
   Endsets
   Data:
     x=5 1 3 4 6 10;
   Enddata
     minv=@ min(number(I)|I#le#5:x);
     maxv=@ max(number(I)|I#ge#N- 2:x);
End
```

运行的部分结果为 MINV　　　　1.000000;　　　　MAXV　　　　10.00000.

下面看一个稍微复杂一点的例子.

例 11.13 职员时序安排模型. 一项工作(如护士工作), 一周 7 天都需要有人,每天(周一至周日)所需的最少职员数为 20、16、13、16、19、14、12,并要求每个职员一周连续工作 5 天,试求每周所需最少职员数,并给出安排. 注意:这里考虑稳定后的情况.

设从第 i 天开始工作的人数为 x_i,每天工作人数总和等情况如表 11-2 所示.

表 11-2　每天开始工作人数(变量 x_i)及每天需求总人数

一	二	三	四	五	六	七
x_1	x_1	x_1	x_1	x_1		
	x_2	x_2	x_2	x_2	x_2	
		x_3	x_3	x_3	x_3	x_3
x_4			x_4	x_4	x_4	x_4
x_5	x_5			x_5	x_5	x_5
x_6	x_6	x_6			x_6	x_6
x_7	x_7	x_7	x_7			x_7
20	16	13	16	19	14	12

约束条件的形成过程如下:

周五的人数要求最容易写,即

$$x_1 + x_2 + x_3 + x_4 + x_5 \geqslant 19 \quad 或 \quad \sum_{i=1}^{5} x(i) \geqslant \text{required}(5).$$

类似地,周六及周日的人数要求可以写成

$$x_2 + x_3 + x_4 + x_5 + x_6 \geqslant 14 \quad 或 \quad \sum_{i=2}^{6} x(i) \geqslant \text{required}(6)$$

$$或 \quad \sum_{i=1}^{5} x(i+1) \geqslant \text{required}(6).$$

$$x_3 + x_4 + x_5 + x_6 + x_7 \geqslant 12 \quad 或 \quad \sum_{i=3}^{7} x(i) \geqslant \text{required}(7)$$

$$或 \quad \sum_{i=1}^{5} x(i+2) \geqslant required(7).$$

周一的人数要求就不好表示了. 但如果把 x_1 当成 x_8, 仍有

$$x_4 + x_5 + x_6 + x_7 + x_8 \geqslant 20,$$

$$或 \quad \sum_{i=4}^{8} x(i) \geqslant required(1).$$

为了能找到一个通用的求和表达式,
对上式进行下标变量的代换可得

$$\sum_{i=1}^{5} x(i+3) \geqslant required(1).$$

类似地, 周二的人数要求是

$$\sum_{i=5}^{9} x(i) \geqslant required(2), 即 \sum_{i=1}^{5} x(i+4) \geqslant required(2).$$

周三的人数要求是

$$\sum_{i=1}^{5} x(i+5) \geqslant required(3).$$

周四的人数要求是

$$\sum_{i=1}^{5} x(i+6) \geqslant required(4).$$

注意到 x 的下标后面加的数比 required 的下标多 2, 可得一般表达式

$$\sum_{i=1}^{5} x(i+j+2) \geqslant required(j), \quad j = 1, 2, \cdots, 7.$$

最后再考虑到 x 的下标大于 7 后无意义 (下标越界), 利用函数 @wrap(k,m) 可使下标不超过 m. 最后得

$$\sum_{i=1}^{5} x[\, @wrap(i+j+2, 7)\,] \geqslant required(j), \quad j = 1, 2, \cdots, 7.$$

程序中用 start(i) 表示 $x(i)$.

```
Model:
    Sets:
        days/mon..sun/:required,start;
    Endsets
    Data:
        !每天所需的最少职员数;
        required=20 16 13 16 19 14 12;
    Enddata
    !最小化每周所需职员数;
    min=@sum(days:start);
    @for(days(j):
        @sum(days(i) | i#le#5:
```

```
        start (@wrap (i+ j+ 2,7))) >=required(j)
    );
```

End

计算的部分结果为

Global optimal solution found at iteration:　　　　　0
　 Objective value:　　　　　　　　　　　　　　22.00000

Variable	Value	Reduced Cost
REQUIRED(MON)	20.00000	0.000000
REQUIRED(TUE)	16.00000	0.000000
REQUIRED(WED)	13.00000	0.000000
REQUIRED(THU)	16.00000	0.000000
REQUIRED(FRI)	19.00000	0.000000
REQUIRED(SAT)	14.00000	0.000000
REQUIRED(SUN)	12.00000	0.000000
START(MON)	8.000000	0.000000
START(TUE)	2.000000	0.000000
START(WED)	0.000000	0.3333333
START(THU)	6.000000	0.000000
START(FRI)	3.000000	0.000000
START(SAT)	3.000000	0.000000
START(SUN)	0.000000	0.000000

因此, 解决方案如下: 每周最少需要 22 个职员, 安排 8 人从周一开始上班, 安排 2 人从周二开始上班, 周三无须安排从那天开始上班的人, 安排 6 人从周四开始上班, 安排 3 人从周五开始上班, 安排 3 人从周六开始上班, 周日无须安排从那天开始上班的人. 由此安排, 每天工作人数如表 11-3 所示.

表 11-3　每天开始工作人数及每天需求总人数

开始上班时间	一	二	三	四	五	六	七
周一	8	8	8	8	8		
周二		2	2	2	2	2	
周三			0	0	0	0	0
周四	6			6	6	6	6
周五	3	3			3	3	3
周六	3	3	3			3	3
周日	0	0	0	0			0
每天上班总人数	20	16	13	16	19	14	12

经对照发现, 每天上班人数刚好满足每天的要求.

11.8　输入和输出函数

输入和输出函数可以把程序和外部数据文件(如文本文件、数据库文件和电子表格文件等)连接起来,实现程序与数据分离.

11.8.1　@file 函数

@file 函数用于从外部文件中读取数据,可以放在程序中的任何地方. 该函数的语法格式为@file('filename').这里 filename 是文件名,可以采用相对路径和绝对路径两种表示方式. @file 函数对同一文件的两种表示方式的处理和对两个不同文件的处理是一样的,这一点必须注意.

例 11.14　用例 10.2 来说明@file 函数的用法.

注意到在例 10.2 的编码中有两处涉及数据. 第一个地方是集合段的 6 个 warehouses 集成员和 8 个 vendors 集成员;第二个地方是数据段的 capacity,demand和 cost 数据.

为了使数据和程序完全分开,把数据移到系统外部的文本文件中. 首先做好数据的准备工作.建立一个文件 1_2. txt,其中的内容及格式为

```
!warehouses 成员;
WH1 WH2 WH3 WH4 WH5 WH6~
!vendors 成员;
V1 V2 V3 V4 V5 V6 V7 V8 ~
!产量;
60 55 51 43 41 52 ~
!销量;
35 37 22 32 41 32 43 38 ~
!单位运输费用矩阵;
6 2 6 7 4 2 5 9
4 9 5 3 8 5 8 2
5 2 1 9 7 4 3 3
7 6 7 3 9 2 7 1
2 3 9 5 7 2 6 5
5 5 2 2 8 1 4 3
```

文件中,每一行即为一条记录,每条记录结束处必须有一个记录结束标记"~",最后一条记录末可以没有记录结束标记. 如果数据文件中没有记录结束标记,那么整个文件被看作单个记录. 注意到除了记录结束标记外,此处文本文件里的数据及格式与把它们直接放在程序里是一样的.

修改程序代码以便于用@file 函数把数据从文本文件 1_2. txt 中读取到程序中来. 修改后(修改过的代码用黑体加粗以示区分)的模型代码如下:

```
Model:
    !6 发点 8 收点运输问题;
    Sets:
      warehouses/ @file('1_2.txt') /:capacity;
      vendors/ @file('1_2.txt') /:demand;
      links(warehouses,vendors):cost,volume;
    Endsets
    !目标函数;
      min=@sum(links:cost * volume);
    !需求约束;
      @for(vendors(J):
        @sum(warehouses(I):volume(I,J))=demand(J));
        !产量约束;
      @for(warehouses(I):
        @sum(vendors(J):volume(I,J))< =capacity(I));
    !这里是数据;
    Data:
      capacity=@file('1_2.txt');
      demand=@file('1_2.txt');
      cost=@file('1_2.txt');
    Enddata
End
```

程序中 5 次出现@file('1_2.txt'),而文本文件 1_2.txt 中正好有 5 个记录,下面来看一下在数据文件中的记录结束标记连同程序中@file 函数调用是如何工作的. 当在程序中第一次调用@file函数时,LINGO 打开数据文件,然后读取第一个记录;第二次调用@file 函数时,LINGO 读取第二个记录等. 文件的最后一条记录末可以没有记录结束标记,当遇到文件结束标记时,LINGO 会读取最后一条记录后关闭文件. 如果最后一条记录也有记录结束标记,那么直到 LINGO 运行完当前程序后才关闭该文件. 如果多个文件保持打开状态,则有可能会导致一些问题,因为这可能会使同时打开的文件总数超过系统允许同时打开文件数的上限 16,因此,建议在文本文件的末尾不要加记录结束标记.

当使用@file 函数时,可把记录的内容(除了一些记录结束标记外)看作替代程序中@file('filename')位置的文本. 也就是说,一条记录可以是声明的一部分、整个声明或一系列声明. 在数据文件中注释语句被忽略.

注意:

(1) 在 LINGO 中不允许嵌套调用@file 函数.

(2) 文件名可以不用引号""括起来.

(3) .txt 纯文本文件也可以用 LINGO 软件自带的文本编辑器编辑的 ldt 文件代替.

(4) 为了防止出现双扩展名导致 LINGO 无法找到指定文件,可通过在 Windows 文件管理器中通过"工具→文件夹选项→查看",确保取消选中"隐藏已知文件类型的扩展名"复选框,如图 11-2 所示.

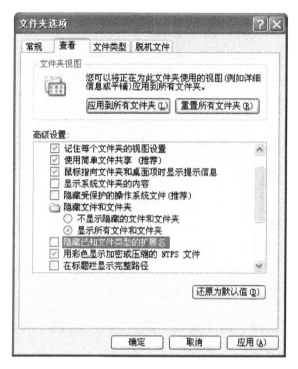

图 11-2　文件夹选项的设置

（5）程序中的文件名可用相对路径,并把程序文件与数据文件放在同一目录中,并通过双击程序文件名启动 LINGO,就能把存放文件的目录作为当前目录,这时程序便可以找到指定的文本文件并从中读取数据.

（6）当文件中的数据已经读完后,若程序运行中还遇到从文件中读数据的语句,将报告 1017 号系统错误. 为了防止这种错误发生,编程时应注意数据与变量的匹配.

11.8.2　@text 函数

@text 函数被用在数据段来把运行结果输出至文本文件中. 它还可以输出集成员和集属性值. 其语法为@text(['filename'])

这里 filename 是文件名,可以采用相对路径和绝对路径两种表示方式. 如果忽略 filename,那么数据就被输出到标准输出设备（在大多数情形下都是屏幕）. @text函数仅能出现在程序数据段的一条语句的左边,右边是集名（用来输出该集的所有成员名）或集属性名（用来输出该集属性的值）.

把用接口函数产生输出的数据声明称为输出操作. 输出操作仅当求解器求解完程序后才执行,执行次序取决于其在程序中出现的先后.

例 11.15　借用例 11.13 说明函数@text 的用法.

```
Model:
```

```
Sets:
  days/mon..sun/:required,start;
Endsets
Data:
  !每天所需的最少职员数;
  required=20 16 13 16 19 14 12;
  @text('d:\out.txt')=days '至少需要的职员数为' start;
Enddata
!最小化每周所需职员数;
min=@sum(days:start);
@for(days(J):
  @sum(days(I)I#le#5:
    start(@wrap(J+I+2,7)))>=required(J));
End
```

运行后,查看 D 盘根目录,会发现多了一个文件 out.txt,如果这个位置原来已有同名文件,则文件中的内容将被覆盖,该文件里的内容如下:

MON 至少需要的职员数为	8.0000000
TUE 至少需要的职员数为	2.0000000
WED 至少需要的职员数为	0.0000000
THU 至少需要的职员数为	6.0000000
FRI 至少需要的职员数为	3.0000000
SAT 至少需要的职员数为	3.0000000
SUN 至少需要的职员数为	0.0000000

11.8.3　@ole 函数

@ole 是从 Excel 中读取数据或向 EXCEL 写入数据的接口函数,它是基于传输的 ole 技术. ole 传输直接在内存中传输数据,并不借助于中间文件. 当使用@ole 时,LINGO 先装载 Excel 软件,再通知 Excel 装载指定的电子数据表,最后从电子数据表中指定的 Ranges 中获取数据或向指定的 Ranges 中写入数据. 为了能正常使用@ole 函数,必须有 Excel 5 及其以上版本. @ole 函数可在数据段和初始段引入数据.

@ole 可以同时读集成员和集属性,集成员最好用文本格式,集属性最好用数值格式. 原始集每个集成员需要一个单元(cell),而对于 n 元的派生集每个集成员需要 n 个单元,这里第一行的 n 个单元对应派生集的第一个集成员,第二行的 n 个单元对应派生集的第二个集成员,依此类推.

@ole 只能在单个的 Excel 工作表(sheet)中读连续的一维或二维的 Ranges(区域),但不能读间断的或三维的 Ranges. @ole 从 Ranges 中按自左而右、自上而下的顺序来读取数据. 这里的"连续"是指在指定的 Ranges 内不能有单元格为空.

读入数据到内存与把数据从内存写到文件的语法区别仅仅是变量与文件名在"="两边的位置互换.

例 11.16 以例 10.5 的数据为例,用 Excel 传递数据.

第 1 步:建立 Excel 文件. 为了不用在程序的数据段显式输入数据,把放在表 11-4 中的原始集、派生集的成员及属性等相关数据,按如表 11-4 所示的单元格位置全部录入电子表格中.

表 11-4 数据在 Excel 工作表中的位置

	A	B	C	D	E	F	G	H
1								
2		产品	机器	周				
3		A	M	1				
4		B	N	2				
5				3				
6						集 ALLOWED 的属性 x 和 y 的值		
7		允许的组合(ALLOWED 集成员)				x	y	
8		A	M	1		1	22	
9		A	N	2		2	10	
10		B	N	1		0	14	
11								
12	输出结果							
13		RATE	0.01					

按文件名 D:\IMPORT. XLS 保存上述文件(C13 中的 0.01 不用录入,它是由系统运行后自动填入的).

第 2 步:定义区域的名称. 在 Excel 中定义区域名称的操作步骤如下:

(1) 单击鼠标左键拖曳选择 Range;

(2) 释放鼠标按钮;

(3) 单击菜单"插入→名称→定义"命名;

(4) 输入希望的名称;

(5) 单击"确定"按钮.

在输入数据的基础上,按上述方法定义 Ranges 名:PRODUCT,MACHINE,WEEK,ALLOWED,x,y. 相应的 Ranges 名称及对应的 Ranges 的单元格地址范围分别是:

```
Name                          Range
PRODUCT                       B3:B4
MACHINE                       C3:C4
  WEEK                        D3:D5
ALLOWED                       B8:D10
    X                         F8:F10
    Y                         G8:G10
   rate                       C13
```

第3步:编辑读入数据的代码.在程序的数据段用如下代码从 Execl 中读入数据到内存:

PRODUCT,MACHINE,WEEK,ALLOWED,x,y=@ole('D:\IMPORT.XLS');

在程序的数据段用如下代码把内存中的数据写到 Excel 中:

@ole('D:\IMPORT.XLS')=rate;

等价的代码为

PRODUCT,MACHINE,WEEK,ALLOWED,x,y
=@ole('D:\IMPORT.XLS',PRODUCT,MACHINE,WEEK,ALLOWED,x,y);
@ole('D:\IMPORT.XLS',rate)=rate;

在第一种描述方式中,由于@ole 的参数中省略了区域名,则程序中的变量名必须与 Excel 中定义的区域名一致;在第二种描述方式中,变量名与区域名可以不相同,但一定要注意数据格式的正确性.

第4步:写出完整的程序代码.

```
Model:
    Sets:
        PRODUCT;                                    !产品;
        MACHINE;                                    !机器;
        WEEK;                                       !周;
        ALLOWED(PRODUCT,MACHINE,WEEK):x,y;          !允许组合及属性;
    Endsets
    Data:
        rate=0.01;
        PRODUCT,MACHINE,WEEK,ALLOWED,x,y=@OLE('D:\IMPORT.XLS');
        @OLE('D:\IMPORT.XLS')=rate;
    Enddata
End
```

第5步:查看运行结果.通过运行得到如下结果:

```
Feasible solution found.
    Total solver iterations:              0
    Export Summary Report
    ...................................
    Transfer Method:                      OLE BASED
    Workbook:                             D:\IMPORT.XLS
    Ranges Specified:                     1
        RATE
    Ranges Found:                         1
    Range Size Mismatches:                0
    Values Transferred:                   1
```

```
        Variable                    Value
           RATE                     0.1000000E-01
   X(A,M,1)                         1.000000
   X(A,N,2)                         2.000000
   X(B,N,1)                         0.000000
   Y(A,M,1)                         22.00000
   Y(A,N,2)                         10.00000
   Y(B,N,1)                         14.00000
```

此例说明,集的成员、属性及参数均可借助函数@ole 在 Excel 表格与 LINGO 间传递数据.

例 11.17　有多个城市:西雅图、底特律市、芝加哥、丹佛需采购一定数量的物品,但只能在本城采购,各个城市的采购单价(COST)、最低需求量(NEED)、最大供应量(SUPPLY)如表 11-4 所示,如何采购可使总成本最小?

设采购量为 ORDERED,则优化模型为

$$\min \sum_I \mathrm{COST}(I) \times \mathrm{ORDERED}(I)$$

$$\text{s. t. } \mathrm{NEED}(I) \leqslant \mathrm{ORDERED}(I) \leqslant \mathrm{SUPPLY}(I)$$

原始数据如表 11-5 所示.

表 11-5　各城市需求量、供应量及采购单价表

	Seattle	Detroit	Chicago	Denver
COST	12	28	15	20
NEED	1600	1800	1200	1000
SUPPLY	1700	1900	1300	1100
ORDERED				

最优解是很明显的. 由于需求量小于供应量,并且只能在本城采购,把需求作为采购量即可使总成本最小. 下面以此例运行程序说明数据传递方式.

先建立 Excel 文件 mydata. xls,并保存在 D:\user 中.

mydata. xls 中的内容如表 11-6 所示.

表 11-6　表 11-4 的转置形式及在 Excel 表中的位置

	A	B	C	D	E
1		COST	NEED	SUPPLY	ORDERED
2	Seattle	12	1600	1700	
3	Detroit	28	1800	1900	
4	Chicago	15	1200	1300	
5	Denver	20	1000	1100	

并按指定位置定义 5 个 Ranges：

A2：A5 名为 cities；

E2：E5 名为 solution.

类似地定义 COST，NEED，SUPPLY 三个 Ranges.

程序代码如下：

```
Model:
    Sets:
      Myset / @ole('D:\user\mydata.xls','cities') / :
              COST,NEED,SUPPLY,ORDERED;
    ENDSETS
    min=@sum(myset(I):ORDERED(I) * COST(I));
    @for(myset(I):
            [CON1]ORDERED(I)>NEED(I);
            [CON2]ORDERED(I)<SUPPLY(I));
    Data:
      COST,NEED,SUPPLY=@ole('D:\user\mydata.xls');
      @ole('D:\user\mydata.xls','solution')=ORDERED;
    Enddata
End
```

为了检验程序的正确性，除了通过查看运行结果检验外，还可以通过"LINGO"菜单下"Generate"的下级菜单"Displaymodel"（或直接按快捷键"Ctrl＋G"）显示模型. 例如，本例显示的结果如下：

```
MODEL:
[_1]MIN=12 * ORDERED_SEATTLE+28 * ORDERED_DETROIT+15 *
ORDERED_CHICAGO+20 * ORDERED_DENVER;
[CON1_SEATTLE]ORDERED_SEATTLE>=1600;
[CON2_SEATTLE]ORDERED_SEATTLE<=1700;
[CON1_DETROIT]ORDERED_DETROIT>=1800;
[CON2_DETROIT]ORDERED_DETROIT<=1900;
[CON1_CHICAGO]ORDERED_CHICAGO>=1200;
[CON2_CHICAGO]ORDERED_CHICAGO<=1300;
[CON1_DENVER]ORDERED_DENVER>=1000;
[CON2_DENVER]ORDERED_DENVER<=1100;
END
```

注意：

（1）程序中的 Ranges 名可以不加单引号''.

（2）当.xls 文件已经打开后，再改变程序中的文件名称及路径，运行程序仍能得出正确结果，这是因为 OLE 传输数据直接在内存中进行. 但是如果.xls 文件事先没有打开，就必须注意使程序中的路径与文件实际保存的路径一致，否则文件无法打开.

11.8.4 @ranged(variable_or_row_name)

为了保持最优基不变,变量的费用系数或约束行的右端项允许减少的量.

11.8.5 @rangeu(variable_or_row_name)

为了保持最优基不变,变量的费用系数或约束行的右端项允许增加的量.

11.8.6 @status()

返回 LINGO 模型求解结束后的状态,返回值分别表示如下意义:

0 Global Optimum(全局最优).

1 Infeasible(不可行).

2 Unbounded(无界).

3 Undetermined(不确定).

4 Feasible(可行).

5 Infeasible or Unbounded(通常需要关闭"预处理"选项后重新求解模型,以确定模型究竟是不可行还是无界).

6 Local Optimum(局部最优).

7 Locally Infeasible(局部不可行,尽管可行解可能存在,但是 LINGO 并没有找到一个).

8 Cut Off(目标函数的截断值被达到).

9 Numeric Error(求解器因在某约束中遇到无定义的算术运算而停止).

通常,如果返回值不是 0,4 或 6 项,那么系统给出的解将不可信,这种解几乎不能用. 该函数仅被用在模型的数据段来输出数据.

例 11.18 求函数 $f(x)=\sin x$ 的最小值.

```
Model:
  min=@sin(x);
  x<6.28;
  Data:
    @text()=@status();
  Enddata
End
```

部分计算结果如下:

```
Local optimal solution found.
    Objective value:              -1.000000
    Extended solver steps:        5
    Total solver iterations:      31
                  6
        Variable      Value        Reduced Cost
```

X	4.712388	0.000000

结果中的 6 就是@status()返回的结果,表明最终解是局部最优的.

11.8.7　@dual

@dual(variable_or_row_name)返回变量的判别数(又称检验数)或约束行的对偶(又称影子)价格(dual prices).

11.9　辅 助 函 数

11.9.1　@if

```
@if(logical_condition,true_result,false_result)
```
@if 函数将评价一个逻辑表达式 logical_condition. 如果为真则返回 true_result;否则,返回 false_result.

例 11.19　求解最优化问题

$$\min\quad f(x)+g(y),$$

$$\text{s. t.}\begin{cases} f(x)=\begin{cases}100+2x,x>0,\\ 2x,x\leqslant 0,\end{cases}\\ g(y)=\begin{cases}60+3y,y>0,\\ 3y,y\leqslant 0,\end{cases}\\ x+y\geqslant 30,\\ x,y\geqslant 0.\end{cases}$$

此例关键是利用@if 定义分段函数,其 LINGO 代码如下:

```
Model:
  min=fx+gy;
  fx=@if(x#gt#0,100,0)+2*x;
  gy=@if(y#gt#0,60,0)+3*y;
  x+ y>=30;
End
```
由运行结果可知,当 $x=0,y=30$ 时, $f(x)+g(y)$ 取到最小值 150.

11.9.2　@warn

@warn 函数的语法为:@warn('text',logical_condition)
如果逻辑条件 logical_condition 为真,则产生一个内容为'text'的信息框.

例 11.20　函数@warn 应用示例.

```
model:
x=1;
@warn('x 是正数',x#gt#0);
End
```

运行后将出现如图 11-3 所示的窗口. 将"$x=1$"改为"$x=0$"后运行程序,这个窗口不再出现.

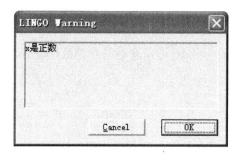

图 11-3 运行结果中的信息框

第 12 章　LINGO Windows 命令

LINGO 系统有 5 个菜单：

(1) File(文件)；

(2) Edit(编辑)；

(3) LINGO(LINGO 系统)；

(4) Windows(窗口)；

(5) Help(帮助).

下面对各菜单包含的命令及功能逐一进行介绍.

12.1　文件菜单(File Menu)

1. 新建(New)

从"文件"菜单中选择"新建"命令，单击"新建"按钮或直接按 F2 键可以创建一个新的"Model"窗口. 在这个新的"Model"窗口中，能够输入所要求解的模型.

2. 打开…(Open…)

从"文件"菜单中选择"打开"命令，单击"打开"按钮或直接按 F3 键可以打开一个已经存在的程序文件(∗.lg4)或其他文本文件.

3. 保存(Save)

从"文件"菜单中选择"保存"命令，单击"保存"按钮或直接按 F4 键将当前活动窗口(最前台的窗口)中的模型结果、命令序列等保存为文件，用户选择盘符、路径并输入文件名，文件类型由当前窗口内容自动选择，单击"保存"即可，利用这种方法可以将任何窗口的内容，如模型、求解结果或命令保存为文件.

4. 另存为…(Save As…)

从"文件"菜单中选择"另存为…"命令或直接按 F5 键出现"另存为…"对话框，可以将当前活动窗口中的内容保存为相关类型的文件，操作方法与保存文件相同.

5. 关闭(Close)

从"文件"菜单中选择"关闭"命令或直接按 F6 键将关闭当前活动窗口. 如果这个窗口是新建窗口或已经改变了当前文件的内容，LINGO 系统将会提示是否想要保存改变后的内容.

6. 打印…(Print…)

从"文件"菜单中选择"打印…"命令或直接按 F7 键,单击"打印"按钮可以将当前活动窗口中的内容发送到打印机.

7. 打印设置…(Print Setup…)

在"文件"菜单中选择"打印设置…"命令或直接按 F8 键可以对打印状况进行设置.

8. 打印预览…(Print Preview)

在"文件"菜单中选择"打印预览…"命令或直接按 Shift+F8 组合键可以进行打印预览.

9. 输出到日志文件…(Log Output…)

从"文件"菜单中选择"输出到日志文件…"命令或直接按 F9 键打开一个对话框,用于创建一个日志文件,它储存接下来在"命令窗口"中输入的所有命令.

10. 提交命令脚本文件…(Take Commands…)

从"文件"菜单中选择"提交命令脚本文件…"命令或直接按 F11 键就可以将 LINGO 命令脚本(Command Script)文件提交给系统进程来运行.

11. 输出优化模型文件…(Export File…)

从"文件"菜单中选择"输出优化模型文件…"命令可以将当前模型窗口中的优化模型输出到文件,它有两个子命令,分别表示两种输出模式(都是文本格式).

MPS Format(MOS 格式):是 IBM 公司制定的一种数学规划文件格式.

MPI Format(MPI 格式):是 LINDO 公司制定的一种数学规划文件格式.

MOS 格式是线性规划中被广泛使用的一种标准数据文件格式,大多数商业性的线性规划软件都能接受这种格式,对此有兴趣的读者可以录入一个没有语法错误的数学规划模型自己生成一个这种文件格式进行了解.

12. 引入 LINDO 文件(Import Lindo File…)

直接按 F12 键打开"Import LINDO File…"窗口,选择打开一个 LINDO 格式的模型文件,然后 LINGO 系统会尽可能把这个模型转化为 LINGO 语法允许的程序.

13. 退出(Exit)

从"文件"菜单中选择"退出"命令或直接按 F10 键可以退出 LINGO 系统.

12.2　编辑菜单(Edit Menu)

1. 恢复(Undo)

从"编辑"菜单中选择"恢复"命令或按快捷组合键"Ctrl+Z",将撤销上次操作、恢复至其前的状态.恢复主要用于在调试程序中,执行了删除、修改、复制和替换等操作时,如果出现错误,可恢复原来的内容,可以进行多次撤销.

2. 重复(Redo)

从"编辑"菜单中选择"重复"命令或按快捷组合键"Ctrl＋Y",用于在执行过"Edit→Undo"后取消"恢复",用此命令撤销此前的撤销至撤销前的状态.

3. 剪切(Cut)

从"编辑"菜单中选择"剪切"命令,单击"剪切"按钮或按快捷组合键"Ctrl＋X"可以将当前选中的内容剪切至剪贴板中.

4. 复制(Copy)

从"编辑"菜单中选择"复制"命令,单击"复制"按钮或按快捷组合键"Ctrl＋C"可以将当前选中的内容复制到剪贴板中.

5. 粘贴(Paste)

从"编辑"菜单中选择"粘贴"命令,单击"粘贴"按钮或按快捷组合键"Ctrl＋V"可以将剪贴板中的当前内容复制到当前插入点的位置.

6. 特殊粘贴…(Paste Special…)

与上面的命令不同,它可以用于剪贴板中的内容不是文本(如 Word 文档、图片、多信息文本等)时的粘贴.

7. 全选(Select All)

从"编辑"菜单中选择"全选"命令或按快捷组合键"Ctrl＋A"可选定当前窗口中的所有内容.

8. 查找…(Find…)

从"编辑"菜单中选择"查找…"命令或按快捷组合键"Ctrl＋F"可在当前窗口中快速查找所需内容.

9. 查找下一个(Find Next)

从"编辑"菜单中选择"查找下一个"命令或按快捷组合键"Ctrl＋N"可在当前窗口中快速查找下一个位置的所需内容.

10. 替换…(Replace…)

从"编辑"菜单中选择"替换…"命令或按快捷组合键"Ctrl＋H"可打开替换窗口进行替换操作.

11. 定位…(Go To line…)

从"编辑"菜单中选择"定位…"命令或按快捷组合键"Ctrl＋T"可打开定位窗口,输入行数单击"OK"按钮即可将光标快速移到指定行.

12. 匹配小括号(Match Parenthesis)

从"编辑"菜单中选择"匹配小括号"命令,按"匹配小括号"按钮或按快捷组合键"Ctrl＋P"可以为当前选中的开括号(左括号、右括号均可)查找匹配的闭括号.

13. 粘贴函数(Paste Function)

从"编辑"菜单中选择"粘贴函数"命令可以将 LINGO 的内部函数粘贴到当前插入点. 通过此命令可以准确地粘贴 LINGO 的内部函数,同时也可以通过此功能了解 LINGO 有哪些内部函数.

14. 字体(Select Font)

从"编辑"菜单中选择"字体"命令或按快捷组合键"Ctrl＋J"可对选定的文本进行字体设置.

15. 插入新对象…(Inset New Object…)

从"编辑"菜单中选择"插入新对象…"命令可以插入新的对象.

12.3　系统菜单(LINGO Menu)

1. 求解模型(Solve)

从"LINGO"菜单中选择"求解"命令,单击"Solve"按钮或按快捷组合键"Ctrl＋S" 10.0 版本已改为"Ctrl＋U"可以将当前模型送入内存求解.

2. 查看结果…(Solution…)

从"LINGO"菜单中选择"查看结果…"命令,单击"Solution…"按钮或按快捷组合键 "Ctrl＋O"可以打开求解结果对话框. 这里可以指定查看当前内存中求解结果的那些内容,并以文本或图像方式给出求解的报告(该命令必须在求解模型后才起作用).

3. 查看模型…(Look…)

从"LINGO"菜单中选择"查看模型…"命令或按快捷组合键"Ctrl＋L"可以查看全部的或选中的模型文本内容,显示结果已自动添加了行号.

4. 灵敏性分析(Range)

从"LINGO"菜单中选择"灵敏性分析"命令或按快捷组合键"Ctrl＋R"可以查看当前

模型求解后的灵敏性分析报告:研究当目标函数的费用系数和约束条件右端顶在什么范围(此时假定其他系数不变)时,最优解保持不变.

5. 模型通常形式…(Generate…)

从"LINGO"菜单中选择"模型通常形式…"命令或按快捷组合键"Ctrl+G"可以创建当前模型的通常形式(只含目标约束段).

6. 选项…(Options…)

从"LINGO"菜单中选择"选项…"命令,单击"Options…"按钮或按快捷组合键"Ctrl+I"可以改变一些影响 LINGO 模型求解时的参数,具体设置方法见 12.7 节.

12.4　窗口菜单(Windows Menu)

1. 命令行窗口(Command Window)

从"窗口"菜单中选择"命令窗口"命令或按快捷组合键"Ctrl+1"可以打开 LINGO 的命令行窗口. 在此命令行界面下,在":"提示符后可以输入 LINGO 的命令行命令,见 12.7 节.

2. 状态窗口(Status Window)

从"窗口"菜单中选择"状态窗口"命令或按快捷组合键"Ctrl+2"可以打开 LINGO 的求解状态窗口,以了解当前模型的求解状态.

3. 切换窗口(Send To Back)

从"窗口"菜单中选择"切换窗口"命令或按快捷组合键"Ctrl+B"可以在所有打开的窗口间进行切换,以便选择某个窗口作为当前窗口.

4. 关闭窗口(Close All)

从"窗口"菜单中选择"关闭窗口"命令或按快捷组合键"Ctrl+3"可以关闭当前打开的所有窗口.

5. 平铺窗口(Tile)

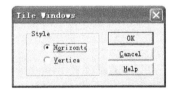

从"窗口"菜单中选择"态窗口"命令或按快捷组合键"Ctrl+4"可以对所有打开的窗口尽可能最大化并进行重新排列,使所有已打开的窗口可见. 排列分横排和竖排,并由自动弹出的如图 12-1 所示的窗口中进行选择决定排列方式.

图 12-1　横排或竖排选择窗口

6. 层叠窗口(Cascade)

从"窗口"菜单中选择"层叠窗口"命令或按快捷组合键"Ctrl+5",可以对所有打开的窗口进行层叠,除当前窗口全部可见外,其余窗口只显示其窗口标题.

7. 排列窗口图标(Arrange Icons)

从"窗口"菜单中选择"排列窗口图标"命令或按快捷组合键"Ctrl+6",可以对已经打开并且已经最小化的窗口的图标在 LINGO 主窗口中进行重排,整齐排列在主窗口左下角.

12.5　帮助菜单(Help Menu)

对于初学者而言,在实际操作中,利用 LINGO 编程时经常会出现语法错误,如果周围没有老师指点,可以通过 LINGO 自带的帮助系统寻求解决办法.

12.5.1　菜单命令

1. 帮助主题(Help Topics)

从"帮助"菜单中选择"帮助主题"命令可以打开 LINGO 的帮助系统,如图 12-2 所示,从中选择相关内容获取帮助.

图 12-2　帮助主题窗口

2. 系统注册(Rigister)

从"帮助"菜单中选择"系统注册"命令,弹出注册信息窗口,可以将用户注册信息输入.

3. 自动更新(Auto Updata)

从"帮助"菜单中选择"自动更新"命令,系统将自动查找软件的更新版本等信息.

4. 版本信息 LINGO(About LINGO)

从"帮助"菜单中选择"版本信息"命令,可以查看当前 LINGO 软件的版本信息及模型受限情况等.

12.5.2　出错信息查询

从"帮助"菜单中选择"帮助主题",在其目录中选择"Error Messages",其中有 $0\sim231$ 号错误代码,及 $1001\sim1016$ 号,9999 号错误代码,供程序出错时查询错误原因. 注意:$232\sim1000$ 号代码目前尚未使用.

当求解模型时,如果有语法错误,系统一方面把光标停在出错位置,另一方面给出错误代码,读者只需选择相应代码就知道出错原因,从而对错误进行修改.

例 12.1　语法错误的修改。

输入下列含有语法错误的程序.

```
Model:
  max=72x1+64*x2;
  x1+x2<=50;
  12*x1+8*x2<=480;
  3*x1<=100;
End
```

运行该程序出现如图 12-3 所示的错误信息窗口.

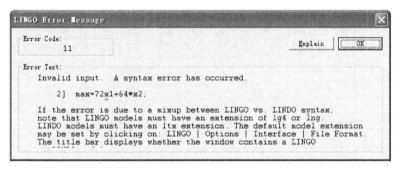

图 12-3　错误信息窗口

光标指向 $72x_1$ 处,容易看出错误原因是 72 与 x_1 之间的乘号" $*$ "漏掉了. 如果还不知道错误原因,则按本节前述方法选择 11 号错误代码,得到如图 12-4 所示的窗口.

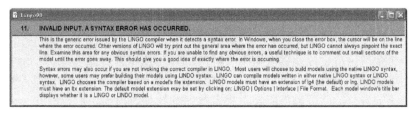

图 12-4　11 号错误的错误原因

通过阅读便可找到语法错误所在.

12.5.3　程序调试技巧

当模型内容较多时,如果上述方法难于找出错误,则可以通过下列方法进行,在可能出现错误的语句前添加"!"再运行,使该句在编译中被忽略,如果错误消失,则表示错误很可能出现在这一行中. 当然,对于前后相互关联的语句,如果前面的语句加了"!",后面的语句通常也要添加"!",如10.2节的集合定义语句与10.3节数据段中的赋值语句.

建议　对于较复杂的程序,可以集合段定义好后进行试运行,直到没有语法错误了再输入数据段,再试运行,无错时再输入目标函数,再试运行,然后每增加一个约束条件都试运行一下. 这样边输入边调试,可以及时、快速地发现错误,以免错误积累多了增加查找错误的困难.

12.6　求解状态解读

如果在模型编译期间没有表达错误,那么LINGO将调用适当的求解器来求解模型. 当求解器开始运行时,它就会显示如图12-5所示的求解器状态窗口(LINGO Solver Status),该窗口关闭后,还可以单击菜单"Window→Status Window"或按快捷组合键"Ctrl＋2"打开这个窗口了解当前模型求解的状态.

图 12-5　求解器状态窗口

求解器状态窗口对于监视求解器中求解的进展和模型大小是有用的,它提供了一个中断求解器按钮(Interrupt Solver),点击它会导致LINGO在下一次迭代时停止求解. 在绝大多数情况下,LINGO能够返回和报告求解器计算到目前为止的最好解. 一个例外情况是线性规划模型,在中断求解后返回的解是无意义的,应该被忽略. 但这并不是一个问题,因为线性规划通常求解速度很快,很少需要中断. 注意:在中断求解器后,必须谨慎解释当前解的意义,因为这些解可能根本就不是最优解,可能也不是可行解,或者对线性规划模型来说就是无实际意义的.

在中断求解器按钮的右边是关闭按钮(Close),单击它可以关闭求解器状态窗口,但可在任何时间通过单击菜单"Windows→Status"再重新打开.

在中断求解器按钮的左边是标记为更新时间间隔(Update Interval)的域. LINGO将根据该域指示的时间(以秒为单位)为周期更新求解器状态窗口. 可以随意设置该域. 然而,若设置为0,则将导致更长的求解时间——LINGO花费在更新的时间会超过求解模型的时间.

(1) 变量框(Variables).

Total 显示当前模型的全部变量数,Nonlinear 显示其中的非线性变量数,Integers 显示其中的整数变量数. 非线性变量是指它至少处于某一个约束中的非线性关系中. 例如,对约束 $X+Y=100$;X 和 Y 都是线性变量. 对约束 $X*Y=100$;X 和 Y 的关系是二次的,所以 X 和 Y 都是非线性变量. 对约束 $X*X+Y=100$;X 是二次方,是非线性的,Y 虽与 X 构成二次关系,但与 $X*X$ 这个整体是一次的,因此 Y 是线性变量. 被计数变量不包括 LINGO 确定为定值的变量. 例如,

$X=1$;

$X+Y=3$;

这里 X 是1,由此可得 Y 是2,所以 X 和 Y 都是定值,模型中的 X 和 Y 都用1和2代换掉.

(2) 约束(Constraints)框.

Total 显示当前模型扩展后的全部约束个数,Nonlinear 显示其中的非线性约束个数. 非线性约束是该约束中至少有一个非线性变量. 如果一个约束中的所有变量都是定值,那么该约束就以定值不等式表示,该约束的真假由变量的具体值决定,仍计入约束总数中.

(3) 非零(Nonzeroes)框.

Total 显示当前模型中全部非零系数的数目,Nonlinear 显示其中的非线性变量系数的数目.

(4) 内存使用(Generator Memory Used(k))框.

显示当前模型在内存中使用的内存量,单位为K. 可以通过使用"LINGO→Options"命令修改模型的最大内存使用量,见12.7节表12-4.

(5) 已运行时间(Elapsed Runtime(hh:mm:ss))框.

若在运行结束后查看,这时提供求解模型的总时间,若在运行中途查看,则显示求解模型到从开始求解至查看当时所用的时间,对于小规模的模型,求解时间显示 $00:00:00$,这个时间可能会受系统中别的应用程序的影响.

(6) 求解器状态(Solver Status)框.

显示当前模型求解器的运行状态. 其中域的含义如表12-1所示.

表 12-1　求解器运行状态窗口中各域的含义

域　名	含　义	可能的显示
Model Class	当前模型的类型	LP,QP,ILP,IQP,PILP,PIQP,NLP,INLP,PINLP（以 I 开头表示 IP,以 PI 开头表示 PIP）
State	当前解的状态	Global Optimum(全局最优解),Local Optimum(局部最优解),Feasible(可行解),Infeasible(不可行解),Unbounded(无界),Interrupted(中断),Undetermined(未确定)
Objective	当前解的目标函数值	实数
Infeasibility	当前约束不满足的总量(不是不满足的约束的个数)	实数(即使该值＝0,当前解也可能不可行,因为这个量中没有考虑模型中用上下界形式给出的约束)
Iterations	目前为止的迭代次数	非负整数

（7）扩展求解器状态(Extended Solver Status)框.

显示 LINGO 中几个特殊求解器的运行状态. 包括分支定界求解器(Branch-and-Bound Solver)、全局求解器(Global Solver)和多初始点求解器(Multistart Solver). 该框中的域仅当这些求解器运行时才会更新. 域的含义如表 12-2 所示.

表 12-2　特殊求解器运行状态窗口中各域的含义

域　名	含　义	可能的显示
Solver Type	使用的特殊求解程序名称	B-and-B (分支定界法) Global (全局最优求解) Multistart(用多个初始点求解)
Best Obj	目前为止找到的可行解的最佳目标函数值	实数
Obj Bound	目标函数值的界	实数
Steps	特殊求解程序当前运行步数：分支数(对 B-and-B 程序)；子问题数(对 Global 程序)；初始点数(对 Multistart 程序)	非负整数
Active	有效步数	非负整数

12.7　窗口方式进行系统参数设置

如果希望改变一些影响 LINGO 模型求解时的参数,可单击菜单"LINGO→Options…"命令,或单击"Options…"按钮,或按快捷组合键"Ctrl＋I"打开如图 12-6 所示的窗口,该窗口含有 7 个选项卡,可以通过它修改 LINGO 系统的各种参数和选项.

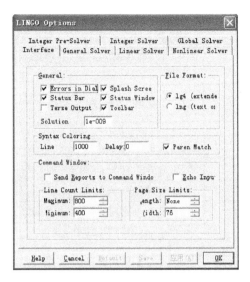

图 12-6　系统参数设置窗口

　　修改完以后,如果单击"Apply(应用)"按钮,则新的设置马上生效;如果单击"OK(确定)"按钮,则新的设置马上生效,并且同时关闭该窗口. 如果单击"Save(保存)"按钮,则将当前设置变为默认设置,下次启动 LINGO 时,这些设置仍然有效. 单击"Default(缺省值)"按钮,则恢复 LINGO 系统定义的原始默认设置(缺省设置).

　　(1) Interface(界面)选项卡,如表 12-3 所示.

表 12-3　Interface(界面)选项卡

选项组	选　项	含　义
General (一般选项)	Errors In Dialogs (错误对话框)	如果选择该选项,求解程序遇到错误时将打开一个对话框显示错误,关闭该对话框后,程序才会继续执行;否则,错误信息将在报告窗口显示,程序仍会继续执行
	Splash Screen (弹出屏幕)	如果选择该选项,则 LINGO 每次启动时都会在屏幕上弹出一个对话框,显示 LINGO 的版本和版权信息;否则,不弹出
	Status Bar (状态栏)	如果选择该选项,则 LINGO 系统在主窗口最下面一行显示状态栏;否则,不显示
	Status Window (状态窗口)	如果选择该选项,则 LINGO 系统每次运行"LINGO→Solve"命令时都会在屏幕上弹出求解状态窗口;否则,不弹出
	Terse Output (简洁输出)	如果选择该选项,则 LINGO 系统对求解结果报告等将以简洁形式输出(只有最优值及迭代次数);否则,以详细形式输出
	Toolbar (工具栏)	如果选择该选项,则显示工具栏;否则,不显示
	Solution Cutoff (解的截断)	小于等于这个值的解将报告为"0"(缺省值是 10^{-9})

续表

选项组	选 项	含 义
File Format （文件格式）	lg4（extended） （lg4，扩展格式）	模型文件的缺省保存格式是 lg4 格式（这是一种二进制文件，只有 LINGO 能读出）
	lng（text only） （lng，纯文本格式）	模型文件的缺省保存格式是 lng 格式（纯文本）
Syntax Coloring （语法配色）	Line limit （行数限制）	语法配色的行数限制（缺省为 1000）. LINGO 模型窗口中将 LINGO 关键词显示为蓝色，注释为绿色，其他为黑色，超过该行数限制后，则不再区分颜色. 特别地，设置行数限制为 0 时，整个文件不再区分颜色
	Delay（延迟）	设置语法配色的延迟时间（s，缺省为 0，从最后一次击键算起）
	Paren Match （括号匹配）	如果选择该选项，则模型中当前光标所在处的括号及其相匹配的括号将以红色显示；否则，不使用该功能
Command Window （命令窗口）	Send Reports to Command Window （报告发送到命令窗口）	如果选择该选项，则输出信息会发送到命令窗口；否则，不使用该功能
	Echo Input （输入信息反馈）	如果选择该选项，则用"File→Take Command"命令执行命令脚本文件时，处理信息会发送到命令窗口；否则，不使用该功能
	Line Count Limits （行数限制）	命令窗口能显示的行数的最大值为 Maximum（缺省为 800）；如果要显示的内容超过这个值，则每次从命令窗口滚动删除的最小行数为 Minimum（缺省为 400）
	Page Size Limit （页面大小限制）	命令窗口每次显示的行数的最大值为 Length（缺省为没有限制），显示这么多行后会暂停，等待用户响应；每行最大字符数为 Width（缺省为 76，可以设定为 64～200），多余的字符将被截断

（2）General Solver（通用求解器）选项卡，如表 12-4 所示.

表 12-4　General Solver（通用求解器）选项卡

选项组	选 项	含 义
Generator Memory Limit（MB） （矩阵生成器的内存限制(M)）		缺省值为 32M，如果矩阵生成器使用的内存超过该限制，LINGO 将报告"The model generator ran out of memory"
Runtime Limits （运行限制）	Iterations （迭代次数）	求解一个模型时，允许的最大迭代次数（缺省值为无限）
	Time（sec） （运行时间(s)）	求解一个模型时，允许的最大运行时间（缺省值为无限）
Dual Computations （对偶计算）		求解时控制对偶计算的级别，有以下三种可能的设置. （1）None：不计算任何对偶信息 （2）Prices：计算对偶价格（缺省设置） （3）Prices and Ranges：计算对偶价格并分析敏感性
Model Regeneration （模型的重新生成）		控制重新生成模型的频率，有以下三种可能的设置. （1）Only when text changes：只有当模型的文本修改后才再生成模型 （2）When text changes or with external references：当模型的文本修改或模型含有外部引用时（缺省设置） （3）Always：每当有需要时

续表

选项组	选 项	含 义
Linearization (线性化)	Degree (线性化程度)	决定求解模型时线性化的程度,有以下 4 种可能的设置. (1) Solver Decides:若变量数小于等于 12 个,则尽可能全部线性化;否则,不作任何线性化(缺省设置) (2) None:不作任何线性化 (3)Low:对函数@ABS(),@MAX(),@MIN(),@SMAX(),@SMIN()以及二进制变量与连续变量的乘积项作线性化 (4)High:同上,此外对逻辑运算符♯LE♯,♯EQ♯,♯GE♯,♯NE♯作线性化
	Big M (线性化的大 M 系数)	设置线性化的大 M 系数(缺省值为 10^5)
	Delta (线性化的误差限)	设置线性化的误差限(缺省值为 10^{-6})
Allow Unrestricted Use of Primitive Set Member Names (允许无限制地使用基本集合的成员名)		选择该选项可以保持与 LINGO 4.0 以前的版本兼容,即允许使用基本集合的成员名称直接作为该成员在该集合的索引值(LINGO 4.0 以后的版本要求使用@INDEX 函数)
Check for Duplicate Names in Data and Model (检查数据和模型中的名称是否重复使用)		选择该选项,LINGO 将检查数据和模型中的名称是否重复使用,如基本集合的成员名是否与决策变量名重复
Use R/C format names for MPS I/O (在 MPS 文件格式的输入输出中使用 R/C格式的名称)		在 MPS 文件格式的输入输出中,将变量和行名转换为 R/C 格式

(3) Linear Solver(线性求解器)选项卡,如表 12-5 所示.

表 12-5 Linear Solver(线性求解器)选项卡

选项组	选 项	含 义
Method (求解方法)		求解时的算法,有以下 4 种可能的设置. (1) Solver Decides:LINGO 自动选择算法(缺省设置) (2) Primal Simplex:原始单纯形法 (3) Dual Simplex:对偶单纯形法 (4) Barrier:障碍法 (即内点法)
Initial Linear Feasibility Tol (初始线性可行性误差限)		控制线性模型中约束满足的初始误差限(缺省值为 $3*10^{-6}$)
Final Linear Feasibility Tol (最后线性可行性误差限)		控制线性模型中约束满足的最后误差限(缺省值为 10^{-7})

续表

选项组	选 项	含 义
Model Reduction (模型降维)		控制是否检查模型中的无关变量,从而降低模型的规模. (1) Off:不检查 (2) On:检查 (3) Solver Decides:LINGO 自动决定(缺省设置)
Pricing Strategies (价格策略,决定 出基变量的策略)	Primal Solver (原始单纯形法)	有以下三种可能的设置. (1) Solver Decides:LINGO 自动决定(缺省设置) (2) Partial:LINGO 对一部分可能的出基变量进行尝试 (3) Devex:用 Steepest-Edge(最陡边)近似算法对所有可能的变量进行 尝试,找到使目标值下降最多的出基变量
	Dual Solver (对偶单纯形法)	有以下三种可能的设置. (1) Solver Decides:LINGO 自动决定(缺省设置) (2) Dantzig:按最大下降比例法确定出基变量 (3) Steepest-Edge:最陡边策略,对所有可能的变量进行尝试,找到使目 标值下降最多的出基变量
Matrix Decomposition (矩阵分解)		选择该选项,LINGO 将尝试将一个大模型分解为几个小模型求解;否 则,不尝试
Scale Model (模型尺度的改变)		选择该选项,LINGO 检查模型中的数据是否平衡(数量级是否相差太 大),并尝试改变尺度使模型平衡;否则,不尝试

(4) Nonlinear Solver(非线性求解器)选项卡,如表 12-6 所示.

表 12-6　Nonlinear Solver(非线性求解器)选项卡

选项组	选 项	含 义
Initial Nonlinear Feasibility Tol (初始非线性可行性误差限)		控制模型中约束满足的初始误差限(缺省值为 10^{-3})
Final Nonlinear Feasibility Tol (最后非线性可行性误差限)		控制模型中约束满足的最后误差限(缺省值为 10^{-6})
Nonlinear Optimality Tol (非线性规划的最优性误差限)		当目标函数在当前解的梯度小于等于这个值以后,停止迭代(缺省值为 $2*10^{-7}$)
Slow Progress Iteration Limit (缓慢改进的迭代次数的上限)		当目标函数在连续这么多次迭代没有显著改进以后,停止迭代(缺省值 为 5)

续表

选项组	选 项	含 义
Derivatives（导数）	Numerical（数值法）	用有限差分法计算数值导数（缺省值）
	Analytical（解析法）	用解析法计算导数（仅对只含有算术运算符的函数使用）
Strategies（策略）	Crash Initial Solution（生成初始解）	选择该选项，LINGO 将用启发式方法生成初始解；否则，不生成（缺省值）
	Quadratic Recognition（识别二次规划）	选择该选项，LINGO 将判别模型是否为二次规划．若是，则采用二次规划算法（包含在线性规划的内点法中）；否则，不判别（缺省值）
	Selective Constraint Eval（有选择地检查约束）	选择该选项，LINGO 在每次迭代时只检查必须检查的约束（如果有些约束函数在某些区域没有定义，这样做会出现错误）；否则，检查所有约束（缺省值）
	SLP Directions SLP（方向）	选择该选项，LINGO 在每次迭代时用 SLP（Successive LP，逐次线性规划）方法寻找搜索方向（缺省值）
	Steepest Edge（最陡边策略）	选择该选项，LINGO 在每次迭代时将对所有可能的变量进行尝试，找到使目标值下降最多的变量进行迭代；缺省值为不使用最陡边策略

（5）Integer Pre-Solver（整数预处理求解器）选项卡，如表 12-7 所示．

表 12-7 Integer Pre-Solver（整数预处理求解器）选项卡

选项组	选 项	含 义
Heuristics（启发式方法）	Level（水平）	控制采用启发式搜索的次数（缺省值为 3，可能的值为 0~100）．启发式方法的目的是从分支节点的连续解出发，搜索一个好的整数解
	Min Seconds（最小时间）	每个分支节点使用启发式搜索的最小时间（s）
Probing Level（探测水平（级别））		控制采用探测（Probing）技术的级别（探测能够用于混合整数线性规划模型，收紧变量的上、下界和约束的右端项的值）．可能的取值如下． （1）Solver Decides：LINGO 自动决定（缺省设置） （2）1-7：探测级别逐步升高

选项组	选 项	含 义
Constraint Cuts (约束的割(平面))	Application (应用节点)	控制在分支定界树中,哪些节点需要增加割(平面),可能的取值如下. (1) Root Only:仅根节点增加割(平面) (2) All Nodes:所有节点均增加割(平面) (3) Solver Decides:LINGO 自动决定(缺省设置)
	Relative Limit (相对上限)	控制生成的割(平面)的个数相对于原问题的约束个数的上限(比值),缺省值为 0.75
	Max Passes (最大迭代检查的次数)	为了寻找合适的割,最大迭代检查的次数,有以下两个参数. (1) Root:对根节点的次数(缺省值为 200) (2) Tree:对其他节点的次数(缺省值为 2)
	Types (类型)	控制生成的割(平面)的策略,共有 12 种策略可供选择(读者如想了解细节,请参见整数规划方面的专著)

(6) Integer Solver(整数求解器)选项卡,如表 12-8 所示.整数预处理程序只用于整数线性规划模型(ILP 模型),对连续规划和非线性模型无效.

表 12-8　Integer Solver(整数求解器)选项卡

选项组	选 项	含 义
Branching (分支)	Direction (方向)	控制分支策略中优先对变量取整的方向,有以下三种选择. (1) Both:LINGO 自动决定(缺省设置) (2) Up:向上取整优先 (3) Down:向下取整优先
	Priority (优先)	控制分支策略中优先对哪些变量进行分支,有以下两种选择. (1) LINGO Decides:LINGO 自动决定(缺省设置) (2) Binary:二进制(0-1)变量优先
Integrality (整性)	Absolute (绝对误差限)	当变量与整数的绝对误差小于这个值时,该变量被认为是整数,缺省值为 10^{-6}
	Relative (相对误差限)	当变量与整数的相对误差小于这个值时,该变量被认为是整数,缺省值为 $8*10^{-6}$
LP Solver (LP 求解程序)	Warm Start (热启动)	当以前面的求解结果为基础,热启动求解程序时,采用的算法有以下 4 种可能的设置. (1) LINGO Decides:LINGO 自动选择算法(缺省设置) (2) Primal Simplex:原始单纯形法 (3) Dual Simplex:对偶单纯形法 (4) Barrier:障碍法(即内点法)
	Cold Start (冷启动)	当不以前面的求解结果为基础,冷启动求解程序时,采用的算法有 4 种可能的设置(同上,略)

续表

选项组	选 项	含 义
Optimality (最优性)	Absolute (目标函数的绝对误差限)	当当前目标函数值与最优值的绝对误差小于这个值时,当前解被认为是最优解(也就是说,只需要搜索比当前解至少改进这么多个单位的解),缺省值为 8×10^{-8}
	Relative (目标函数的相对误差限)	当当前目标函数值与最优值的相对误差小于这个值时,当前解被认为是最优解(也就是说,只需要搜索比当前解至少改进这么多百分比的解),缺省值为 5×10^{-8}
	Time To Relative (开始采用相对误差限的时间(s))	在程序开始运行后这么多秒内,不采用相对误差限策略,此后才使用相对误差限策略,缺省值为 100 秒
Tolerances (误差限)	Hurdle (篱笆值)	只在比这个值更优的解中寻找最优解,这相当于给出了最优解的一个界,因此,有利于求解(如当已知当前模型的某个整数可行解时,就可以用这个可行解的目标值设置这个值),缺省值为"None",表示没有指定这个条件
	Node Selection (节点选择)	控制如何选择节点的分支求解,有以下选项. (1) LINGO Decides:LINGO 自动选择(缺省设置) (2) Depth First:按深度优先 (3) Worst Bound:选择具有最坏界的节点 (4) Best Bound:选择具有最好界的节点
	Strong Branch (强分支的层数)	控制采用强分支的层数,也就是说,对前这么多层的分支,采用强分支策略. 所谓强分支,就是在一个节点对多个变量分别尝试进行预分支,找出其中最好的解(变量)进行实际分支

(7) Global Solver(全局最优求解器)选项卡,如表 12-9 所示.

表 12-9 Global Solver(全局最优求解器)选项卡

选项组	选 项	含 义
Global Solver Options (全局最优求解程序)	Use Global Solver (使用全局最优求解程序)	选择该选项,LINGO 将用全局最优求解程序求解模型,尽可能得到全局最优解(求解花费的时间可能很长);否则,不使用全局最优求解程序,通常只得到局部最优解(缺省设置),对于非线性规划模型才有选择该选项的必要
	Variable Upper Bound (变量上界)	有两个域可以控制变量上界(按绝对值). (1) Value:设定变量的上界,缺省值为 10^{10} (2) Application 列表框设置这个界的三种应用范围如下. (i) None:所有变量都不使用这个上界 (ii) All:所有变量都使用这个上界 (iii) Selected:先找到第一个局部最优解,然后对满足这个上界的变量使用这个上界(缺省设置)

选项组	选 项	含 义
Global Solver Options (全局最优求解程序)	Tolerances (误差限)	有两个域可以控制变量的两类误差(按绝对值)如下. (1) Optimality:只搜索比当前解至少改进这么多个单位的解(缺省值为 10^{-6}) (2) Delta:全局最优求解程序在凸化过程中增加的约束的误差限(缺省值为 10^{-7})
	Strategies (策略)	可以控制全局最优求解程序的三类策略如下. (1) Branching:第一次对变量分支时使用的分支策略如下. (i) Abs Width(绝对宽度) (ii) Local Width(局部宽度) (iii) Global Width(全局宽度) (iv) Global Distance(全局距离) (v) Abs Violation(绝对冲突) (vi) Rel Violation(相对冲突,缺省设置) (2) Box Selection:选择活跃分支节点的方法如下. (i) Depth First(深度优先) (ii) Worst Bound(具有最坏界的分支优先,缺省设置) (3) Reformulation:模型重整的级别如下. (i) None(不进行重整) (ii) Low(低) (iii) Medium(中) (iv) High(高,缺省设置)
Multistart Solver (多初始点求解程序)	Attempts (尝试次数)	选择用多少个初始点尝试求解,有以下几种可能的设置. (1) Solver Decides:由 LINGO 决定(缺省设置,对小规模 NLP 问题为 5 次,对大规模问题不使用多点求解) (2) Off:不使用多点求解 (3) N(>1 的正整数):N 点求解

12.8 LINGO 的命令行命令

LINGO 提供了两种命令模式:常用的 Windows 模式及命令行模式. 由于 Windows 模式使用起来非常方便,所以只简单介绍一下命令行模式的主要行命令.

以下将按类型列出在 LINGO 命令行窗口中使用的命令,每条命令后都附有简要的描述说明.

在 LINGO 平台中,从"窗口"菜单中选择"Command Window"命令或直接按Ctrl+1 组合键可以打开 LINGO 的命令行窗口,这时便可以在命令提示符":"后输入以下命令. 如果需要以下命令的详细描述说明,可以查阅 LINGO 的帮助.

12.8.1 命令分类及意义

1. LINGO 信息

(1) Cat　　　　显示所有命令类型。
(2) Com　　　　按类型显示所用 LINGO 命令,从显示结果可见共有 9 类 39 个命令,
分别列示如下:
(i) Information
COM　　CAT　　HELP　　　MEM
(ii) Input
MODEL　TAKE　　RMPS　　　FRMPS
(iii) Display
LOOK　　GEN　　PAUS　　　HIDE　　STATS　　PICTURE
(iv) File Output
DIV　　RVRT　　SAVE　　　SMPS　　SMPI
(v) Solution
GO　　　SOLU　　NONZ　　　RANGE　　DEBUG
(vi) Problem Editing
DEL　　EXT　　ALT
(vii) Quit
QUIT
(viii) System Parameters
PAGE　　TERS　　VERB　　　WIDTH　　SET　　FREEZE
DBUID　　DBPWD　　APISET
(ix) Miscellaneous
TIME　NEWPW
(3) Help　　　　显示所需命令的简要帮助信息.
(4) Mem　　　　显示内存变量的信息.

2. 输入(Input)

(1) model　　　　以命令行方式输入一个模型,系统提示"?"时逐行输入,每行输
　　　　　　　　入完后回车,直到输入"end"回车后结束模型的输入,并返回到
　　　　　　　　命令提示符":".
(2) take　　　　执行一个文件的命令正本或从磁盘中读取某个模型文件.
(3) RMPS　　　　读取 MPS 文件,并转化为模型的 LINGO 格式文件.
(4) FRMPS　　　读取自由格式 MPS 文件并转化为模型的 LINGO 格式文件.

3. 显示(Display)

(1) look　　　　显示当前模型的内容,look all 显示模型的所有内容,look lin1,

　　　　　　　　　　　　　　lin2 显示模型从第 lin1 行至 lin2 行的内容.

　　(2) genl　　　　　　产生 LINGO 兼容的模型.

　　(3) gen　　　　　　 生成并显示整个模型.

　　(4) hide　　　　　　为模型设置密码保护.

　　(5) paus　　　　　　暂停屏幕输出直至再次使用此命令.

　　(6) STATS　　　　　显示当前模型的统计数据.

　　(7) PICTURE　　　　以图形方式显示模型的系数矩阵.

4. 文件输出(File Ouput)

　　(1) div　　　　　　 将模型结果输出到文件.

　　(2) svrt　　　　　　将模型结果输出到屏幕.

　　(3) save　　　　　　将当前模型保存到文件.

　　(4) smps　　　　　　将当前线性或二次规划模型保存为 MPS 文件,该文件可以通过
　　　　　　　　　　　　FRMPS 命令读回 LINGO 格式.

　　(5) SMPI　　　　　　将当前模型保存为 MPI 文件. 这种格式文件只能由 LINDO
　　　　　　　　　　　　读取.

5. 求解模型(Solution)

　　(1) go　　　　　　　求解当前模型.

　　(2) solu　　　　　　显示当前模型的求解结果.

6. 编辑模型(Problem Editing)

　　(1) del　　　　　　 从当前模型中删除指定的某一行或某两行之间(包括这两行)的
　　　　　　　　　　　　所有行.

　　(2) ext　　　　　　 在当前模型中添加几行.

　　(3) alt　　　　　　 用新字符串替换掉某一行中、或某两行之间的所有行中的旧字
　　　　　　　　　　　　符串.

7. 退出系统(Quit)

　　quit　　　　　　　　退出 LINGO 系统.

8. 系统参数(System Parameters)

　　(1) page　　　　　　以"行"为单位设置每页长度.

　　(2) ter　　　　　　 以简略方式输出结果.

　　(3) ver　　　　　　 以详细方式输出结果.

　　(4) wid　　　　　　 以"字符"为单位设置显示和输出宽度.

　　(5) set　　　　　　 重新设置默认参数.

　　(6) freeze　　　　　保存当前参数设置,以备下一次重新启动 LINGO 系统时还是

这样的设置.

（7）time　　　　　　显示本次系统的运行时间.

12.8.2　命令方式进行系统参数设置

在 12.7 节中已介绍了窗口方式进行系统参数设置,操作非常方便,这里介绍通过 SET 指令进行系统参数设置,供有兴趣了解的读者参考. 凡是用户能够控制的 LINGO 系统参数,SET 命令都能够对它进行设置. SET 命令的使用格式为

SET parameter_name | parameter_index [parameter_value],

其中 parameter_name 是参数名,parameter_index 是参数索引（编号）,parameter _value 是参数值. 当不写出参数值时,SET 命令的功能是显示该参数当前的值. 此外,"set default"命令用于将所有参数恢复为系统的默认值（缺省值）. 这些设置如果不用"freeze"命令保存到配置文件 lingo. cnf 中,则退出 LINGO 系统后这些设置就无效了,如表 12-10 所示.

表 12-10　系统参数的名称、缺省值及说明表

索　引	参数名	缺省值	简要说明
1	ILFTOL	0.3×10^{-5}	初始线性可行误差限
2	FLFTOL	0.1×10^{-6}	最终线性可行误差限
3	INFTOL	0.1×10^{-2}	初始非线性可行误差限
4	FNFTOL	0.1×10^{-5}	最终非线性可行误差限
5	RELINT	0.8×10^{-5}	相对整性误差限
6	NOPTOL	0.2×10^{-6}	非线性规划(NLP)的最优性误差限
7	ITRSLW	5	缓慢改进的迭代次数的上限
8	DERCMP	0	导数（0:数值导数;1:解析导数）
9	ITRLTM	0	迭代次数上限（0:无限制）
10	TIMLIM	0	求解时间的上限(s)（0:无限制）
11	OBJCTS	1	是否采用目标割平面法（1:是;0:否）
12	MXMEMB	32	模型生成器的内存上限（兆字节）(对某些机器可能无意义)
13	CUTAPP	2	割平面法的应用范围（0:根节点;1:所有节点;2:LINGO 自动决定）
14	ABSINT	0.000001	整性绝对误差限
15	HEURIS	3	整数规划(IP)启发式求解次数（0:无,可设定为 0～100）
16	HURDLE	none	整数规划(IP)的"篱笆"值(none:无,可设定为任意实数值)
17	IPTOLA	0.8×10^{-7}	整数规划(IP)的绝对最优性误差限
18	IPTOLR	0.5×10^{-7}	整数规划(IP)的相对最优性误差限
19	TIM2RL	100	采用 IPTOLR 作为判断标准之前,程序必须求解的时间(s)
20	NODESL	0	分支节点的选择策略(0:LINGO 自动选择;1:深度优先;2:最坏界的节点优先;3:最好界的节点优先)
21	LENPAG	0	终端的页长限制（0:没有限制,可设定任意非负整数）

续表

索 引	参数名	缺省值	简要说明
22	LINLEN	76	终端的行宽限制(0:没有限制,可设定为 64~200)
23	TERSEO	0	输出级别(0:详细型,1:简洁型)
24	STAWIN	1	是否显示状态窗口(1:是;0:否,Windows 系统才能使用)
25	SPLASH	1	弹出版本和版权信息(1:是;0:否,Windows 系统才能使用)
26	OROUTE	0	将输出定向到命令窗口(1:是;0:否,Windows 系统才能使用)
27	WNLINE	800	命令窗口的最大显示行数(Windows 系统才能使用)
28	WNTRIM	400	每次从命令窗口滚动删除的最小行数(Windows 系统才能使用)
29	STABAR	1	显示状态栏(1:是;0:否,Windows 系统才能使用)
30	FILFMT	1	文件格式(0:lng 格式;1:lg4 格式,Windows 系统才能使用)
31	TOOLBR	1	显示工具栏(1:是;0:否,Windows 系统才能使用)
32	CHKDUP	0	检查数据与模型中变量是否重名(1:是;0:否)
33	ECHOIN	0	脚本命令反馈到命令窗口(1:是;0:否)
34	ERRDLG	1	错误信息以对话框显示(1:是;0:否,Windows 系统才能使用)
35	USEPNM	0	允许无限制地使用基本集合的成员名(1:是;0:否)
36	NSTEEP	0	在非线性求解程序中使用最陡边策略选择变量(1:是;0:否)
37	NCRASH	0	在非线性求解程序中使用启发式方法生成初始解(1:是;0:否)
38	NSLPDR	1	在非线性求解程序中用 SLP 法寻找搜索方向(1:是;0:否)
39	SELCON	0	在非线性求解程序中有选择地检查约束(1:是;0:否)
40	PRBLVL	0	对混合整数线性规划(MILP)模型,采用探测(Probing)技术的级别(0:LINGO 自动决定;1:无;2~7:探测级别逐步升高)
41	SOLVEL	0	线性求解程序(0:LINGO 自动选择;1:原始单纯形法;2:对偶单纯形法;3:障碍法(即内点法))
42	REDUCE	2	模型降维(2:LINGO 决定;1:是;0:否)
43	SCALEM	1	变换模型中的数据的尺度(1:是;0:否)
44	PRIMPR	0	原始单纯形法决定出基变量的策略(0:LINGO 自动决定;1:对部分出基变量尝试;2:用最陡边法对所有变量进行尝试)
45	DUALPR	0	对偶单纯形法决定出基变量的策略(0:LINGO 自动决定;1:按最大下降比例法确定;2:用最陡边法对所有变量进行尝试)
46	DUALCO	1	指定对偶计算的级别(0:不计算任何对偶信息;1:计算对偶价格;2:计算对偶价格并分析敏感性)
47	RCMPSN	0	是否在 MPS 文件格式的模型中使用 R/C 格式和名称(1:是,0:否)
48	MREGEN	1	重新生成模型的频率(0:当模型的文本修改后;1:当模型的文本修改或模型含有外部引用时;3:每当有需要时)
49	BRANDR	0	分支时对变量取整的优先方向(0:LINGO 自动决定;1:向上取整优先;2:向下取整优先)

索　引	参数名	缺省值	简要说明
50	BRANPR	0	分支时变量的优先级（0：LINGO 自动决定；1：二进制(0-1)变量）
51	CUTOFF	0.1×10^{-8}	解的截断误差限
52	STRONG	10	指定强分支的层次级别
53	REOPTB	0	IP 热启动时的 LP 算法（0：LINGO 自动选择；1：障碍法（即内点法）；2：原始单纯形法；3：对偶单纯形法）
54	REOPTX	0	IP 冷启动时的 LP 算法（选项同上）
55	MAXCTP	200	分支中根节点增加割平面时,最大迭代检查的次数
56	RCTLIM	0.75	割(平面)的个数相对于原问题的约束个数的上限（比值）
57	GUBCTS	1	是否使用广义上界(GUB)割（1：是；0：否）
58	FLWCTS	1	是否使用流(Flow)割（1：是；0：否）
59	LFTCTS	1	是否使用 Lift 割（1：是；0：否）
60	PLOCTS	1	是否使用选址问题的割（1：是；0：否）
61	DISCTS	1	是否使用分解割（1：是；0：否）
62	KNPCTS	1	是否使用背包覆盖割（1：是；0：否）
63	LATCTS	1	是否使用格(Lattice)割（1：是；0：否）
64	GOMCTS	1	是否使用 Gomory 割（1：是；0：否）
65	COFCTS	1	是否使用系数归约割（1：是；0：否）
66	GCDCTS	1	是否使用最大公因子割（1：是；0：否）
67	SCLRLM	1000	语法配色的最大行数（仅 Windows 系统使用）
68	SCLRDL	0	语法配色的延时(s)（仅 Windows 系统使用）
69	PRNCLR	1	括号匹配配色（1：是；0：否,仅 Windows 系统使用）
70	MULTIS	0	NLP 多点求解的次数（0：无,可设为任意非负整数）
71	USEQPR	0	是否识别二次规划（1：是；0：否）
72	GLOBAL	0	是否对 NLP 采用全局最优求解程序（1：是；0：否）
73	LNRISE	0	线性化级别（0：LINGO 自动决定,1：无；2：低；3：高）
74	LNBIGM	100000	线性化的大 M 系数
75	LNDLTA	0.1×10^{-5}	线性化的 Delta 误差系数
76	BASCTS	0	是否使用基本(Basis)割（1：是；0：否）
77	MAXCTR	2	分支中非根节点增加割平面时,最大迭代检查的次数
78	HUMNTM	0	分支中每个节点使用启发式搜索的最小时间(s)
79	DECOMP	0	是否使用矩阵分解技术（1：是；0：否）
80	GLBOPT	0.1×10^{-5}	全局最优求解程序的最优性误差限
81	GLBDLT	0.1×10^{-6}	全局最优求解程序在凸化过程中增加的约束的误差限
82	GLBVBD	0.1×10^{11}	全局最优求解程序中变量的上界

续表

索　引	参数名	缺省值	简要说明
83	GLBUBD	2	全局最优求解程序中变量的上界的应用范围(0:所有变量都不使用上界；1:所有变量都使用上界；2:部分使用)
84	GLBBRN	5	全局最优求解程序中第1次对变量分支时使用的分支策略(0:绝对宽度；1:局部宽度；2:全局宽度；3:全局距离；4:绝对冲突；5:相对冲突)
85	GLBBXS	1	全局最优求解程序选择活跃分支节点的方法(0:深度优先；1:具有最坏界的分支优先)
86	GLBREF	3	全局最优求解程序中模型重整的级别:(0:不进行重整；1:低；2:中；3:高)

第 13 章　利用 LINGO 软件建立及求解数学模型

13.1　求解非线性方程组

例 13.1　求解非线性方程组

$$\begin{cases} x^2+y^2=2, \\ 2x^2+x+y^2+y=4. \end{cases}$$

LINGO 程序如下：

```
Model:
  x^2+y^2=2;
  2*x^2+x+y^2+y+4;
  @free(x);@free(y);
End
```

计算的部分结果为

```
Feasible solution found.
Extended solver steps:              5
Total solver iterations:              4
            Variable      Value
            X         1.221330
            Y        -0.7129766
```

由于结果显示的局部最优解及问题本身解的不唯一性,在不同计算机上或同一计算机上的不同时间运行,得出的结果可能不同.

通过单击菜单"LINGO→Options…→Solver",在 Use Global Solver 前的方框打勾,再运行,得出的结果是

```
Feasible solution found.
Extended solver steps:              0
Total solver iterations:             24
            Variable      Value
            X       0.4543387
            Y       1.339248
```

13.2　装配线平衡模型

装配线平衡模型,一条装配线含有一系列的工作站,在最终产品的加工过程中,每个

工作站执行一种或几种特定的任务. 装配线周期是指所有工作站完成分配给它们各自的任务所花费时间中的最大值. 平衡装配线的目标是为每个工作站分配加工任务,尽可能使每个工作站执行相同数量的任务,其最终标准是装配线周期最短. 不适当的平衡装配线将会产生瓶颈——有较少任务的工作站将被迫等待其前面分配了较多任务的工作站.

问题会因为众多任务间存在优先关系而变得更复杂,任务的分配必须服从这种优先关系.

这个模型的目标是最小化装配线周期,有以下两类约束:

(1) 要保证每件任务只能也必须分配至一个工作站来加工;

(2) 要保证满足任务间的所有优先关系.

例 13.2 有 11 件任务(A~K)分配到 4 个工作站(1~4),任务的优先次序如图 13-1 所示. 每件任务所花费的时间如表 13-1 所示.试制定分配方案使装配线周期最短.

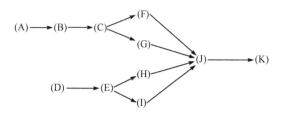

图 13-1　任务的优先次序

表 13-1　完成每件任务所需的时间表

任务	A	B	C	D	E	F	G	H	I	J	K
时间	45	11	9	50	15	12	12	12	12	8	9

1. LINGO 代码

```
model:
    ! 装配线平衡模型;
    Sets:
        ! 任务集合,有一个完成时间属性 T;
        TASK/ A B C D E F G H I J K/:T;
        ! 任务之间的优先关系集合 (例如:必须把任务 A 完成后才能开始任务 B.);
        pred(TASK,TASK)/ A,B B,C C,F C,G F,J G,J
        J,K D,E E,H E,I H,J I,J /;
        ! 工作站集合;
        station/1..4/;
        TXS(TASK,STATION):X;
```

!X是派生集合 TXS 的一个属性. 如果 X(I,K)=1,则表示第 I 个任务
指派给第 K 个工作站完成；

Endsets

Data:

!任务 A B C D E F G H I J K 的完成时间如下；

T=45 11 9 50 15 12 12 12 12 8 9;

Enddata

!当任务超过 15 个时,模型的求解将变得很慢；

!每一个作业必须指派到一个工作站,即满足约束①；

@for(TASK(I):@ sum(station(K):X(I,K))=1);

!对于每一个存在优先关系的作业对来说,前者对应的工作站 I 必须小于后
者对应的工作站 J,即满足约束②；

@for(pred(I,J):@ sum(station(K):K * X(J,K)- K * X(I,K))>=0);

!对于每一个工作站来说,完成任务所花费时间必须不大于装配线周期；

@for(station(K):

@sum(TXS(I,K):T(I) * X(I,K)) <=cyctime);

!目标函数是最小化装配线周期；

MIN=cyctime;

!指定 X(I,J) 为 0/1 变量；

@for(TXS:@bin(X));

End

2. 程序中的约束说明

对于每一个存在优先关系的作业对来说,前者对应的工作站 I 必须小于后者对应的工作站 J. 以 A,B 为例,要求 A 所在的工作站站号小于 B 所在的工作站站号,对于站号的提取,对于任务 A 而言,$X(A,K)(K=1,2,3,4)$ 中正好一个 1,对应的 K 就是 A 所在的站号,而其余取 0,因此,$K * X(A,K)$ 就表示 A 所在的站号,于是有约束：

-X(A,1)-2 * X(A,2)-3 * X(A,3)-4 * X(A,4)+X(B,1)+2 * X(B,2)+3 * X(B,3)+ 4 * X(B,4)≥0;

3. 非零分量报告的设置

由于 0-1 规划的运行结果中有较多的零,通过单击菜单"LINGO→Solution"命令调出如图 13-2 所示的窗口,在"Type of Output"栏选择"Text",同时选择"Nonzeros Only"选项,然后单击"OK"按钮,即可得到最优解的非零分量报告.

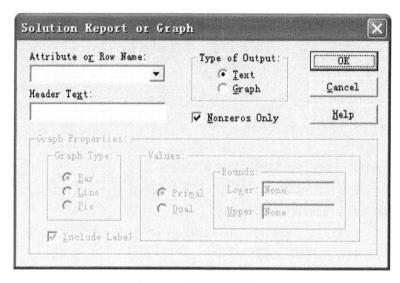

图 13-2　求解报告设置窗口

4. 运行的部分结果(只显示取值非零的变量)

```
Global optimal solution found at iteration:           1255
Objective value:                        50.00000
        Variable          Value       Reduced Cost
        CYCTIME        50.00000         0.000000
        X(A,2)          1.000000        0.000000
        X(B,3)          1.000000       11.00000
        X(C,4)          1.000000        0.000000
        X(D,1)          1.000000        0.000000
        X(E,3)          1.000000       15.00000
        X(F,4)          1.000000        0.000000
        X(G,4)          1.000000        0.000000
        X(H,3)          1.000000       12.00000
        X(I,3)          1.000000       12.00000
        X(J,4)          1.000000        0.000000
        X(K,4)          1.000000        0.000000
```

结果表明,任务 D 分配到 1 号工作站;任务 A 分配到 2 号工作站;任务 B,E,H,I 分配到 3 号工作站;任务 C,F,G,J,K 分配到 4 号工作站. 分配到同一工作站的任务间的优先关系按此处排序的先后进行.

5. 程序的扩展形式

为了便于读者理解这个模型,下面给出本程序的无集合形式的程序(可按快捷组合键

"Ctrl＋G"生成）.

MODEL:

[_28] MIN=CYCTIME;

[_2] X_B_1+X_B_2+X_B_3+X_B_4=1;

[_3] X_C_1+X_C_2+X_C_3+X_C_4=1;

[_4] X_D_1+X_D_2+X_D_3+X_D_4=1;

[_5] X_E_1+X_E_2+X_E_3+X_E_4=1;

[_6] X_F_1+X_F_2+X_F_3+X_F_4=1;

[_7] X_G_1+X_G_2+X_G_3+X_G_4=1;

[_8] X_H_1+X_H_2+X_H_3+X_H_4=1;

[_9] X_I_1+X_I_2+X_I_3+X_I_4=1;

[_10] X_J_1+X_J_2+X_J_3+X_J_4=1;

[_11] X_K_1+X_K_2+X_K_3+X_K_4=1;

[_12]-X_A_1-2*X_A_2-3*X_A_3-4*X_A_4+X_B_1+2*X_B_2+3*X_B_3+4
*X_B_4>=0;

[_13]-X_B_1-2*X_B_2-3*X_B_3-4*X_B_4+X_C_1+2*X_C_2+3*X_C_3+4
*X_C_4>=0;

[_14]-X_C_1-2*X_C_2-3*X_C_3-4*X_C_4+X_F_1+2*X_F_2+3*X_F_3+4
*X_F_4>=0;

[_15]-X_C_1-2*X_C_2-3*X_C_3-4*X_C_4+X_G_1+2*X_G_2+3*X_G_3+4
*X_G_4>=0;

[_16]-X_F_1-2*X_F_2-3*X_F_3-4*X_F_4+X_J_1+2*X_J_2+3*X_J_3+4
*X_J_4>=0;

[_17]-X_G_1-2*X_G_2-3*X_G_3-4*X_G_4+X_J_1+2*X_J_2+3*X_J_3+4
*X_J_4>=0;

[_18]-X_J_1-2*X_J_2-3*X_J_3-4*X_J_4+X_K_1+2*X_K_2+3*X_K_3+4
*X_K_4>=0;

[_19]-X_D_1-2*X_D_2-3*X_D_3-4*X_D_4+X_E_1+2*X_E_2+3*X_E_3+4
*X_E_4>=0;

[_20]-X_E_1-2*X_E_2-3*X_E_3-4*X_E_4+X_H_1+2*X_H_2+3*X_H_3+4
*X_H_4>=0;

[_21]-X_E_1-2*X_E_2-3*X_E_3-4*X_E_4+X_I_1+2*X_I_2+3*X_I_3+4
*X_I_4>=0;

[_22]-X_H_1-2*X_H_2-3*X_H_3-4*X_H_4+X_J_1+2*X_J_2+3*X_J_3+4
*X_J_4>=0;

[_23]-X_I_1-2*X_I_2-3*X_I_3-4*X_I_4+X_J_1+2*X_J_2+3*X_J_3+4
*X_J_4>=0;

[_24]-CYCTIME+45*X_A_1+11*X_B_1+9*X_C_1+50*X_D_1+15*X_E_1+12

```
   * X_F_1+12 * X_G_1+12 * X_H_1+12 * X_I_1+8 * X_J_1+9 * X_K_1< =0;
[_25]-CYCTIME+45 * X_A_2+11 * X_B_2+9 * X_C_2+50 * X_D_2+15 * X_E_2+12
   * X_F_2+12 * X_G_2+12 * X_H_2+12 * X_I_2+8 * X_J_2+9 * X_K_2< =0;
[_26]-CYCTIME+45 * X_A_3+11 * X_B_3+9 * X_C_3+50 * X_D_3+15 * X_E_3+12
   * X_F_3+12 * X_G_3+12 * X_H_3+12 * X_I_3+8 * X_J_3+9 * X_K_3< =0;
[_27]-CYCTIME+45 * X_A_4+11 * X_B_4+9 * X_C_4+50 * X_D_4+15 * X_E_4+12
   * X_F_4+12 * X_G_4+12 * X_H_4+12 * X_I_4+8 * X_J_4+9 * X_K_4< =0;
[_1]X_A_1+X_A_2+X_A_3+X_A_4=1;
@BIN(X_A_1); @BIN(X_A_2); @BIN(X_A_3); @BIN(X_A_4);
  @BIN(X_B_1); @BIN(X_B_2); @BIN(X_B_3); @BIN(X_B_4);
  @BIN(X_C_1); @BIN(X_C_2); @BIN(X_C_3); @BIN(X_C_4);
  @BIN(X_D_1); @BIN(X_D_2); @BIN(X_D_3); @BIN(X_D_4);
  @BIN(X_E_1); @BIN(X_E_2); @BIN(X_E_3); @BIN(X_E_4);
  @BIN(X_F_1); @BIN(X_F_2); @BIN(X_F_3); @BIN(X_F_4);
  @BIN(X_G_1); @BIN(X_G_2); @BIN(X_G_3); @BIN(X_G_4);
  @BIN(X_H_1); @BIN(X_H_2); @BIN(X_H_3); @BIN(X_H_4);
  @BIN(X_I_1); @BIN(X_I_2); @BIN(X_I_3); @BIN(X_I_4);
  @BIN(X_J_1); @BIN(X_J_2); @BIN(X_J_3); @BIN(X_J_4);
  @BIN(X_K_1); @BIN(X_K_2); @BIN(X_K_3); @BIN(X_K_4);
END
```

13.3　旅行售货员问题

例 13.3　旅行售货员问题或 TSP 问题(又称货郎担问题,traveling salesman problem).

有一个推销员,从城市 1 出发,要遍访城市 $2,3,\cdots,n$ 各一次,最后返回城市 1. 已知从城市 i 到 j 的旅费为 C_{ij},问它应按怎样的次序访问这些城市,使得总旅费最少?

可以用多种方法把 TSP 表示成整数规划模型. 这里介绍的一种建立模型的方法,是把该问题的每个解(不一定是最优的)看作一次"巡回"(按《抽象代数》中的名词,是城市代码上的循环置换).

1. 建立模型

在下述意义下,引入一些 0-1 整数变量:

$$x_{ij} = \begin{cases} 1, & 巡回路线是从 i 到 j,并且 i \neq j, \\ 0, & 其他情况, \end{cases}$$

其目标是使 $\sum_{i,j=1} C_{ij}x_{ij}$ 为最小.

这里有两个明显的必须满足的条件:

(1) 访问城市 i 后必须要有一个即将访问的确切城市(表示存在 j,使得 $x_{ij}=1$,即 $x_{i1}+x_{i2}+\cdots+x_{in}=1$);

(2) 访问城市 j 前必须要有一个刚刚访问过的确切城市(表示存在 i,使得 $x_{ij}=1$,即 $x_{1j}+x_{2j}+\cdots+x_{nj}=1$).用下面的两组约束分别实现上面的两个条件:

$$\sum_{j=1}^{n} x_{ij}=1, \quad i=1,2,\cdots,n,$$
$$\sum_{i=1}^{n} x_{ij}=1, \quad j=1,2,\cdots,n.$$

到此得到了一个模型,它是一个指派问题的整数规划模型.但以上两个条件对于 TSP 来说并不充分,仅仅是必要条件.例如,如图 13-3 所示,以上两个条件都满足,但它显然不是 TSP 的解,它存在两个不相连的子巡回.

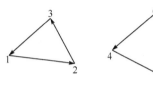

这里将叙述一种在原模型上附加充分条件的约束,以避免产生子巡回的方法.把额外变量 $u_i(i=2,$

图 13-3 TSP 问题出现子循环的例子

$3,\cdots,n)$ 附加到问题中.可把这些变量看作连续的(显然,这些变量在最优解中取普通的整数值).现在附加下面形式的约束条件:

$$u_i-u_j+nx_{ij}\leqslant n-1, \quad 2\leqslant i\neq j\leqslant n.$$

注意到 $i>1$,后面证明要用的!

2. 理论证明

为了证明该约束条件有预期的效果,必须证明如下两点:

(1) 任何含子巡回的路线都不满足该约束条件;

(2) 全部巡回都满足该约束条件.

首先证明(1).用反证法.假设还存在子巡回,也就是说,至少有两个子巡回,那么至少存在一个子巡回中不含城市 1.将该子巡回记为 $i_1 i_2 \cdots i_k i_1$,则必有

$$u_{i_1}-u_{i_2}+n\leqslant n-1,$$
$$u_{i_2}-u_{i_3}+n\leqslant n-1,$$
$$\cdots$$
$$u_{i_k}-u_{i_1}+n\leqslant n-1,$$

把这 k 个式子相加,得到 $n\leqslant n-1$,矛盾!

故假设不正确,结论(1)得证.

下面证明(2).用构造法.对于任意的总巡回 $1 i_1 i_2 \cdots i_{n-1} 1$,可取 $u_i=$ 访问城市 i 的顺序数,取值范围为 $\{0,1,\cdots,n-2\}$(注意:不考虑城市 1,其取值正好与 i 的下标一致).因此,

$$u_i-u_j\leqslant n-2, \quad 2\leqslant i\neq j\leqslant n.$$

下面来证明总巡回满足该约束条件.

(i) 总巡回上的边(这时,$\overline{i_1 i_2}$ 在总巡回上,$x_{i_1 i_2}=1$).

$$u_{i_1} - u_{i_2} + n = n - 1 \leqslant n - 1,$$

$$u_{i_2} - u_{i_3} + n = n - 1 \leqslant n - 1,$$

$$\cdots$$

$$u_{i_k} - u_{i_1} + n = n - 1 \leqslant n - 1.$$

(ii) 非总巡回上的边(这时,$\overline{i,j}$不在总巡回上,$x_{i,j} = 0$).

$$\begin{cases} u_{i_r} - u_j \leqslant n - 2 \leqslant n - 1, & r = 1, 2, \cdots, n-2, j \in \{2, 3, \cdots, n\} - \{i_r, i_{r+1}\}, \\ u_{i_{n-1}} - u_j \leqslant n - 2 \leqslant n - 1, & r = 1, 2, \cdots, n-2, j \in \{2, 3, \cdots, n\} - \{i_{n-1}\}, \end{cases}$$

从而结论(2)得证.

这样把 TSP 问题转化成一个混合整数线性规划问题,即

$$\min \quad z = \sum_{\substack{i,j=1 \\ i \neq j}}^{n} c_{ij} x_{ij},$$

$$\text{s. t.} \quad \begin{cases} \sum_{i=1}^{n} x_{ij} = 1, & j = 1, 2, \cdots, n, \\ \sum_{j=1}^{n} x_{ij} = 1, & i = 1, 2, \cdots, n, \\ u_i - u_j + n x_{ij} \leqslant n - 1, & 2 \leqslant i \neq j \leqslant n, \\ x_{ij} = 0, 1, & i, j = 1, 2, \cdots, n, \\ u_i \geqslant 0, & i = 2, 3, \cdots, n. \end{cases}$$

显然,当城市个数较大(大于30)时,该混合整数线性规划问题的规模会很大,从而给求解带来很大问题.

3. 实例及程序

下面给出涉及 5 个城市的旅行售货员问题的程序.

```
Model:
    ! 旅行售货员问题;
    Sets:
        city / 1 . . 5/:u;
        link(city,city):
        dist,! 距离矩阵;
        x;
    Endsets
    n= @ size(city);
    Data:! 距离矩阵,它并不需要是对称的;
    dist= @ qrand(1);! 此处数据是随机产生的,读者可改为你要解决的问
题的
    数据;
```

```
Enddata
! 目标函数;
min= @ sum(link:dist * x);
@ for(city(K):
! 进入城市 K;
@ sum(city(I)| I# ne# K:x(I,K))= 1;
! 离开城市 K;
@ sum(city(J)| J# ne# K:x(K,J))= 1;
);
! 保证不出现子圈;
@ for(city(I)|I# gt# 1:
@ for(city(J)| J# gt# 1# and# I# ne# J:
u(I)- u(J)+ n * x(I,J)< = n- 1);
);
```

! 限制 u 的范围以加速模型的求解,保证所加限制并不排除掉 TSP 问题的最优解;

```
@ for(city(I) | I# gt# 1:u(I)< = n- 2 );
! 定义 x 为 0- 1 变量;
@ for(link:@ bin(x));
End
```

4. 运行的部分结果

```
Global optimal solution found at iteration:              77
Objective value:                                  1.692489
```

Variable	Value	Reduced Cost
N	5. 000000	0. 000000
U(1)	0. 000000	0. 000000
U(2)	1. 000000	0. 000000
U(3)	3. 000000	0. 000000
U(4)	2. 000000	0. 000000
U(5)	0. 000000	0. 000000
DIST(1,1)	0. 4491774	0. 000000
DIST(1,2)	0. 2724506	0. 000000
DIST(1,3)	0. 1240430	0. 000000
DIST(1,4)	0. 9246848	0. 000000
DIST(1,5)	0. 4021706	0. 000000
DIST(2,1)	0. 7091469	0. 000000
DIST(2,2)	0. 1685199	0. 000000

DIST(2,3)	0.8989646	0.000000
DIST(2,4)	0.2502747	0.000000
DIST(2,5)	0.8947571	0.000000
DIST(3,1)	0.8648940E-01	0.000000
DIST(3,2)	0.6020591	0.000000
DIST(3,3)	0.3380884	0.000000
DIST(3,4)	0.6813164	0.000000
DIST(3,5)	0.2236271	0.000000
DIST(4,1)	0.9762987	0.000000
DIST(4,2)	0.8866343	0.000000
DIST(4,3)	0.7139008	0.000000
DIST(4,4)	0.2288770	0.000000
DIST(4,5)	0.7134250	0.000000
DIST(5,1)	0.8524679	0.000000
DIST(5,2)	0.2396538	0.000000
DIST(5,3)	0.5735525	0.000000
DIST(5,4)	0.1403314	0.000000
DIST(5,5)	0.6919708	0.000000
X(1,5)	1.000000	0.4021706
X(2,4)	1.000000	0.2502747
X(3,1)	1.000000	0.8648940E-01
X(4,3)	1.000000	0.7139008
X(5,2)	1.000000	0.2396538

结果解释:由本次运行产生的随机数据说明,这时旅行售货员所走的路径为 $1 \rightarrow 5 \rightarrow 2 \rightarrow 4 \rightarrow 3 \rightarrow 1$,而最小费用为 1.692489.

5. 模型的推广

TSP 问题已被证明是 NP 难问题,目前还没有发现多项式时间的算法. 对于小规模 TSP 问题,求解这个混合整数线性规划问题的方式还是有效的.

TSP 问题是一个重要的组合优化问题,除了有直观的应用外,许多其他看似与 TSP 问题无联系的优化问题也可转化为 TSP 问题.

例 13.4　零件的加工顺序问题.

现需在一台机器上加工 n 个零件(如烧瓷器),这些零件可按任意先后顺序在机器上加工. 希望加工完成所有零件的总时间尽可能少. 由于加工工艺的要求,加工零件 j 时机器必须处于相应状态 S_j(如炉温). 设开始未加工任何零件时机器处于状态 S_0,并且当所有零件加工完成后需恢复到 S_0 状态. 已知从状态 S_i 调整到状态 $S_j (j \neq i)$ 需要时间 c_{ij}. 零件 j 本身加工时间为 p_j. 为方便起见,引入一个虚零件 0,其加工时间为 0,要求状态为 S_0,则 $\{0,1,2,\cdots,n\}$ 的一个循环置换 π 就表示对所有零件的一个加工顺序. 在此置换下,

完成所有零件的加工所需要的总时间为

$$\sum_{i=0}^{n}(c_{i\pi(i)}+p_{\pi(i)})=\sum_{i=0}^{n}c_{i\pi(i)}+\sum_{j=0}^{n}p_j.$$

由于 $\sum_{j=0}^{n}p_j$ 是一个常数,故该零件的加工顺序问题变成 TSP 问题.

13.4　最短路问题

例 13.5　最短路问题.

给定 N 个点 $p_i(i=1,2,\cdots,N)$ 组成集合 $\{p_i\}$,由集合中任一点 p_i 到另一点 p_j 的距离用 c_{ij} 表示,如果 p_i 到 p_j 没有弧联结,则规定 $c_{ij}=+\infty$. 又规定 $c_{ii}=0(1\leqslant i\leqslant N)$,指定一个终点 p_N,试求出从 p_i 点出发到 p_N 点的最短路线. 这里用动态规划方法来做. 用所在的点 p_i 表示状态,决策集合就是除 p_i 以外的点,选定一个点 p_j 以后,得到效益 c_{ij} 并转入新状态 p_j,当状态是 p_N 时,过程停止. 显然,这是一个不定期多阶段决策过程.

用 $f(i)$ 表示由 p_i 点出发至终点 p_N 的最短路程,由最优化原理可得

$$\begin{cases}f(i)=\min_j\{c_{ij}+f(j)\}, & i=1,2,\cdots,N-1,\\ f(N)=0.\end{cases}$$

这是一个函数方程(用了递归定义),用 LINGO 可以方便地解决.

设有 10 个点,任意两点间的距离由表 13-2 距离矩阵或联结矩阵给出.

表 13-2　10 个点间的距离表

	1	2	3	4	5	6	7	8	9	10
1		6	5							
2				3	6	9				
3				7	5	11				
4							9	1		
5							8	7	5	
6								4	10	
7										5
8										7
9										9
10										

```
！最短路问题;
Model:
    Data:
        n=10;
    enddata
    sets:
```

```
cities/1..n/:F;! 10 个城市;
roads(cities,cities)/! 显示罗列的稀疏集;
1,2      1,3
2,4      2,5      2,6
3,4      3,5      3,6
4,7      4,8
5,7      5,8      5,9
6,8      6,9
7,10
8,10
9,10
/:D,P;
```

```
Endsets
Data:
    D=
    6        5
    3        6        9
    7        5        11
    9        1
    8        7        5
    4        10
    5
    7
    9;
Enddata
    F(n)=0;
    @for(cities(i) | i# lt# n:
    F(i)=@ min(roads(i,j):D(i,j)+ F(j))
    );
```

! 显然,如果 P(i,j)= 1,则点 i 到点 n 的最短路径的第一步是 i- - > j,否则就不是.

由此就可方便地确定出最短路径;

```
    @for(roads(i,j):
    P(i,j)=@if(F(i)# eq# D(i,j)+ F(j),1,0)
    );
End
```

计算的部分结果为

```
    Feasible solution found at iteration:              0
```

Variable	Value
N	10.00000
F(1)	17.00000
F(2)	11.00000
F(3)	15.00000
F(4)	8.000000
F(5)	13.00000
F(6)	11.00000
F(7)	5.000000
F(8)	7.000000
F(9)	9.000000
F(10)	0.000000
P(1,2)	1.000000
P(2,4)	1.000000
P(3,4)	1.000000
P(4,8)	1.000000
P(5,7)	1.000000
P(6,8)	1.000000
P(7,10)	1.000000
P(8,10)	1.000000
P(9,10)	1.000000

由此运行结果可知,由 $P(1,2)$,$P(2,4)$,$P(4,8)$,$P(8,10)$ 都取值为 1,从而知从点 1 至点 10 的最短路径为 1→2→4→8→10.同理,由 $P(5,7)$,$P(7,10)$ 都取值为 1 知,从点 5 至点 10 的最短路径为 5→7→10;依此类推.

13.5　竞赛实例:露天矿生产的车辆安排

例 13.6　露天矿生产的车辆安排(CMCM2003B).

钢铁工业是国家工业的基础之一,铁矿是钢铁工业的主要原料基地.许多现代化铁矿是露天开采的,它的生产主要是由电动铲车(以下简称电铲)装车、电动轮自卸卡车(以下简称卡车)运输来完成的.提高这些大型设备的利用率是增加露天矿经济效益的首要任务.

露天矿里有若干个爆破生成的石料堆,每堆称为一个铲位,每个铲位已预先根据铁含量将石料分成矿石和岩石.一般来说,平均铁含量不低于 25% 的为矿石,否则为岩石.每个铲位的矿石、岩石数量以及矿石的平均铁含量(称为品位)都是已知的.每个铲位至多能安置一台电铲,电铲的平均装车时间为 5min.

卸货地点(以下简称卸点)有卸矿石的矿石漏、两个铁路倒装场(以下简称倒装场)和卸岩石的岩石漏、岩场等,每个卸点都有各自的产量要求.从保护国家资源的角度及矿山的经济效益来考虑,应该尽量把矿石按矿石卸点需要的铁含量(假设要求都为 $29.5\% \pm 1\%$,称为品位限制)搭配起来送到卸点,搭配的量在一个班次(8h)内满足品位限制即可.从长远来看,卸点可以移动,但一个班次内不变.卡车的平均卸车时间为 3min.

所用卡车载重量为 154t,平均时速为 28km/h.卡车的耗油量很大,每个班次每台车消耗近 1t 柴油.发动机点火时需要消耗相当多的电瓶能量,故一个班次中只在开始工作时点火一次.卡车在等待时所耗费的能量也是相当可观的,原则上,在安排时不应发生卡车等待的情况.电铲和卸点都不能同时为两辆及以上卡车服务.卡车每次都是满载运输.

每个铲位到每个卸点的道路都是专用的宽 60m 的双向车道,不会出现堵车现象,每段道路的里程都是已知的.

一个班次的生产计划应该包含以下内容:出动几台电铲,分别在哪些铲位上;出动几辆卡车,分别在哪些路线上各运输多少次(因为随机因素影响,装卸时间与运输时间都不精确,所以排时计划无效,只求出各条路线上的卡车数及安排即可).一个合格的计划要在卡车不等待条件下满足产量和质量(品位)要求,而一个好的计划还应该考虑下面两条原则之一:

(1) 总运量(t·km)最小,同时出动最少的卡车,从而运输成本最小;

(2) 利用现有车辆运输,获得最大的产量(岩石产量优先;在产量相同的情况下,取总运量最小的解).

请就上面两条原则分别建立数学模型,并给出一个班次生产计划的快速算法.针对下面的实例,给出具体的生产计划、相应的总运量及岩石和矿石产量.

某露天矿有铲位 10 个,卸点 5 个,现有铲车 7 台,卡车 20 辆.各卸点一个班次的产量要求:矿石漏 1.2 万 t、倒装场Ⅰ1.3 万 t、倒装场Ⅱ1.3 万 t、岩石漏 1.9 万 t、岩场 1.3 万 t.

铲位和卸点位置二维示意图如图 13-4 所示,各铲位和各卸点之间的距离(km)如表 13-3 所示.

表 13-3 各铲位和各卸点之间的距离表 (单位:km)

	铲位 1	铲位 2	铲位 3	铲位 4	铲位 5	铲位 6	铲位 7	铲位 8	铲位 9	铲位 10
矿石漏	5.26	5.19	4.21	4.00	2.95	2.74	2.46	1.90	0.64	1.27
倒装场Ⅰ	1.90	0.99	1.90	1.13	1.27	2.25	1.48	2.04	3.09	3.51
岩场	5.89	5.61	5.61	4.56	3.51	3.65	2.46	2.46	1.06	0.57
岩石漏	0.64	1.76	1.27	1.83	2.74	2.60	4.21	3.72	5.05	6.10
倒装场Ⅱ	4.42	3.86	3.72	3.16	2.25	2.81	0.78	1.62	1.27	0.50

各铲位矿石、岩石数量(万 t)和矿石的平均铁含量如表 13-4 所示.

表 13-4　各铲位矿石、岩石数量(万吨)和矿石的平均铁含量表

	铲位 1	铲位 2	铲位 3	铲位 4	铲位 5	铲位 6	铲位 7	铲位 8	铲位 9	铲位 10
矿石量	0.95	1.05	1.00	1.05	1.10	1.25	1.05	1.30	1.35	1.25
岩石量	1.25	1.10	1.35	1.05	1.15	1.35	1.05	1.15	1.35	1.25
铁含量	30%	28%	29%	32%	31%	33%	32%	31%	33%	31%

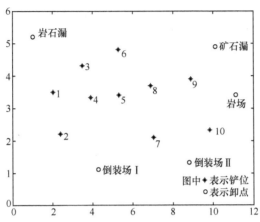

图 13-4　各个铲位和卸点位置的示意图

LINGO 程序如下：

```
Model:
    title CUMCM-2003B-01;
    Sets:
    cai/1..10/:crate,cnum,cy,ck,flag;
    xie/1..5/:xsubject,xnum;
    link(xie,cai):distance,lsubject,number,che,b;
    Endsets
    Data:
    crate=30 28 29 32 31 33 32 31 33 31;
    xsubject=1.2 1.3 1.3 1.9 1.3 ;
    distance=5.26 5.19 4.21 4.00 2.95 2.74 2.46 1.90 0.64 1.27
             1.90 0.99 1.90 1.13 1.27 2.25 1.48 2.04 3.09 3.51
             5.89 5.61 5.61 4.56 3.51 3.65 2.46 2.46 1.06 0.57
             0.64 1.76 1.27 1.83 2.74 2.60 4.21 3.72 5.05 6.10
             4.42 3.86 3.72 3.16 2.25 2.81 0.78 1.62 1.27 0.50;
    cy=1.25 1.10 1.35 1.05 1.15 1.35 1.05 1.15 1.35 1.25;
    ck=0.95 1.05 1.00 1.05 1.10 1.25 1.05 1.30 1.35 1.25;
    Enddata
```

```
!目标函数;
min=@sum(cai(i):
        @sum(xie(j):
          number(j,i)*154*distance(j,i)));


!max=@sum(link(i,j):number(i,j));
!max=xnum(3)+xnum(4)+xnum(1)+xnum(2)+xnum(5);
!min=@sum(cai(i):
!        @sum(xie(j):
!          number(j,i)*154*distance(j,i)));
!xnum(1)+xnum(2)+xnum(5)=340;
!xnum(1)+xnum(2)+xnum(5)=341;
!xnum(3)=160;
!xnum(4)=160;
!卡车每一条路线上最多可以运行的次数;
@for(link(i,j):
b(i,j)=@floor((8*60-(@floor((distance(i,j)/28*60*2+3+5)/5)-
1)*5)/(distance(i,j)/28*60*2+3+5)));
!b(i,j)=@floor(8*60/(distance(i,j)/28*60*2+3+5)));


!t(i,j)=@floor((distance(i,j)/28*60*2+3+5)/5);
!b(i,j)=@floor((8*60-(@floor((distance(i,j)/28*60*2+3+5)/5))
*5)/(distance(i,j)/28*60*2+3+5)));
!每一条路线上的最大总车次的计算;
@for(link(i,j):lsubject(i,j)=
(@floor((distance(i,j)/28*60*2+3+5)/5))*b(i,j));
!计算各个铲位的总产量;
@for(cai(j):
      cnum(j)=@sum(xie(i):number(i,j)));
!计算各个卸点的总产量;
@for(xie(i):
        xnum(i)=@sum(cai(j):number(i,j)));
!道路能力约束;
@for(link(i,j):number(i,j)<=lsubject(i,j));
!电铲能力约束;
@for(cai(j):cnum(j)<=flag(j)*8*60/5);
!电铲数量约束;
```

```
@sum(cai(j):flag(j))<=7;
!卸点能力约束;
@for(xie(i):xnum(i)<=8*20);
!铲位产量约束;
@for(cai(i):   number(1,i)+number(2,i)+number(5,i)<=ck(i)*
10000/154);
@for(cai(i):   number(3,i)+number(4,i)<=cy(i)*10000/154);
!产量任务约束;
@for(xie(i):xnum(i)>=xsubject(i)*10000/154);
!铁含量约束;
@sum(cai(j):number(1,j)*(crate(j)-30.5))<=0;
@sum(cai(j):number(2,j)*(crate(j)-30.5))<=0;
@sum(cai(j):number(5,j)*(crate(j)-30.5))<=0;
@sum(cai(j):number(1,j)*(crate(j)-28.5))>=0;
@sum(cai(j):number(2,j)*(crate(j)-28.5))>=0;
@sum(cai(j):number(5,j)*(crate(j)-28.5))>=0;
!关于车辆的具体分配;
@for(link(i,j):che(i,j)=number(i,j)/b(i,j));
!各个路线所需卡车数简单加和;
hehe=@sum(link(i,j):che(i,j));
!整数约束;
@for(link(i,j):@gin(number(i,j)));
@for(cai(j):@bin(flag(j)));
!车辆能力约束;
hehe<=20;
ccnum=@sum(cai(j):cnum(j));
End
```

由于运行结果内容较多,此处省略,读者可以自行运行程序得到结果.

第三篇 几何画板软件

如何制作课件是每一位想运用现代技术辅助教学的教师所关心的问题. 对于这个问题的回答, 我们有初学时的困惑, 也有经过尝试后的一些思考, 但在这里, 我们无法给读者一个完整的答案. 谈到课件制作, 首先是制作平台的选择. 现在可用于课件制作的软件平台很多, 我们认为几何画板应该是数学、物理教师的首选课件制作平台.

几何画板软件是由美国 Key Curriculum Press 公司制作并出版的数学软件, 它的全名是几何画板——21 世纪的动态几何. 1996 年, 我国教育部全国中小学计算机教育研究中心开始大力推广几何画板软件, 以几何画板软件为教学平台, 开始组织"CAI 在数学课堂中的应用"研究课题. 几年来, 几何画板软件越来越多地在教学中得到应用. 它简单易学、功能强大. 几何画板动态探究数学问题的功能使学生原本感到枯燥的数学变得形象生动, 可以极大地调动学生学习的积极性.

学习数学需要数学逻辑经验的支撑, 而数学经验是从操作活动中获得的. 离开人的活动是没有数学的, 也是学不懂数学的. 在教师的引导下, 几何画板可以给学生创造一个实际"操作"几何图形的环境. 学生可以任意拖动图形、观察图形、猜测并验证, 在观察、探索、发现的过程中, 增加对各种图形的感性认识, 形成丰厚的几何经验背景, 从而更有助于学生理解和证明数学结论. 因此, 几何画板还能为学生创造一个进行几何"实验"的环境, 有助于发挥学生的主体性、积极性和创造性, 充分体现了现代教学的思想. 从这个意义上来说, 几何画板不仅应成为教师教学的工具, 而且应该成为学生有力的认知工具. 在当前大力开展素质教育和减负工作的情形下, 把几何画板交给学生无异于交给学生一把金钥匙, 是一件特别有意义的事.

本教材从用工具构图开始, 对 5.0 版本的几何画板软件的功能和基本操作进行了比较详细的介绍, 其中也有不少精彩的范例. 只要读者用心领会, 多动手操作, 相信能很快在几何画板的使用上得心应手.

教材中大部分资料来自(qiusir.com 网站)画板联盟的在线教程, 作者只做了一些整理工作.

建议初学者选择 5.0 最强中文特色版. 该版本安装后在"帮助"菜单里有丰富的自学资料, 如培训教程(针对 4.06 版)及由徐小林直接用几何画板软件编制的几何画板基础培训教程、迭代全解、3D 使用教程, 还有 4.X 版本实例、5.X 版本实例及分形艺术, 还有自动链接的远程在线资源中心. 此后出现的 5.02, 5.03 单机绿色免安装版体积小, 但"帮助"的内容大大减少.

几何画板从最初发行的低版本至现在的 5.X 版, 功能更强, 使用更方便, 最新版有如下十大特色：

(1) 主程序含简体、繁体、英文三个版本，以简体中文为主；

(2) 免注册、无限制；

(3) 无须手动设置，自动防乱码；

(4) 无须手动设置，自动加载工具集(533 个常用工具)，并作了分类，用起来很方便；

(5) 整合 6 份几何画板详细图文教程，帮助读者从入门到精通；

(6) 整合精心收集整理的上千个几何画板课件实例，让读者直接与画板高手接触；

(7) 可选安装新版几何画板 5.0 控件，安装后可无缝插入 PPT，Word 和网页(含教程)；

(8) 整合 3D 工具集(需手动选择工具目录)，用于解决立体几何问题，含详细使用教程；

(9) 整合几何画板 5.0 打包机，GSP 画板文件打包后无须安装几何画板即可运行；

(10) 画板教程、实例目录、打包机的链接可从"帮助"菜单或"开始"菜单打开.

第14章 用工具框作图

本章主要介绍如何使用绘图工具作"点""圆""线""多边形";如何在几何对象上画"点"设置标签;如何用绘图工具构造交点、等圆、直角等的构造技巧;如何对"点""线""圆"的标签进行显示和隐藏;了解对象间的几何关系.

14.1 几何画板的启动和绘图工具的介绍

14.1.1 几何画板的安装与启动

从网上下载几何画板 5.0 以上版本软件,按通常软件安装的方法进行安装后即可使用.本书多数内容以几何画板 5.06 最强中文版为主进行介绍.

单击 Windows 桌面左下角的"开始"按钮,依次选择"程序→几何画板 5.06 最强中文版→几何画板 V5.06"命令,即可启动几何画板进入操作界面,进入几何画板系统后的屏幕画面,如图 14-1 所示.

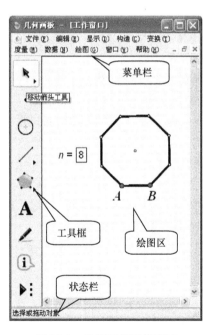

图 14-1　几何画板工作窗口

几何画板的窗口与其他 Windows 应用程序窗口十分类似,由控制菜单、最大/最小化以及标题栏构成,窗口左侧是画板工具箱,当处理的图形比窗口大时,画板的右边或下边会有滚动条出现.

画板的左侧是画板工具箱,把光标移动到工具的上面,立即就会显示工具的名称,它们分别是移动箭头工具、点工具、圆工具、线段直尺工具、多边形工具、文字工具、标记工具、信息工具、自定义工具.

　　和一般的绘图软件相比,读者可能会感觉它的工具少了点.由于几何画板的主要用途之一是用来绘制几何图形,而几何图形的绘制通常是用直尺和圆规,它们的配合几乎可以画出所有的欧氏几何图形.因为任何欧氏几何图形最后都可归结为基本图形"点""线""圆".这种公理化作图的思想因为"三大作图难题"曾经吸引无数数学爱好者的极大兴趣,从而在数学历史上影响重大、源远流长.从某种意义上来讲,几何画板绘图是欧氏几何"尺规作图"的一种现代延伸.因为这种把所有绘图建立在基本元素上的做法和数学作图思维中的公理化思想是一脉相承的.

　　按住工具框的边缘,可随意拖动工具框到画板窗口的任何位置,不同位置的形状不同.把工具框拖到除窗口左右边缘的任何位置时的效果如图14-2所示.

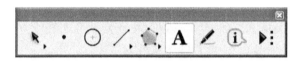

图 14-2　几何画板的工具框

14.1.2　各个基本工具的功能

　　各个工具的功能及操作方法如下.

　　选择:主要功能是选择对象.

　　画点:可以在画板绘图区任何空白的地方或"线"上画点.这里的"线"可以是线段、射线、直线、圆、轨迹、函数图像.

　　画圆:可以画出圆心在任意位置,任意半径大小的圆.

　　画线:直尺工具,用于画线段、射线或直线.

　　画多边形:可以画出任意边数的多边形.

　　A 标注:文字工具,加标注(即说明性的文字)或给对象标注标签.

　　标记:标记工具,手写文字、手绘曲线、标记角、标记路径对象等.

　　说明:信息工具,显示图形对象的构造过程.

　　自定义工具:系统已定义了43类工具(不同版本有差别),如果读者觉得上述工具不够用,还可以定义新的工具.

　　工具扩展:

　　细心的读者会发现,在选择箭头工具、直尺工具、多边形工具的右下角都有一个小三角形.

图 14-3　箭头工具扩展工具

　　用鼠标按住选择箭头工具约1秒,可立即看到扩展工具,如图14-3所示.其中包含三个工具,分别是移动工具、旋转工具、缩放工具.

　　直尺工具展开后有如下三个工具,分别是线段直尺工具、射线直尺工具和直线直尺工具,如图14-4所示.

多边形工具展开后有如下三个工具,分别是多边形工具、多边形和边工具、多边形边工具,如图 14-5 所示.

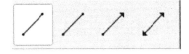

图 14-4 直尺工具扩展工具

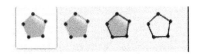

图 14-5 多边形工具扩展工具

试一试:用工具画出如图 14-6 所示的图形.

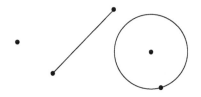

图 14-6 最基本的点线圆

14.1.3 绘图工具的操作方法

希望选择某项绘图工具时,用鼠标单击一下该工具即可.使用扩展工具只需用鼠标按住工具至显示出扩展工具后拖动鼠标至扩展工具后放开鼠标即可.

各个绘图工具的操作方法如下:

(1) 画点.单击点工具图标,画板窗口中需要画点的位置单击,就会出现一个点(这样画的点是自由点);还可以直接画出两条"线"的交点:移动鼠标至两线交点附近当两条线同时变成红色后单击即可(注:若两线的交点在此前已经绘制,当把鼠标移至两线交点附近时,两条线的颜色不再改变).

(2) 画线段.单击线段直尺工具,将光标移动到画板窗口中需要画线段的一个端点处按下鼠标左键,再拖动鼠标到另一端点位置松开鼠标,就会出现一条线段.

(3) 画射线.移动光标到线段直尺工具上,按住鼠标不放,待线段直尺工具展开后,不要松开鼠标,继续移动鼠标使光标到达射线直尺工具 ⟋⟋⟋⟋ 上,松开鼠标,线段直尺工具变为 ⟋.然后,在画板绘图区单击鼠标并按住拖动,到适当位置松开,就画出一条射线.

由于射线向一端是无限延伸的,所以在几何画板里将一直延伸到窗口边线而看不见射线上的箭头,但复制到 Word 文档中后即可看到效果,如图 14-7 所示.

(4) 画直线.与画射线类似,如图 14-8 所示.

图 14-7 复制到 Word 文档后的射线　　　图 14-8 复制到 Word 文档后的直线

在几何画板里同样也看不见直线上的箭头,它向两端无限延伸.

小技巧 要想使所画的线段(射线、直线)呈水平或铅直方向,可在拖动鼠标进行画线的同时按住"Shift"键.

（5）画圆. 单击圆工具, 将光标移动到画板窗口中需要画圆的圆心处按下鼠标左键（确定圆心）, 再拖动到另一位置（起点和终点间的距离就是半径）松开鼠标, 就会出现一个圆.

（6）画多边形. 单击多边形工具、多边形和边工具或多边形边工具, 可以分别用于绘制一个多边形的内部、带边的多边形或只有边无内部的多边形.

在画板窗口中每单击一下画一个顶点, 拖动鼠标形成一条边, 在最后一个顶点处双击（或者回到起点处单击）完成多边形的作图.

注意　凡是能够通过拖动鼠标画出的图形, 改为移动鼠标也能画出. 下文只用拖动描述, 读者可以根据自己的操作习惯选择拖动或移动.

上述基本图形在几何画板绘图窗口中的效果如图 14-9 所示.

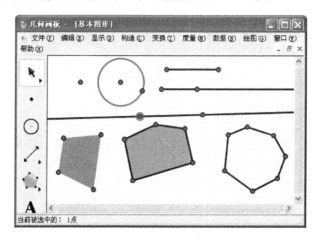

图 14-9　能用绘图工具直接绘制的基本图形

（7）了解对象的构造信息. 单击信息工具, 移动鼠标将光标指向希望了解构造信息的图形对象, 当光标呈"?"形状后单击鼠标, 立即显示对象的标注信息, 直到进行其他操作时标注信息消失, 这是了解复杂图形的构造的有效办法. 效果图如图 14-10 所示.

（8）手写文字或手绘曲线. 利用标记工具, 光标变成笔形, 这时可以进行手写文字或手工绘图. 手绘曲线如图 14-11 所示.

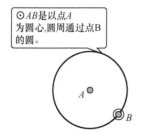

图 14-10　信息工具的使用效果　　　图 14-11　利用鼠标进行的手绘曲线

（9）利用自定义工具绘图. 当读者对基本的绘图方法掌握之后, 可以利用这个工具进行快速绘图.

（i）画三角形的重心. 按住自定义工具出现下拉列表,选"01 特殊点",选"重心",这时任意画一个三角形 ABC,则重心 M 自动画出,如图 14-12 所示.

（ii）画一个直角. 按住自定义工具出现下拉列表,选"04 角工具",选"作直角(含直角标记)",这时任意画两点,立即出现以这两点连线为一边的直角,如图 14-13 所示.

（iii）画简单电路图. 按住自定义工具出现下拉列表,选"29 物理工具",选"简单电路",这时任意画两点,立即出现一个物理学中的简单电路图,如图 14-14 所示.

图 14-12　自动画出的　　　　图 14-13　自动画出的　　　　图 14-14　自动画出的
　　带重心的三角形　　　　　　带标记的直角　　　　　　　　简单电路图

建议读者在掌握了绘图基本方法之后,再使用自定义工具绘图.

14.1.4　对象的简单选择

如果要对对象进行某种操作,必须先选定对象. 单击移动箭头工具,移动鼠标,将光标移动到准备选择的对象处,光标由 ↖ 变成横向 ←,单击鼠标左键完成选择,选定的"点""线"类对象呈现红色边线,选定的"内部"等区域呈现红色网格,选定的"文本"呈现红色背景,可以同时选择多个图形对象. 再次单击选定的对象则取消选择;在空白处单击(或按"Esc"键)取消全部已选择的对象. 为了防止误操作而把已选定对象取消,在进行多个对象的选择时可以按住"Shift"键.

拖动鼠标可以同时选定被框住区域中的所有对象;按下 Ctrl＋A 组合键可以同时选择绘图区中的全部对象;选定点、圆、线、多边形、文字工具后再按下 Ctrl＋A 组合键可以同时选择绘图区中全部点、圆、线、多边形、文字,实现快速分类选择.

对象的平移、旋转、缩放. 读者是否注意到,用几何画板画出的线段、直线、射线和圆,显示出来分别多出两点. 一方面,构造它们只要两点就够了;另一方面,它们可以被改变. 事实上,单击移动箭头工具,移动光标到线段的端点处(注意:光标会变成水平状)拖动鼠标,线段的长短和方向就会改变. 正因为多出了"点",才使它们有被改变的可能.

移动光标到线段的端点之间的任何地方(光标成水平状)拖动鼠标,就可以移动线段(只改变位置、不改变长度及方向).读者可以试试分别拖动一下直线、射线本身及其上的点,尝试改变它们的位置或方向.

用绘图工具绘制的圆是由两个点来决定的,鼠标按下去的点即为圆心,松开鼠标的点即为圆周上的一点. 分别拖动圆心和圆周上的点,可改变圆心的位置及半径的大小,拖动圆周,只移动圆使圆心改变而半径不变.

绘制的多边形可以通过改变顶点的位置改变其形状,针对带有内部的多边形,光标移动至多边形内部拖动可以改变多边形的位置.

正因为几何画板的上述特征,几何画板所绘制的图形才是动态的图形,几何画板也被称为"21 世纪的动态几何".

将移动箭头工具扩展后选择相应的工具还分别具有旋转及缩放功能,分别选择移动工具、旋转工具、缩放工具,通过拖动实现对图形对象的平移、旋转、缩放.

14.1.5　加标注

几何画板绘制的图形也非常容易加上标签. 单击文字工具,光标由箭头变为手形 ✋ ,在空白处拖动鼠标形成一个矩形框,即可在框中输入文字;如果光标由箭头变为手形 ✋ 后移动鼠标到对象处,待光标变为 ✍ 时单击鼠标,对象就有了标签.

试一试:将如图 14-9 所示的所有对象添上标签,结果如图 14-15 所示.

如果要去掉标签,则只需单击文字工具后单击显示有标签的对象,标签就被隐藏. 在几何画板中的每个几何对象都对应一个"标签". 当读者在画板中构造几何对象时,系统会自动给读者画的对象配上标签,而且不同对象的标签也不相同. 文字工具就是一个标签的开关,可以让几何画板中每个几何对象的标签显示和隐藏.

标签的改变. 拖动已显示的标签,可使标签在对象周围移动. 如果要改变标签名称,可以双击标签,在出现的窗口中进行标签的修改,如图 14-16 所示.

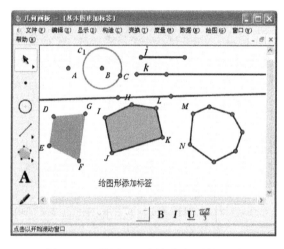

图 14-15　给图 14-9 添加标签后的图形

图 14-16　修改标签的窗口

14.1.6　画交点

当两线(线段、射线、直线、圆),线与函数图像,线与轨迹,函数图像与函数图像在画板区域内相交时均可画出其交点.

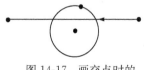

图 14-17　画交点时的
光标形状

方法一:单击移动箭头工具,移动鼠标将光标移动到两对象相交处(光标由 ↖ 变成横向 ←,状态栏显示"点击构造交点"),单击一下,就会出现交点,如图 14-17 所示.

方法二:单击点工具,然后移动鼠标,将光标移动到两对象相交处,待两对象均成红色(5.0 以下版本为绿色)时按下鼠标,就会画出交点.

方法三:用"构造菜单"进行构造,见 15.2.3 小节.

14.2 用绘图工具绘制简单的组合图形

下面用绘图工具来画一些组合图形,希望通过范例的学习,读者能够熟悉绘图工具的使用和一些相关技巧.

14.2.1 画三角形

例 14.1 画三角形(一).

(1)制作效果.如图 14-18 所示,拖动三角形的顶点,可改变三角形的形状、大小.这样的三角形是动态的三角形,它可以被拖成任意形状的三角形.

图 14-18 三角形

(2)要点思路.熟悉线段直尺工具的使用,拖动图中的点改变图形的形状.

(3)操作步骤.首先要明确图形的构造(由初等几何知识):三角形就是用线段直尺工具画三条首尾相接的线段所组成的图形,如图 14-19 所示.

图 14-19 三角形的绘制过程

(i) 打开几何画板,建立新绘图(后面的例子省略此步骤).

(ii) 单击线段直尺工具,将光标移至绘图区,单击任意一点作为起点并按住鼠标拖动,画一条线段,松开鼠标并保持鼠标位置不变.

(iii) 在原处单击鼠标并按住拖动,画出第二条线段,松开鼠标(注意光标移动的方向).

(iv) 在原处单击鼠标并按住拖动,画出第三条线段,光标移到起点处(注意起点会改变颜色并稍微变大)松开鼠标.

(v) 将该文件保存为"三角形. gsp".

拓展 在上述操作中,把拖动改为移动,绘图效果一样.

例 14.2 画三角形(二).

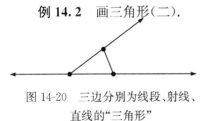
图 14-20 三边分别为线段、射线、
直线的"三角形"

(1)制作效果.三角形三边所在的线分别是直线、射线和线段,拖动三角形的顶点可以改变三角形的大小和形状.在讲授三角形的外角时,可以构造此图形,如图 14-20 所示.

(2)要点思路.学会使用线段直尺工具、直线直尺工具、射线直尺工具以及它们相互之间的切换.

（3）操作步骤.

（i）打开几何画板,建立新绘图.

（ii）画直线.单击直线直尺工具（按14.1.3小节中的方法操作）,移动鼠标,将光标移至绘图区,按下鼠标左键,向右拖动鼠标后放开鼠标键,一条直线绘制完成.

（iii）画射线.单击射线直尺工具,将鼠标对准已绘制的直线的左边一点（注意到点的颜色变化或注意到窗口状态栏左下角的提示:以此点为起点构造当前的对象）,按下鼠标左键,向右上方拖动鼠标后松鼠标键,一条射线绘制完成.

（iv）画线段.单击射线直尺工具,将鼠标对准已绘制的射线的右上一点按下鼠标左键,向已绘制直线的右边一点拖动（注意提示:终点落到此点上）,匹配上这一点后松鼠标.

（v）将该文件保存为"三线三角形.gsp".

14.2.2　画圆内接三角形

例14.3　画圆内接三角形.

（1）制作效果.如图14-21所示,拖动三角形的任一个顶点,三角形的形状会发生改变,但始终保持与圆内接.

（2）目标要求.学会使用画线工具在几何对象上画线段,如图14-22所示.

图14-21　圆内接三角形　　　　　　　图14-22　圆内接三角形的绘制过程

（3）操作步骤.

（i）打开几何画板,建立新绘图.

（ii）画圆.单击圆工具,然后拖动鼠标,将光标移动到画板窗口中单击一下（画圆心）,拖动或移动鼠标到另一位置（定半径）松开鼠标,就会出现一个圆.

（iii）画三角形.单击线段直尺工具,移动光标到圆周上（至圆变成红色时）单击,并拖动或移动鼠标向右至圆周上（圆会变成红色）松开鼠标;在原处单击,拖动或移动鼠标向左上方至圆周上松开鼠标;在原处单击,拖动或移动鼠标向左下方至圆周上第一条线段起点处松开鼠标.至此圆内接三角形绘制完毕.

（iv）将该文件保存为"圆内接三角形.gsp".

注意　由于圆周上的已知点可以控制圆的大小,所以画线段时,起点及终点尽量不要与圆周上的已知点重合,否则移动圆内接三角形的顶点时圆的大小会改变而影响演示效果.当光标移动到圆上时,圆会变成红色,同时注意状态栏的提示.

试一试　画一个过同一点的三个圆,并保存文件为"共点的三圆.gsp".

操作要点　任意画一个圆,画第二个圆时终点落在第一个圆的圆周上（或第一个圆上的已知点也可）,画第三个圆时终点落在前两个圆的交点处.如果画图失败,请参见

14.3.3 小节中的正确画法.

14.2.3　画等腰三角形

例 14.4　等腰三角形(画法一).

(1) 制作效果. 拖动三角形的顶点,三角形的形状和大小会发生改变,但始终是等腰三角形,即保持几何图形的内在规律不变,如图 14-23 所示.

(2) 要点思路. 利用"同圆半径相等"来构造相等的两条腰,如图 14-24 所示.

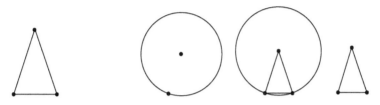

图 14-23　等腰三角形　　　　图 14-24　等腰三角形的绘制过程

(3) 操作步骤.

(i) 打开几何画板,建立新绘图.

(ii) 画圆(同例 14.3).

(iii) 画三角形. 单击线段直尺工具,移动光标到圆周上已显示的点处(即画圆时的终点,此时点会变成红色),单击后拖动鼠标向右至圆周上松开鼠标画出底边;在原处单击后拖动鼠标至圆心处松开鼠标;在原处单击后拖动至起点处松开鼠标.

(iv) 隐藏圆. 按 Esc 键两次(第一次取消画线段状态,第二次取消最后画的那条边的选定状态),单击圆周选定后,按快捷组合键"Ctrl＋H".

(v) 将该文件保存为"等腰三角形 1. gsp".

注意　底边的起点必须选择圆周上已显示的点,否则拖动三角形的底边端点时不能改变腰的长.

14.2.4　画线段的垂直平分线

例 14.5　线段的垂直平分线.

(1) 制作效果. 如图 14-25 所示,无论怎样拖动线段,另一条直线始终为该线段的垂直平分线.

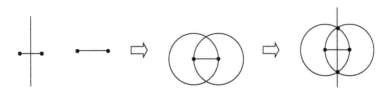

图 14-25　线段的垂直平分线的效果图及绘制过程

(2) 要点思路. 学会使用线段直尺工具画线段和直线,学会等圆的构造技巧.

（3）操作步骤.

（i）打开几何画板,建立新绘图,画一条线段.

（ii）画等圆.单击圆工具,然后拖动鼠标,将光标移动到线段的左端点单击,拖动鼠标至线段的右端点,松开鼠标;在原处单击并向左拖动到起点(即构造第一个圆的起点)松开鼠标.

（iii）画直线.选择直线直尺工具,移动光标到两圆相交处单击,拖动鼠标到两圆的另一个交点处单击,松开鼠标(当光标移动到两圆相交处时,两圆会同时变成红色).

（iv）隐藏两圆及交点.按 Esc 键,取消画直线状态,单击圆周和交点后,按快捷组合键"Ctrl＋H".

（v）保存文件.将该文件保存为"垂直平分线.gsp".

拓展练习　等边三角形的画法(一).

（1）要点思路.学会等圆的构造方法,使用"同圆半径相等"构造等边,如图 14-26 所示.

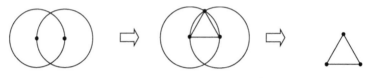

图 14-26　等边三角形的绘制过程

（2）操作要点.先按例 14.5 的方法画等圆,如图 14-26 左图所示;将光标移到两圆相交处,两圆同时变成红色时单击鼠标拖动至圆上另一显示的点,类似地画出另外两边,如图 14-26 中图所示;按 Esc 键取消画线段状态,选定两个圆周后按快捷组合键"Ctrl＋H",如图 14-26 右图所示.

14.2.5　画直角三角形

例 14.6　直角三角形(画法一).

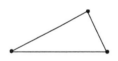

图 14-27　直角三角形

（1）制作效果.拖动左边和上边的点可改变三角形的大小和形状,但始终是直角三角形.拖动右边的点和三边可改变直角三角形的位置,如图 14-27所示.

（2）要点思路.学会使用射线直尺工具画射线;使用选择工具画交点;画圆上的弦;搞清楚画直角的原理之一是:"直径所对的圆周角是直角".

（3）操作步骤.为了叙述方便已将标签加上,但添加标签的过程略.

（i）打开几何画板,建立新绘图.

（ii）画射线.按 14.1.3 小节的方法任意画一条射线 AB,如图 14-28 所示.

图 14-28　射线 AB

（iii）画圆及圆与射线的交点.单击圆工具,从点 B 拖动鼠标至点 A;单击点工具,移动光标到射线和圆的交点处.当射线和圆都变成红色时,状态提示栏的提示是"单击构造交点",按下鼠标画出点 D,如图 14-29 所示.

图 14-29　以 B 为圆心且经过 A 点的圆与射线 AB 交于另外一点 D

(iv) 画一条直角边.单击线段直尺工具,移动光标至点 A(点 A 变成红色),单击鼠标向右上方拖动至圆周上点 C 松开鼠标;从点 C 拖动鼠标至点 D 松开鼠标,如图 14-30 所示.

图 14-30　画出直角∠ACD

(v) 隐藏射线、圆及圆心.分别单击圆、圆心、射线使他们成选择状态,按快捷组合键"Ctrl＋H".

(vi) 画斜边.单击线段直尺工具,从点 A 拖动鼠标至点 D 松开鼠标,如图 14-31 所示.

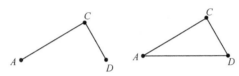

图 14-31　隐藏圆、圆心、射线再补画斜边

(vii) 保存.将该文件保存为"直角三角形.gsp".

思考　为什么不直接用线段直尺工具画一个直角三角形?

因为这样画出的直角三角形,由于没有定义几何关系,拖动任一顶点或任一边,不能保证它始终是直角三角形.

14.2.6　绘图工具应用小结

从以上几个实例读者应该注意到以下几点:

(1) 用几何画板软件绘制几何图形,首先要考虑对象间的几何关系,一个几何图形并不是基本元素(点、线、圆)的简单堆积.

(2) 点不仅可画在画板界面的空白处,也可以画在几何对象(除"内部"外)上.线段、射线、直线上的点和圆的起点(圆心)和终点(圆周上的点)也如此,以此构成"点"与"线"或"点"与"圆"的结合关系.

(3) 移动箭头工具不仅用于选择,还可用来构造交点.

(4) 在画点(或圆、线段、射线、直线)时,光标移到几何对象(点和线)处,几何对象会变成红色,此时单击鼠标才能保证"点"与"点"重合、"点"在"线"上、"点"在"圆周"上、"点"在"多边形的边"上.

(5) 对于绘制图形过程中形成的辅助线,在一般情况下不能删除,否则,与其相关联的对象也会被删除,只能选定后,按快捷组合键"Ctrl＋H"隐藏.

（6）在画三角形的时候，若无特殊要求，可以直接利用多边形边工具，每画一条边后，可以直接移动鼠标至下一个顶点而不需要单击后一线段的起点，这样绘制图形会更方便.

练习　画共点的三个圆.

14.3　对象的选择、删除、拖动

前面的叙述已涉及对象的选择、拖动.几何画板虽然是 Windows 软件，但它的有些选择对象的选择方式，又与一般的 Windows 绘图软件有所不同，希望在学习过程中能意识和注意这一点，也希望通过本节的讲解，能让读者对此有比较系统全面的了解.

14.3.1　选择对象

在进行所有选择（或不选择）之前，需要先单击画板工具箱中的移动箭头工具，使鼠标处于选择箭头状态.

（1）选择一个对象.用鼠标对准画板中的一个点、一条线、一个圆或其他图形对象，单击鼠标就可以选定这个对象.当图形对象被选定时，对象周围出现细红线以加重显示，如表 14-1 所示.

表 14-1　基本图形的选择方式表

选择对象	过程描述	选前状态	选后状态
一个点	用鼠标对准要选定的点，待光标 ![箭头] 变成横向黑箭头◄时；单击鼠标左键	•	◉
一条线	用鼠标对准线段的端点之间部分（而不是线段的端点），待鼠标变成横向黑箭头◄时，单击鼠标左键	•———•	•═══•
一个圆	用鼠标对准圆周（而不是圆心或圆上的点），待鼠标变成横向的黑箭头◄时，单击鼠标左键	○	◎

（2）再选另一个对象.当一个对象被选定后，再用鼠标单击另一个对象，新的对象被选定而原来被选定的对象仍被选定（选择另一对象的同时，可以不必按住 Shift 键，这一点与一般的 Windows 软件的选择习惯不同）.

（3）选择多个对象.分别单击所要选择的对象（注意：在单击过程中，不得在画板的空白处单击，也不可按"Esc"键，否则将取消已选定对象.（但是，如果按住"Shift"键，在画板界面的空白处单击也不会影响已有的选择）.

（4）取消某一个对象.当选定多个对象后，想要取消某一个已选定的对象，只需单击这个对象，就取消了对这个对象的选择状态.

（5）都不选.如果在画板的空白处单击一下（或按"Esc"键），那么所有选定的对象就处于非选定状态，这时就没有对象被选定了.

（6）分类选择所有对象. 如果选择了画板工具箱中的"移动箭头工具"，这时在"编辑"菜单中就有一个"全选"命令；选择当前工具分别是"点工具"、"圆工具"、"直尺工具（还可分成三小类）"、"多边形工具"、"文本工具"、"标记工具"时，对应的选择命令就变成"选择所有点"、"选择所有圆"、"选择所有线段（射线、直线）"、"选择所有多边形"、"选择所有文本"、"选择所有标记". 它对应的快捷组合键都是"Ctrl＋A"（请反复练习这种选择同类对象全体的方式及所带来的操作上的方便）.

图 14-32　"编辑"菜单
中的选择命令

（7）按对象间的形成关系选择对象. 即所谓"父母"和"子女"，是指对象之间的派生关系. 例如，线段是由两点派生出来的，因此，这两点的"子女"就是线段，而线段的"父母"就是两个点. 选择对象的父母和子女. 选定一些对象后，单击菜单"编辑→选择父对象"，就可以把已选定对象的父母选定，如图 14-32 所示. 类似地，也可以选择子对象. 如果一个对象没有父母，或者一个对象没有子女，那么"编辑"菜单下的"选择父对象"或"选择子对象"命令将是灰色的.

注意　画板中刚刚绘制或构造的对象，是处于当时的选择状态的. 在选择其他对象之前最好在画板的空白处单击一下（或按"Esc"键），否则会影响选择的正确性.

小技巧　选择多个对象还可以用拖框的方式（和一般的 Windows 软件相同）. 若想要画图快捷，最好熟悉这种选择方式.

选择对象的目的是为了对这个对象进行操作. 这是因为在 Windows 中，所有的操作都只能作用于选定的对象上. 在几何画板中，对选定的对象可以进行的操作有删除、隐藏、拖动、构造、测量、变换等. 在这里，先介绍删除和拖动操作.

14.3.2　删除对象

删除就是把对象（点、线或圆等图形元素或其组合）从屏幕中清除出去. 方法是：选定要删除的对象，然后单击菜单"编辑→清除"，或按键盘上的"Delete"键. 请注意：这时与该对象有关的所有"子对象"及子对象的子对象等均会被删除，这一点与一般的 Windows 软件又不同，但和数学思想倒很相近，"皮之不存，毛将焉附".

14.3.3　拖动对象

当用鼠标拖动已经选定的对象在画板中移动时，这些对象也会跟着移动. 由于几何画板中的几何对象都是通过几何关系构造出来的，而且几何画板的精髓就在于"在运动中保持几何关系不变"，所以拖动对象时，相关的"父对象"及"子对象"也会在保持几何关系不变的条件下相应地移动.

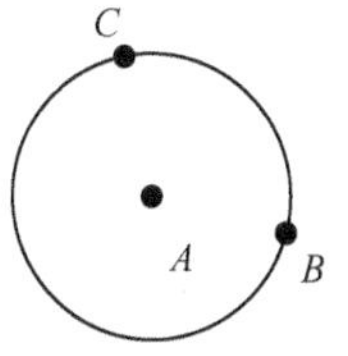

当用鼠标拖动画板中的图形时，可以感受到几何画板的动态功能.

试一试按下面的步骤进行拖动操作，注意观察图形变化的情况.

例 14.7　绘制一个以 A 为圆心，B 为圆周上一点的圆，在圆周上任取一点 C，分别拖动图形中的点 A，B，C 观察图形的变化，如图 14-33 所示.

图 14-33　两点
决定的圆

（1）拖动点 A 时图形的变化. 由于点 A 是圆的父母,所以圆的大小和圆心的位置随着点 A 的移动而变化. 由于点 B 是自由的,不受点 A 控制,所以圆总保持过点 B,点 C 始终在圆上.

（2）拖动 B 点时图形的变化. 由于点 B 是圆的父母,所以圆的大小随着点 B 的移动而变化. 由于点 A 是自由的,不受点 B 控制,所以点 A 位置保持不变,点 C 始终在圆上.

（3）拖动 C 点时图形的变化. 由于点 C 是圆的子女,受圆的控制,所以这个点只能在圆上运动. 而圆始终保持不变.

例 14.8 绘制线段 AB 与线段 CD 相交于点 E,拖动线段 CD,当两线段不相交后,交点就不再显示（此时,交点无数学意义）,如图 14-34 所示.

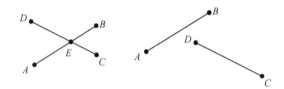

图 14-34　两条线段的相交与不相交两种状态

下面是初学者"画三个过同一点的圆"的错误操作:任意画一个圆,再任意画一个圆使两个圆相交但不画出交点,再画一个圆经过前两个圆的交点. 这时,图中显示了 6 个点,如图 14-35 所示.

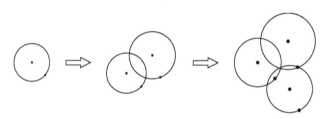

图 14-35　画三个圆过同一点的错误操作

请读者任意选定一个圆随意拉动,看这三个圆是否还能"过同一点". 拖动结果如图 14-36 所示.

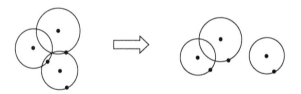

图 14-36　拖动中未能保持三个圆过同一点

为什么图形会在拖动中"散架"呢? 在拖动过程中,要保证几何画板能够保持所有对象间的几何关系,就必须根据几何关系来设计! 但是,刚才画的三个圆,每个圆都是由两个完全自由的点来决定的（请大家观察一下,图中共 3 个圆,6 个自由点）. 根据这样的几何关系,每个圆都可以随意地改变位置,因此,这样的三圆共点只是一种假象,不能保证在拖动过程中三个圆总是共点的. 由此可见,在几何画板中,不能再像在黑板(或纸)上那样的传统作图方式一样随手画出图形,而应该每时每刻都得考虑几何关系.

如果在 14.2.2 小节中画"共点的三圆"时未成功,请参考下列画法:

画第一个圆:圆心为 A,圆上一点为 B;画第二个圆:圆心为 C,圆上一点为 B(单击圆工具后,从任意一点 C 拖动到 B 再松开鼠标);画第三个圆:圆心为 D,圆上一点为 B.

现在再拖动试试,随便拖动其中的任意一个圆,三圆始终共线,很显然,在这种画法中,由于在作图过程中已经规定了三个圆的圆上的点都为点 B,因此,不管怎样拖动这三个圆,它们都会经过点 B.

这就是几何关系! 这就是保持几何关系! 这就是在动态中保持几何关系!

14.4　对象的标签

14.4.1　标签的显示与隐藏

在几何画板中,每个几何对象都对应一个"标签". 当在画板中构造几何对象时,系统会自动给所画的对象配上标签. 在一般情况下,点的标签为从 A 开始的大写字母;线的标签是从 j 开始的小写字母;圆的标签是从 c_1 开始的(小写字母 c 带数字下标 1)带下标字母.

如何让对象显示标签呢? 前面已介绍过用文字工具设置对象的标签,即用鼠标单击画板工具箱中的文字工具后,用鼠标(空心小手形状 ☜)对准某个对象变成黑色小手形状☝后单击,如果该对象原来没有显示标签,那现在就会把标签显示出来;如果该对象的标签已经显示,就会把这个标签隐藏起来. 还可以用菜单命令显示标签.

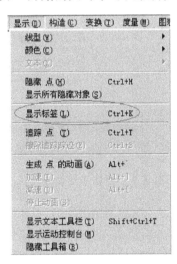

用鼠标选定一些没有显示标签的对象,单击菜单"显示(D)→显示标签(L)",如图 14-37 所示,就可以显示这些对象的标签. 如果所选定的一些对象的标签都已经显示,那么这个菜单项变成"隐藏标签(B)",单击后,这些对象的标签就会隐藏起来(注意:其快捷组合键为 Ctrl+K,这是一个使用频率较高的键).

图 14-37　"显示"菜单中的显示标签命令

14.4.2　标签的编辑与修改

标签的位置还可以适当移动. 用鼠标选定文字工具(或移动箭头工具)后,用鼠标对准某个对象的标签,鼠标变成带字母 A 的小手形状后,按下鼠标拖动,可以使标签在对象附近移动位置.

标签可以根据需要改变,如果用带字母 A 的小手形状鼠标双击某一个标签,就会出现这个标签的修改对话框,如图 14-38 所示,可以在此修改标签名称或添加下标,标签可以是英文、汉字、数字等. 例如,把"A"改为"P[1]"后单击"确定"按钮,如图 14-39 所示. 单

击后点 A 变成点 P_1，如图 14-40 所示.

图 14-38　标签修改窗口　　　　　　　　图 14-39　标签中下标的输入方法

图 14-40　标签中所带下标的效果

标签的格式可以通过"文本工具栏"设置，如图 14-41 所示. 显示或隐藏文本工具栏的方法是：选择"显示(D)"→"显示(或隐藏)文本工具栏"命令，或按快捷组合键 Shfit＋Ctrl＋T. 文本栏可以被拖动.

图 14-41　文本工具栏

选择对象后，通过文本工具栏可以对选定对象的标签的字体、字号、粗体、斜体、下划线、颜色等进行设置或修改.

14.4.3　批量改变对象的标签

对于复杂的图形，可能同类对象较多，可以一次性地对某种类型的所有对象添加标签，当选择一类相同的对象(点、线段、圆、多边形等)后，"显示(D)"菜单的"标签"命令变成相应对象的标签(如"点的标签"、"线段的标签"等)，单击该菜单出现对话框如图 14-42 所示，在"起始标签"这个文本框中输入第一个对象的标签后，单击"确定"按钮，则选定的其余对象将按选定时的选定顺序依次加上标签.

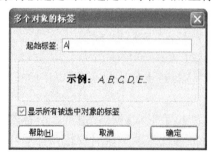

图 14-42　批量改变对象的标签示意图

说明　标签不能直接被选择，只能选择它所附的对象. 如果对象被隐藏，标签也随之隐藏.

在默认情况下，在一个新建画板中，同一对象的标签将按标注的顺序（或在设置了自动显示标签时点的绘制顺序），从某字母开始按字母顺序进行标注. 如果绘制中途按住"Shift"键再单击菜单"显示→重设下一标签"，将出现如图 14-43 所示的窗口，选择"是"，此后新绘制的或未标注过的各类对象的标签将从头开始标注.

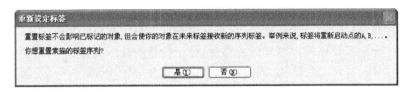

图 14-43　重置标签时的提示

14.4.4　快速显示与隐藏对象的标签

选定对象后，按快捷组合键"Ctrl＋K"，所有选定且未显示标签的对象将自动显示标签，再次按快捷组合键"Ctrl＋K"，所有显示的标签将自动隐藏. 如果此前未对标签进行添加，则将按照选定的顺序按字母先后顺序进行添加；如果此前修改或编辑过标签，则按修改及编辑后的标签进行显示.

14.4.5　自动添加点的标签

例 14.9　让系统自动为所画的点标注标签.

步骤：单击菜单"编辑（E）→参数选项（F）…"，就会出现"参数选项"对话框，如图 14-44 所示，单击"文本"标签，在"应用于所有新建点"的前面打"√"，然后单击"确定"按钮. 这时所有新绘制（及新构造）的对象中的点将自动添加标签.

图 14-44　自动添加点的标签的设置窗口

14.4.6　角及路径的标记

利用标记工具可以很方便地创建角标记,标记相等的角度或直角,以及通过角标识进行角度测算.

画一个角,单击标记工具,将鼠标移向角的一边,按住鼠标拖动到另一边,立即出现角标记符号.如果再从角的另一边开始重复前面的操作,将出现双向角标记符号.

对于一个直角进行上述操作,角标记符号自动变成直角标记.

将一个已有角标记的角变成直角,原有的角标记也自动变成直角标记.

可以通过标记工具创建记号来识别路径,标记相等的线段或相互平行的线.

对线段、射线、直线、圆、轨迹、函数图像等路径对象,均可以实施标记.选定标记工具后,对准路径对象,通过单击、双击、三击、四击标记出分别带 1,2,3,4 条短横线的标记符号.采用这种标记可以方便地对同一图形中的相等路径对象进行标记,如图 14-45 所示.

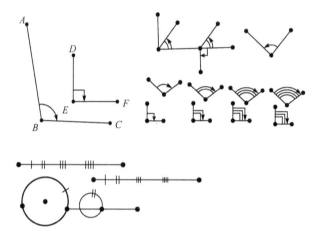

图 14-45　标记了路径的图形效果

对于已标记的角,选定标记工具后,用鼠标指向标记与角间区域进行单击、双击、三击、四击可将角标记变成带 1,2,3,4 个小弧的角标记符号.采用这种标记可以方便地对同一图形中的相等角进行标记.

选定一个已有角标记的角的标记区域,单击菜单“度量→角度(A)”,立即度量出该角的度量值.

特别地,在前一路径对象(或角)上完成一个标记后,在后一路径对象(或角)上只需单击(拖动)即可标记出相同的标记符号.

对通过标记工具标记出的符号也可以选定,并对其进行删除、改变线的粗细及颜色等操作.

14.4.7　编辑的撤销

至此,读者已经能对几何画板进行几种操作了.不管是新手还是老手,在用几何画板进行绘图时,都可能出现操作结果不是事先设想的结果这样的错误.为了方便读者及时修改或减少这种错误,下面介绍在几何画板中的几种修改错误的方法,其中真正用于取消误操作的是方法二.

方法一(删除):先"选定"后"删除",但在几何画板中删除必须十分小心.因为如果删除一个对象,那么这个对象的所有子对象也同时被删除.

方法二(撤销):通过菜单"编辑→撤销"功能取消刚刚绘制的对象,复原到前次工作状态,并可以一步一步复原到初始状态(空白画板或者本次编辑时打开画板的状态).这个功能的快捷组合键是"Ctrl+Z".如果撤销后又不想"撤销"了(如矫枉过正了),又可以使用"重做"功能.快捷组合键为"Ctrl+R".

方法三(全部撤销):如果按下"编辑"菜单之前(或按住时),按下"Shift"键,则"撤销"命令就变成了"全部撤销".快捷组合键是"Shift+Ctrl+Z".这是在画板中进行多项操作后,获得一个空白画板文件的快速方法,就像传统教学中的"擦黑板"一样,类似地"重做所有"功能的快捷组合键是"Shift+Ctrl+R".

方法四(隐藏):如果由于某一个对象的存在而影响主题,将其删除又影响到相应子对象的存在,这时应当采用隐藏的方法.先选定要隐藏的对象,然后单击菜单"显示(D)→隐藏对象(H)"或按快捷组合键"Ctrl+H"(这也是一个使用频率比较高的快捷组合键).被隐藏的对象只是看不见,而对象本身仍存在,在需要时,还可以通过单击菜单"显示→显示所有隐藏(S)"显示出来.

第 15 章 用"构造"菜单作图

15.1 基本作图的简化

通过第 14 章的学习,读者是否明白用"工具框"作图几乎可以作出所有欧几里得几何图形? 实质上和传统的尺规作图几乎没什么两样(区别仅仅是几何画板作出的图形是动态的,可以移动改变位置,拖动点和线能保持几何关系不变,而黑板(或纸)上绘制的图形是静态的,不能拖动).但仅靠"工具框"作图实在太慢了.例如,如果要作一条线段的中点,仅用"工具框"作图,将进行如下多个步骤.

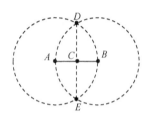

图 15-1 作出线段
中点的最原始方法

例 15.1 直接用绘图工具作一条已知线段 AB 的中点 C,如图 15-1 所示.

准备:任意画一条线段 AB.

第一步:作两圆及交点.用圆工具分别以点 A,B 为圆心,AB 为半径画圆.用点工具单击两圆相交处,作出两圆的交点 D,E.

第二步:作线段 DE.用线段直尺工具过两圆的交点 D,E 作一条线段 DE.

第三步:作中点 C.用点工具单击线段 AB 和 DE 相交处,得线段中点 C.

正如数学中用尺规作图一样,当介绍了一些基本图形可以用尺规作图之后,在作更复杂的图形时,这些基本图形也就可以直接引用了.几何画板软件的设计也体现了这个基本思想,像刚才介绍的作一条线段的中点等基本作图可以通过"构造"菜单快速完成.

选择线段 AB,按快捷组合键"Ctrl+M",系统就构造好了中点 C.用菜单操作的具体作法步骤如下:

(1) 选择. 选择线段 AB.

(2) 作中点. 单击菜单"构造→中点",如图 15-2 所示(或直接按快捷组合键"Ctrl+M"),得到中点 C,如图 15-3 所示.

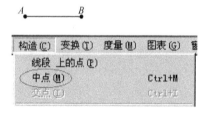

图 15-2 构造菜单中的中点命令

图 15-3 刚刚构造的中点的样式

由上面的作法可见,当用"作图工具"画出基本元素(即"点"、"线"和"圆"),选取它们,用"构造"菜单中的命令或快捷键,就能让系统自动快速作出一些想要的基本图形,减少很多仅凭"作图工具"作图的重复劳动.

中学数学教材中有关尺规作图的基本问题,如"作一条线段的中点"、"作一个角的平分线"、"过一点作已知直线的垂线(或平行线)",几何画板都进行了考虑,此外还增加了一些新的构造项目.

　　用鼠标单击"构造"菜单,可以看到"构造"菜单中的所有基本构造由 4 条菜单分隔线把"构造"菜单分为 5 组,它们分别是点型(对象上的点、中点、交点)、直线型(线段、射线、直线、平行线、垂线、角平分线)、圆型(以圆心和圆周上的点绘圆、以圆心和半径绘圆、圆上的弧、过三点弧)、内部、轨迹.这些命令目前全是灰色的,表明此时还不能对系统下达命令(即菜单命令此时无效),因为没有选取适当的对象.

15.2　点 的 作 法

　　用点工具所作的点是自由点,可以在拖动下任意移动位置,而由父对象生成(构造)的点分为三类:对象上的点、中点、交点.

15.2.1　作对象上的点

　　选定任何一个对象或多个对象,单击菜单"构造→对象上的点",系统根据选取的对象,构造出相应的点,点可以在对象上自由拖动.这里的对象可以是"线(线段、射线、直线、圆、弧)"、"内部"、"函数图像"、"轨迹"等,但不能是"点"(点上当然不能再构造点).这是一个智能化菜单,选取的对象是"线段",菜单显示的是"线段上的点";选取的对象是"圆",菜单显示的是"圆上的点";选取的对象是"多边形",菜单显示的是"边界上的点".

　　小技巧　在一般情况下,可用点工具直接在对象上画出点(即在画点状态下,用鼠标对准对象单击)更加快捷.

15.2.2　作中点

　　选取一条(或多条)线段,单击菜单"构造→线段的中点"(快捷组合键"Ctrl＋M"),系统就构造出所选线段的中点.

　　例 15.2　作三角形的中线.

　　(1) 画三角形 ABC.用线段直尺工具画一个三角形,用"文字工具"把三角形的顶点标上字母.

　　(2) 选择边 BC.用移动箭头工具单击线段 BC.

　　(3) 作线段 BC 的中点.单击菜单"构造→中点"(或按快捷组合键"Ctrl＋M"),标出点 D.

　　(4) 连接 AD.单击线段直尺工具,鼠标对准 A 点,拖动鼠标至 D 点后松开鼠标.

　　(5) 效果.拖动三角形中任意一个顶点,中线始终是中线,如图 15-4 所示.

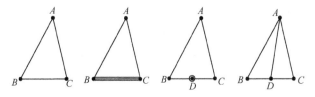

图 15-4　绘制三角形中线的过程

练　习

画三角形的中位线和中点三角形(选定两条边后,按快捷组合键"Ctrl+M"可以同时画出两边中点),如图 15-5 所示.

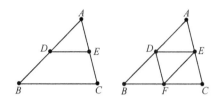

图 15-5　三角形的中位线

15.2.3　作交点

选取两条(当且仅当选取两条)呈相交状态的线(线段、射线、直线、圆、弧、函数图像、轨迹)后,单击菜单"构造→交点"命令(快捷组合键 Ctrl+Shift+I),系统构造出所选两线的交点(有些对象间不能画交点).

小技巧　在一般情况下,用 14.1.6 小节中介绍的画交点的方法一与方法二画交点更方便.

图 15-6　绘制三角形重心的步骤

例 15.3　画三角形的重心.

操作步骤:①画出一个三角形;②画出三角形的三条(或两条)中线;③用鼠标直接点击中线相交处,即得重心,如图 15-6 所示.

15.3　直线型图形元素的构造

15.3.1　线段、直线、射线的构造

根据"两点确定一条线段(射线、直线)"而设计,因此,构造前必须选定两点.

作法　选取两点,选择"构造→线段"("射线"或"直线")命令,系统就构造一条线段(射线或直线).

操作　在工作区中,用画点工具画出点 A 和点 B,依次选定点 A 和点 B,单击菜单"构造→线段"(快捷组合键是"Ctrl+L"),得到线段 AB,如图 15-7 所示.

图 15-7　构造线段

注意事项

(1) 如选取的点是用于画射线,则选择的第一个点为射线的端点;

(2) 使用快捷组合键 Ctrl+L 能快速画线段.但画射线、直线没有快捷组合键;

(3) 如果是过两点画线段(射线或直线),可以按照 14.1.3 小节的画线方法进行;

(4) 选取两点以上也能画线段(射线、直线).

例 15.4 快速画出一个四边形的中点四边形.

作法如下：

（1）画出四点并选定.按住 Shift 键，用点工具依次画出四点（或用点工具画出四点后，依次选定四点）.

（2）顺次连接四点.按快捷组合键"Ctrl+L"即可.

（3）画中点四边形.按 Ctrl+M 组合键作出四边中点，再按 Ctrl+L 组合键顺次连接 4 个中点，得中点四边形，如图 15-8 所示.

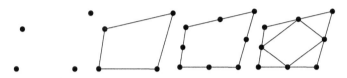

图 15-8　绘制四边形的中点四边形的过程

利用"构造线段"构造其他图形如下：

（1）三角形.按住"Shift"键不放，在工作区中画出点 A,B,C，单击菜单"构造→线段"，得到△ABC，如图 15-9 所示.

（2）五边（角）形.按住"Shift"键不放，在工作区中画出点 A,B,C,D,E；单击菜单"构造→线段"，得到五边形 $ABCDE$，如图 15-10 所示.

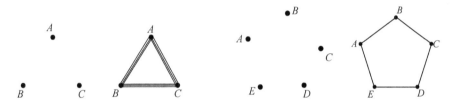

图 15-9　构造三角形　　　　　图 15-10　五边形的绘制过程

（3）五角星.在工作区中画出 A,B,C,D,E 5 个点（大致画在一个圆周的五等分点处），然后按 A,C,E,B,D 的顺序依次选定这 5 个点，单击菜单"构造→线段"，得到五角星 $ABCDE$，如图 15-11 所示.

通过上述几例，读者应该掌握了通过"构造线段"命令可以完成哪些工作了，尤其是五角星的构造方法，是不是觉得很方便啊？

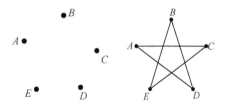

图 15-11　五角星形图形的构造

15.3.2　平行线或垂线的构造

过一点作已知直线（线段或射线）的垂线或平行线，采取如下步骤：选定一点和一条直线、或选定几点和一直线、或选定一点和几条直线、单击菜单"构造→平行线"或"构造垂线"，就能画出过已知点且平行或垂直于已知直线的平行线或垂线.此处的已知直线也可以是线段或射线.

例 15.5　画平行四边形(方法一).(方法二见例 16.5)

作法如图 15-12 所示.

图 15-12　平行四边形的构造过程

(1) 用画线工具画出平行四边形的两条邻边,并标上三个顶点的字母.

(2) 仅选取点 A 和线段 BC,单击菜单"构造→平行线(E)",画出过点 A 且与线段 BC 平行的直线.同样画出过点 C 且与线段 AB 平行的直线,画出两条直线的交点.

(3) 隐藏直线.选取两条直线,单击菜单"显示(D)→隐藏平行线".

(4) 连接 AD 和 CD(用画线工具或菜单命令均可).

例 15.6　画三角形的高.(作法如图 15-13 所示.)

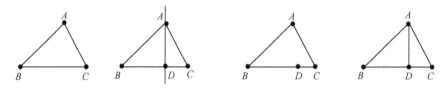

图 15-13　三角形的高的构造过程

(1) 画三角形 ABC.

(2) 作垂线.仅选定点 A 和线段 BC,单击菜单"构造(C)→垂线(D)"画出过点 A 且垂直于 BC 的直线;单击垂线和线段 BC 的交点处,得垂足点 D.

(3) 隐藏垂线.选定垂线后,按快捷组合键"Ctrl+H".

(4) 连接 AD.

例 15.7　直角三角形的画法.(作法如图 15-14 所示.)

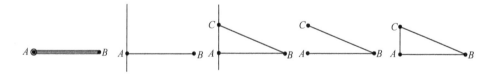

图 15-14　直角三角形的绘制过程

(1) 画一条直角边.画线段 AB,并在选择状态下拖出一个框,选定点 A 和线段 AB.

(2) 作垂线.单击菜单"构造(C)→垂线(D)"画出过 A 的 AB 的垂线.

(3) 作斜边.在画线段的状态下,对准点 B 单击,移动或拖动鼠标将光标移动到垂线上单击形成斜边,标注点 C.

(4) 隐藏垂线.选定垂线,按快捷组合键"Ctrl+H".

(5) 画另一条直角边.连接 AC,即得直角三角形 ABC.

15.3.3　角平分线的构造法

两条线段(射线或直线)相交即构成一个角,公共点为角的顶点.按边、角、边的顺次选择三点 BAC,单击菜单"构造(C)→角平分线(B)"即可画出 $\angle BAC$ 的角平分线.

例 15.8　画三角形的角平分线.(作法如图 15-15 所示.)

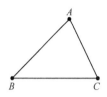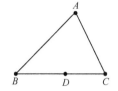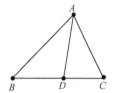

图 15-15　角平分线的绘制过程

(1) 画出三角形 ABC.用画线工具画出 $\triangle ABC$,并用标签工具标上顶点的标签 A,B,C.

(2) 画出 $\angle BAC$ 的平分线与线段 BC 的交点 D.依次选定点 B,点 A,点 C(注意:角的顶点一定要第二个选取),单击菜单"构造→角平分线",画出角平分线与线段 BC 的交点 D.

(3) 隐藏角平分线.选择角平分线,按快捷组合键"Ctrl+H".

(4) 画出角平分线.选定点 A 和点 D,按快捷组合键"Ctrl+L".

练　习

作出三角形的内心.

15.4　圆型线(圆、圆弧)的构造

15.4.1　圆的绘制

(1) 两点确定的圆.依次选定两点后,单击菜单"构造→以圆心和圆周上的点作圆"就可以构造一个圆,第一个选定的点为圆心,第二个选定的点为圆周上的点,选定两点间的距离为圆的半径.其效果与用圆工具绘制的圆相同.

(2) 圆心与半径确定的圆.选定一点和一条线段(不分先后顺序),单击菜单"构造(C)→以圆心和半径绘圆(R)"就可以构造一个圆,圆心为选定点,半径为选定线段.

(3) 画等圆.选定多点和一条线段(不分先后顺序),单击菜单"构造(C)→以圆心和半径绘圆(R)"就可以构造多个等圆,圆心分别为选定点,半径为选定线段.

例 15.9　正三角形的快速绘制.

(i) 用线段工具画一条线段作为正三角形的一条边,如图 15-16(a)所示.

(ii) 画等圆.按"Esc"键取消画线状态.拖出一个框,使线段和端点全在框中,如图 15-16(b)所示;单击菜单"构造→以圆心和半径绘圆"同时画出两个等圆,如图 15-17 所示.

(a) 绘制的线段   (b) 选定的线段

图 15-16   绘制、选定
状态的线段

（iii）画三角形的另两条边. 在画线状态下,光标对准线段左端点单击,松开左键,移动光标到两圆相交处单击(状态栏显示"终点落在此交点上"),松开左键画出一条边,同样方法画出第三边,如图 15-18 所示.

（iv）隐藏两圆. 按"Esc"键取消画线状态,选定两圆,按快捷组合键"Ctrl＋H",如图 15-19 所示.

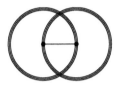

图 15-17   半径相等的两个圆

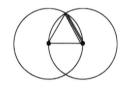

图 15-18   绘制等边有形

图 15-19   等边三角形

（4）画同心圆. 选定一点和多条线段(不分先后顺序),单击菜单"构造(C)→以圆心和半径绘圆(R)"就可以构造多个同心圆,圆心为选定点,半径分别为选定长度的线段.

注意   上述选定作为半径的线段可以用"带有长度单位的数值"代替,即半径既可以是线段,也可以是带有长度单位的数值. "带有长度单位的数值"可以通过单击菜单"数据(N)→新建参数(N)…"调出如图 15-20 所示的对话框进行构造. 效果如图 15-21 所示.

图 15-20   新建参数窗口

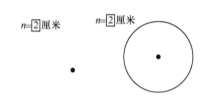

图 15-21   新建的参数及由此参数为半径的圆

15.4.2   弧的构造

圆周上的一部分构成弧,弧有以下三种确定方式：

（1）由一个圆及圆上的两点(点有顺序)构成的弧. 选定一个圆和圆上的两点后,单击菜单"构造→圆上的弧(A)",就可以绘出按逆时针方向从选定的第一个点到第二个点之间的弧. 为了能自动区分,原有的圆周自动变成虚线,如图 15-22 所示.

图 15-22   弧的绘制过程

（2）由特殊的三点构成的弧,先绘制三点,使 1 点为以 2 点、3 点为端点的线段的中垂

线上的点,选定这三点,单击菜单"构造→圆上的弧",就可以绘出按逆时针方向从选定的
2 点到 3 点之间的弧,1 点为弧所在圆的圆心,如图 15-23 所示(注意:作为圆心的点必须
先选定).

(3) 不在同一直线上的三点构成的弧.选定三点后,单击菜单"构造→过三点的弧",
就可以绘出按逆时针方向从选定的第一个点经过第二个点到第三个点之间的弧,如
图 15-24 所示.

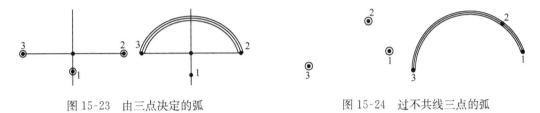

图 15-23　由三点决定的弧　　　　　　　　　　图 15-24　过不共线三点的弧

15.5　图形内部的构造

(1) 多边形内部.选定三个或三个以上的点后,就可
构造多边形内部了.如三角形内部的构造:选定三点,单击
菜单"构造→三角形的内部",就可以绘出由这三点决定的
三角形的内部,如图 15-25 所示.

(2) 圆的内部.选定一个(或几个)圆后,单击菜单"构
造→圆内部",就可以绘出这个(些)圆的内部,图略.

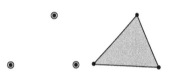

图 15-25　三角形的内部

(3) 扇形(弓形)内部.选定一段弧(或几段弧)后,单击菜单"构造→弧内部→扇形内
部"或单击菜单"构造→弧内部→弓形内部",就可以分别绘出这段弧(或几段弧)所对扇形
或弓形的内部,如图 15-26 所示.

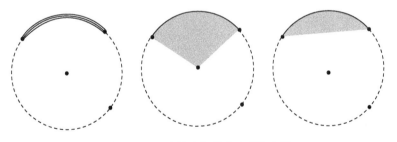

图 15-26　弧所对扇形或弓形的内部

说明　"内部"是一个动态的菜单,如选定的是四点,则此菜单显示的是"四边形的内
部";如选定的是七点及以上,则此菜单显示的是"多边形的内部";如果选定的是圆,则此
菜单显示的是"圆内部";如果选定的是弧,则此菜单显示的是"弧内部"."内部"的快捷组
合键是"Ctrl＋P",但"弓形内部"没有快捷组合键.

15.6　轨迹的构造

15.6.1　点的轨迹

（1）一个轨迹问题. 如图 15-27 所示, C 为圆 A 上任意一点, D 为圆 A 外一定点, 则线段 DC 的中点 M 的轨迹是什么?

（2）观察临时轨迹. 选定 C 点, 单击菜单"显示(D)→生成点的动画(A)", 结果如图 15-28 所示, 可以观察到当点 C 在圆上运动时, 点 M 也跟着运动(此处仅是截图).

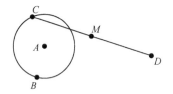

图 15-27　线段中点的轨迹

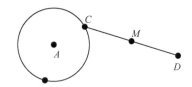

图 15-28　运行中的动点轨迹瞬间

要想观察点 M 的轨迹, 单击"运动控制台"的"停止"按钮让动画停下来, 选定 M 点, 单击菜单"显示(D)→追踪中点(T)"(快捷组合键"Ctrl＋T")对点 M 进行跟踪. 仅仅选定 C 点, 再按"运动控制台"的"播放"按钮, 就可观察到点 M 的轨迹了, 如图 15-29 所示.

但这样的轨迹是临时轨迹, 只要按"Esc"键两次就能清除掉, 而且不能随文件保存.

（3）形成永久轨迹. 选定点 C 和点 M(选择不分先后), 单击菜单"构造(C)→轨迹(U)", 效果如图 15-30所示(注意: 在作轨迹以前最好按"Esc"键清除 M 的临时轨迹).

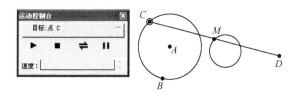

图 15-29　点运动的临时轨迹

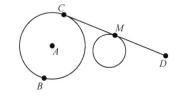

图 15-30　点运动的永久轨迹

这样产生的轨迹是永久性的, 按"Esc"键不会被清除, 而且拖动点 A、B、D 之一, 轨迹还会相应地变化, 而临时轨迹一旦形成便不能变化, 只可以擦除.

点 M 还可以是 DC 上任意一点, 读者自行试试看它的轨迹是什么?

构造点的轨迹的前提条件: 选定两点, 其中一点是主动点, 即一条路径上的自由点; 另一点是被动点, 即能够跟随主动点的运动而运动的点. 路径可以是任何线(线段、射线、直线)、圆、圆弧、多边形的边界、轨迹、函数图像等.

例 15.10　椭圆的画法(一)(依据椭圆的定义).

画两点 A,B 作为椭圆的焦点, 画线段 CD 作为定长, 在线段 CD 上任取一点 E; 作线段 CE, 以 A 为圆心, CE 为半径画圆; 作线段 DE, 以 B 为圆心, DE 为半径画圆; 作两圆的交点 P 及 Q; 选定 E,P, 单击菜单"构造(C)→轨迹(U)"; 选定 E,Q, 单击菜单"构造(C)→

轨迹(U)";隐藏不必显示的点与线即得椭圆的图形,如图 15-31 所示.

分别拖动 A,B,D 可以观察到椭圆的变化.

例 15.11 椭圆的画法(二).要求效果如图 15-32 所示.

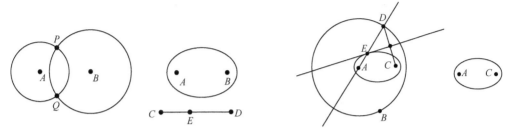

图 15-31 按定义绘制椭圆之一   图 15-32 按定义绘制椭圆之二效果图

画一个圆心为 A 的圆,画一条线段 CD,使得一个端点 C 在圆内,另一个端点 D 在圆周上;作线段 CD 的垂直平分线和直线 AD,作这两直线的交点 E,如图 15-33(a)所示;选定 E 点和 D 点,单击菜单"构造→轨迹"即得椭圆,如图 15-33(b)所示.将圆,两直线,点 E、D、B 隐藏后突出显示椭圆,其中 A、C 为椭圆的焦点,如图 15-33(c)所示.读者分析一下作图过程就会发现,此作法的原理仍是利用椭圆的定义($EA+EC=EA+ED=AD$ 为定长).

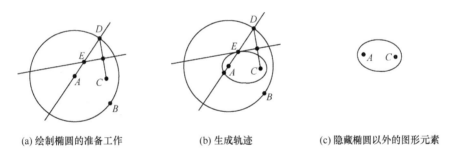

(a) 绘制椭圆的准备工作   (b) 生成轨迹   (c) 隐藏椭圆以外的图形元素

图 15-33 按定义绘制椭圆的过程

试一试:把 C 点拖到圆外,看轨迹有什么变化? 请读者解释为什么会这样.

15.6.2 线的轨迹

把前节的被动点改为线(各种形式的线均可),即得构造线的轨迹的方法.

例 15.12 直线的轨迹.画一个圆,画一条线段 AB,使 A 点在圆外部,B 点在圆上,作 AB 的垂直平分线 j,选定直线 j、点 B,单击菜单"构造→轨迹"即得直线 j 的轨迹,如图 15-34 所示.

例 15.13 圆的轨迹.画一条线段 AB,画一个画,在圆周上取点 C,以 C 为圆心,AB 为半径画圆,选定此圆及点 C,单击菜单"构造→轨迹"即得圆的轨迹,如图 15-35 所示.

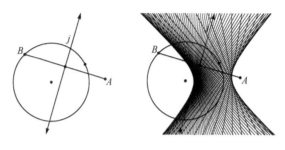

图 15-34　直线的轨迹

例 15.14　轨迹的轨迹. 在两个圆上各取一点画线段 AB, 画 AB 的中点 M, 选定 B、M 构造轨迹(由 15.6.1 小节介绍的方法), 选定该轨迹及点 A 再次构造轨迹, 即得图 15-36 所示的圆族. 注意: 这时的菜单"轨迹"变成了"曲线族".

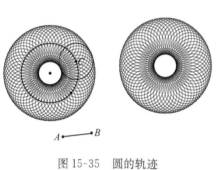

图 15-35　圆的轨迹

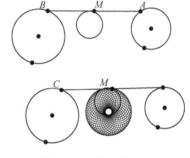

图 15-36　轨迹的轨迹

第16章 用"变换"菜单作图

在几何中经常涉及图形的变换,在几何画板中,对图形可以进行平移、旋转、缩放、反射、迭代等变换.

几何画板中实现图形的变换有两种方法.一种是利用变换工具.例如,画一个三角形 ABC 及一点 P,选定点 P,单击菜单"变换→标记中心",单击旋转箭头工具,选定三角形 ABC,拖动选定的三角形将绕 P 旋转.关于用缩放箭头工具进行缩放的操作类似.另一种方法就是利用变换菜单.

16.1 旋 转 对 象

对图形对象进行旋转前,首先要按本章引言中的方法标记中心(双击一个点也能把该点标记为中心),旋转分为按固定角度旋转与按标记角度旋转两种方式.

16.1.1 按固定角度旋转对象

基本步骤 标记旋转中心→选定原图→设置旋转角度→按设置的角度逆时针旋转原图得到变换后的对象.

例 16.1 画一个正方形.

目标图形效果:对画好的正方形,拖动任一顶点改变边长或改变位置,都能动态地保持图形是一个正方形.

操作步骤

(1) 画线段 AB,用来作正方形的一边;

(2) 选定点 A,单击菜单"变换→标记中心",或用选择工具双击点 A,点 A 被标记为中心;

(3) 用选择工具选取点 B 和线段 AB(图 16-1(a)),单击菜单"变换→旋转",在弹出的"旋转"对话框(图 16-1(b))中作旋转角度的设置(默认设置为逆时针旋转 $90°$,因此,这次不需改变角度);

(4) 单击"旋转按钮"生成线段 AB'(图 16-2(a));

(5) 双击点 B,标记 B 点为新的中心;

(6) 用选择工具选取点 A 和线段 AB,单击菜单"变换→旋转",在弹出的"旋转"对话框中把固定角度改为 $-90°$;

(7) 单击"旋转按钮"生成线段 BA'(图 16-2(b));

(8) 连接 A' 与 B' 得第四边(图 16-2(c)),正方形绘制结束.

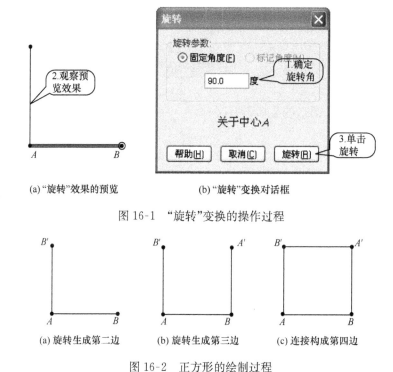

(a) "旋转"效果的预览　　　　　　(b) "旋转"变换对话框

图 16-1　"旋转"变换的操作过程

(a) 旋转生成第二边　　(b) 旋转生成第三边　　(c) 连接构成第四边

图 16-2　正方形的绘制过程

注意　中心只能有一个. 因此,如果选定了多个点(及其他图形对象)后进行中心的标记,结果只标记最后选定的点为中心,当选定新的点进行标记时,原来标记的中心自动取消;旋转方向只有逆时针,因此,进行顺时针旋转时,应该把角度设为负数.

拓展应用

(1) 例 16.1 的方法可以用来作任意的正多边形,只要计算出正多边形的内角,旋转时按内角度数进行即可,但这并不是最方便的方法,快速方法可参考 16.5.2 小节的深度迭代中画正多边形的方法.

(2) 画正方形的方法比较多,例 16.1 介绍的是较为简便的一种,其余方法请读者自行尝试.

(3) 并不是每次画正方形都要从头进行,利用自定义工具是最快速的方法,请参考 14.1.3 小节"利用自定义工具绘图"这一部分.

16.1.2　按标记角度来旋转对象

基本步骤　标记旋转中心及标记一个已知的角(不分先后)→选定原图→设置旋转角度→按标记的角度旋转原图得变换的对象.

例 16.2　绘制中心对称图形(两个三角形重合的演示).

目标图形效果:拖动点 P,使 $\angle PQR$ 从 $0°$ 到 $180°$ 变化,$\triangle A'B'C'$ 发生相应的变化,初始状态如图 16-3 所示,中间结果如图 16-4 所示,最后结果如图 16-5 所示.

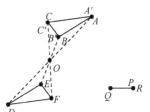

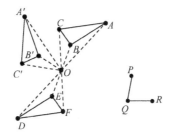

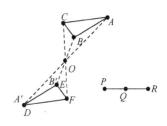

図 16-3　旋转的初始状态　　　図 16-4　旋转的中间状态　　　图 16-5　旋转的最后结果

操作步骤

（1）准备工作 1. 画三角形 ABC，画点 O 作为旋转中心，连接 OA、OB、OC 并改为虚线，以此作为原图.

（2）准备工作 2. 画 $\angle PQR$ 作为标记角，可以任意画一个角，但为了在拖动时使该角正好在 $0°\sim180°$ 之间变化，可以如下绘制：画水平方向线段 HR 并取中点 Q，以 Q 为圆心，QR 为半径画圆，在上半圆周上取点 K，构造过三点 H、K、R 的弧，在弧上任取一点 P，连接 PQ、QR，隐藏圆、线段 HR、点 H、点 K，只保留 $\angle PQR$.

（3）用选择工具双击点 O，将点 O 标记为中心.

（4）同时选择点 A、B、C，线段 AB、AC、BC、OA、OB、OC，绕点 O 旋转 $180°$，将得到的三角形设置标签 DEF（操作细节可仿例 16.1 进行）.

（5）用选择工具确保按顺序选定 R、Q、P 三点，并注意不要多选其他对象，单击菜单"变换→标记角". 如果标记成功，会看到一段小动画在角内出现.

（6）同时选择点 A、B、C，线段 AB、AC、BC、OA、OB、OC，单击菜单"变换→旋转"，在弹出的对话框中作如图 16-6 所示的设置（通常是默认），从预览可以看到旋转的效果，单击"旋转"按钮生成新的三角形并自动标记为 $A'B'C'$.

图 16-6　按标记角度"旋转"窗口

（7）为便于观察，改变 $\triangle A'B'C'$ 及顶点与点 O 的连线为红色.

（8）拖动点 P，使线段 QP 与 QR 重合，可以看到红色 $\triangle A'B'C'$ 与 $\triangle ABC$ 重合.

注意　标记角度前选取三个点的顺序，按"边上的点、顶点、边上的点"来选取，如果选择时按逆时针方向，则标记的角是正角；如果选择时按顺时针方向，则标记的角是负角. 标记角的方向将影响对象的旋转方向.

标记的角也可以是度量角所得的度数（这时只能是正角）、新建的以角度为单位的参数、由软件自带的计算器计算出来的度数（可正可负）.

练　　习

用旋转变换的方法绘制一个正三角形,并与前面用工具绘制正三角形的方法比较,你觉得哪种方法更简便?

16.2　平　移　对　象

对于两个几何图形,如果在它们的所有点与点之间可以建立起一一对应关系,并且以一个图形上任一点为起点,另一个图形上的对应点为终点作向量,所得的一切向量都彼此相等,那么其中一个图形到另一个图形的变换叫做平移.平移既是一个保距变换,也是一个保角变换.

在几何画板中,平移可以按三大类九种方法来进行,其中有些方法事先要标记角度、距离或标记向量.

16.2.1　角度、距离、向量的标记

(1) 角度的标记见 16.1.2 小节,其中角度可以是由三点决定的角,也可以是度量出的角的度数或计算出的单位为"度"的数值.

(2) 距离的标记.画一条线段 AB,单击菜单"度量→长度"得出线段的长度值,选定这个值,单击菜单"变换→标记距离",其中长度也可以是通过计算得到以厘米为单位的数值或建立的以厘米为单位的参数.

(3) 向量的标记.画一条线段 AB,依次选定 A、B 或任选两点,单击菜单"变换→标记向量". 如果标记成功,会看到一段小动画.

角度与向量都只能标记一个,如果选择多个后进行标记,则结果只标记最后选定的那个对象,距离可以同时标记两个供在按直角坐标平移时使用,当选定的距离超过两个后进行标记时,只标记最后选定的两个.

当对新的同类对象进行标记时,原有的标记自然取消. 标记可以保存,即对对象进行标记后存盘关闭文件,下次打开后所有标记仍存在.

16.2.2　平移的种类及方法

第一大类平移是按极坐标平移. 由于距离有"固定距离"与"标记距离"两项可选,角度有"固定角度"与"标记角度"可选,因此,按极坐标平移可以组合出 4 种方法,如图 16-7 所示.

第二大类平移是按直角坐标平移. 由于水平方向的平移距离有"固定距离"与"标记距离"两项可选,垂直方向的平移距离也有"固定距离"与"标记距离"两项可选,因此,按直角坐标平移也可以组合出 4 种方法,如图 16-8 所示.

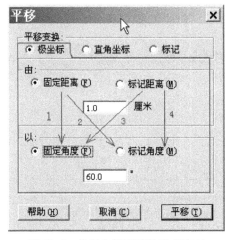 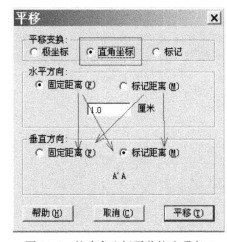

图 16-7　按极坐标平移的选项窗口　　　图 16-8　按直角坐标平移的选项窗口

第三大类平移是按标记的向量平移. 只有一种方法,如图 16-9 所示. 图中点 E、点 D 表示已标记的向量的起点和终点.

16.2.3　平移举例

需要进行平移操作时,可以根据问题的目标,适当选择一种平移的方法进行.

例 16.3　画一个半径为 $\sqrt{2}$cm 的圆.

目标图形效果:画出一个圆,无论如何移动圆心位置,半径始终保持 $\sqrt{2}$ 不变.

基本思路　根据勾股定理,让一个点在直角坐标系中按水平方向、垂直方向都平移 1cm,得到的点与原来的点总是相距 $\sqrt{2}$cm,然后选定这两点以"圆心和圆周上的点画圆"即可.

操作步骤

(1) 画一个点 A.

(2) 选定点 A,单击菜单"变换→平移",在弹出的对话框中进行如图 16-10 所示的设置并单击"平移"按钮.

图 16-9　按标记向量平移的窗口　　　图 16-10　产生 $\sqrt{2}$cm 的平移操作

（3）选定 A, A'，单击菜单"构造→以圆心和圆周上的点绘圆". 得到的圆无论怎样移动，圆的半径总是$\sqrt{2}$cm，如图 16-11 所示.

例 16.4　画出两个全等的三角形. 目标图形效果如图 16-12 所示.

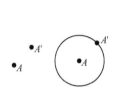

图 16-11　以$\sqrt{2}$cm 为半径的圆

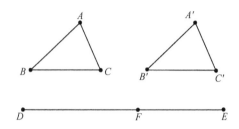

图 16-12　两个三角形全等的演示效果

拖动点 F 在线段 DE 上移动，可演示两个三角形重合和分开的效果，可以在教学中用来演示两个三角形的全等.

基本思路　让标记的向量一个端点固定，另一个端点可以在一条线段上任意移动，按标记的向量对其中一个三角形进行平移.

操作步骤

（1）画△$ABC.$

（2）画线段 DE，在 DE 上画一点 F.

（3）依次选定点 D、F，单击菜单"变换→标记向量"，标记从点 D 到 F 的向量.

图 16-13　按标记向量进行平移的设置窗口

（4）选取△ABC 的所有边和顶点，单击菜单"变换→平移"，在弹出的对话框中作如图 16-13 所示的设置（在向量已标记好的情况下，设置窗口中会自动设置为按标记的向量平移）.

（5）用文字工具标记新三角形的三个顶点，即得所需效果的图形.

例 16.5　画平行四边形（方法二）.

在 15.3.2 小节中，学习过根据平行四边形的定义用构造平行线的方法来画一个平行四边形（参看例 15.5），这样画出的平行四边形在一般情况下是没有问题的，但如果想用此图来说明向量加法的平行四边形法则，就会发现当两个向量共线时，无法构造平行线的交点，因而就无法正确演示表示两个向量的和的过程.

本例介绍根据标记的向量平移的方法来画平行四边形，这样的平行四边形可以正确演示向量加法的平行四边形法则（即 4 个顶点可以在一条直线上）.

操作步骤

(1) 先完成图 16-14 所示的基本图形.

(2) 依次选定 A、B 两点,单击菜单"变换→标记向量"标记一个从点 A 指向点 B 的向量.

(3) 确保只选定线段 AD 和点 D,单击菜单"变换→平移",完成将线段 AD 和点 D 按向量 AB 进行平移,如图 16-15 所示.

(4) 改变第 4 个顶点标签为 C,连接 CD 作出第 4 条边即得平行四边形,如图 16-16 所示.

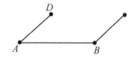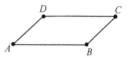

图 16-14　平行四边形的两条邻边　　　图 16-15　通过平移画出第三边　　　图 16-16　画出第四边

16.3　缩　放　对　象

缩放是指对象关于"标记的中心"按"标记的比"进行位似变换.

16.3.1　标记比的方法

标记比有下列三种方法供选择:

(1) 选定两条线段,单击菜单"变换→标记线段比例"(此命令会根据选定的对象而改变),标记以第一条线段的长度为分子,第二条线段的长度为分母的一个比.这种方法也可以事先不标记,在弹出"缩放"对话框后依次单击两条线段来"现场"标记一个比.

(2) 选定度量得出的比或选定一个无单位参数,单击菜单"变换→标记比例系数",可以标记一个比.在弹出"缩放"对话框后单击工作区中的相应数值也可以"现场"标记一个比.

(3) 依次选定同一直线上的三点 A、B、C,单击菜单"变换→标记比例",可以标记以第一个点 A 到第三个点 C 的距离 AC 为分子,第一个点 A 到第二个点 B 的距离 AB 为分母的一个比.这种方法控制比最为方便,根据方向的变化,比值可以是正数、零、负数.

设 A、B 两点是从左向右排列,当 C 点在 A 点左边时,比值为负数;当 C 点在 AB 之间时,比值为 0~1;当 C 点在 B 点右边时,比值为大于 1 的数.

小技巧　建议增加以下操作,在依次选定 A、B、C 后,单击菜单"度量→度量比"将所标记的比度量出来,可以观察到比值大小的变化.

16.3.2　缩放的应用

例 16.6　画出两个三角形相似.

目标图形效果　通过拖动点 F,让图形动态发生变化,如图 16-17 所示的三个图形分

别表示 F 点所在三个不同位置(对应三种相似比)对相似三角形位置的影响.

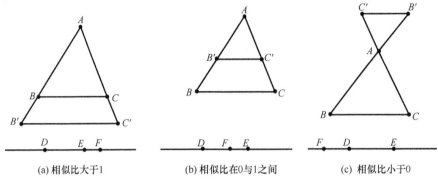

(a) 相似比大于1   (b) 相似比在0与1之间   (c) 相似比小于0

图 16-17   两个三角形相似时三角形的位置与相似比的关系

基本思路

(1) 由在同一直线上的三个点标记一个比.

(2) 让三角形以其中一个顶点为中心按标记的比进行缩放.

(3) 拖动比值控制点让图形在"A"形和"X"型之间转换.

操作步骤

(1) 准备工作. 画△ABC,画一条直线,隐藏直线上的两个控制点,如图 16-18 所示.

(2) 标记中心与比. 双击点 A 设置为旋转中心;在直线上画三个点 D、E、F,用选择工具依次选定点 D、E、F,单击菜单"变换→标记比例"标记一个比,如图 16-19 所示.

(3) 选定三角形的三边和三个顶点,单击菜单"变换→缩放"弹出缩放对话框后进行设置,再单击"缩放"按钮,如图 16-20 所示.

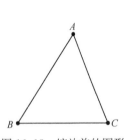

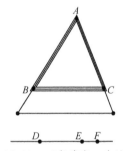

图 16-18 缩放前的图形   图 16-19 三点确定一个比值   图 16-20 缩放参数设置窗口

(4) 拖动点 F 在直线上移动,可以看到相似三角形的变化,还可以通过度量相关的值进行验证或帮助理解缩放的几何意义.

16.4 反射对象

反射是指将选定的对象按标记的镜面(即对称轴,可以是直线、射线或线段)构造轴对称关系. 但并不是所有的对象都可以反射,如轨迹就不能反射. 反射命令不会弹出对话框,反射前必须标记镜面,否则系统自动选择一条线段作为镜面进行反射,得到的结果一般不会是想要的.

例 16.7　轴对称图形演示.

目标图形效果　如图 16-21 所示,从左到右演示了拖动三角形顶点 B 改变其位置和形状,可以观察到动态保持的对称关系和相关性质.

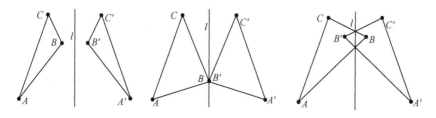

图 16-21　拖动 B 点过程中轴对称图形的效果图

基本思路

(1) 画一条直线并标记为镜面.

(2) 在直线的一旁画一个三角形作为原象.

(3) 选定这个三角形的所有顶点和边进行反射.

(4) 拖动其中一个三角形的顶点改变它的形状和位置,可以观察到轴对称图形的相应改变,由此演示出轴对称图形的性质.

操作步骤

(1) 画线并标记为镜面.画一条直线(隐藏控制直线的两点),选定这条直线,单击菜单"变换→标记镜面"标记这条直线为对称轴.

(2) 在直线的一旁画△ABC,如图 16-22 所示.

(3) 选取△ABC 的全部顶点及边,单击菜单"变换→反射",反射形成新三角形,其顶点已自动标记.

(4) 拖动任何一个点,观察图形的变化永远保持关于直线 l 的对称,如图 16-23 所示.

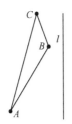

图 16-22　镜面及原象

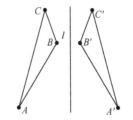

图 16-23　轴对称的效果图

例 16.8　用对称变换画一个等腰三角形.

本例将介绍用变换的方法来画一个动态的等腰三角形.

操作步骤

(1) 准备.画出如图 16-24 所示的图形.

(2) 双击线段 AB,标记为镜面.

(3) 确保只选取点 C 及线段 AC,单击菜单"变换→反射",得图 16-25.

(4) 隐藏点 B 和线段 AB,画出第三条边 CC',并改第三个顶点的标签为 D,得图 16-26.

图 16-24　等腰三角形的
一腰及轴

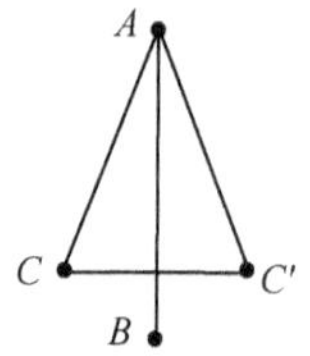

图 16-25　等腰三角形的
两腰及轴

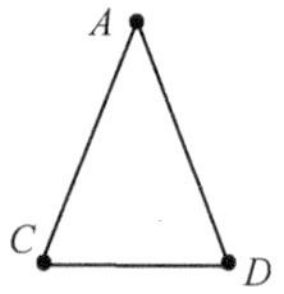

图 16-26　等腰三角形

任意拖动三个顶点之一,可以看到,无论形状及位置如何改变,$\triangle ACD$ 始终是等腰三角形.

关于变换的补充说明:在正常情况下,图形进行变换都是要事先标记的,但本软件也提供了一些比较另类的操作方法.即使事先没有标记中心,仍然可以选定对象,在弹出"旋转"或"缩放"对话框的同时,系统自动选择一个点(最后绘制的那个点)作为标记中心,如果这个中心不是用户希望标记的中心,用户还可以在工作区中单击所需点重新选择中心,当然,这种方法也可以用于改变事先标记好的中心;同样,标记角可以在弹出对话框后通过单击工作区中的一个角度值(不能选择由三点决定的角)来改变;标记距离可以在弹出平移对话框后单击选择工作区中已经度量的距离值来重新标记;标记比可以在出现"缩放"对话框后通过单击选择工作区中的一个比值、无单位的参数、或先后选择两条线段(先选分子后选分母)等方法来重新标记一个比,同理,向量也可以重新标记.

16.5　迭代与深度迭代

如果要画出正多边形,不难用旋转变换得到,如要画正十七边形,只要不嫌烦琐,旋转变换 16 次就画出来了.当边数太多时有没有更简单的方法呢?有!那就是利用"迭代".

16.5.1　简单迭代

例 16.9　正十七边形的画法.

操作步骤

(1) 画两个点 A,B,计算正十七边形的圆心角 $\dfrac{360°}{17}$ 并标记,双击点 A 标记为中心,令 B 点围绕点 A 按标记的角度 $\dfrac{360°}{17}$ 旋转得 B',连接 BB',如图 16-27(b) 所示.

(2) 选定 B 点,单击菜单"变换→迭代",出现如图 16-28 所示的对话框.

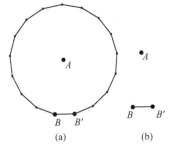

图 16-27　正十七边形的绘制过程　　　　图 16-28　迭代设置前的窗口

（3）单击 B'（图 16-29），对话框变为图 16-30，注意到"迭代次数：3"，图形在原有的基础上，增加了 3 条线段.（想一想：应让计算机重复画几条线段才能得到正十七边形？）

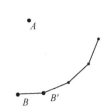

图 16-29　迭代设置效果预览　　　　　　图 16-30　迭代设置后的窗口

（4）重复按小键盘上的"＋"键（笔记本电脑按住"Shift"键再按"＋"键），直到迭代次数变为 16（也就是要让计算机重复画 16 条线段——比参数 n 的当前值少 1 的数），同时观察工作区中图形的变化.

（5）单击"迭代"按钮，正十七边形构造完毕，如图 16-27（a）所示.

迭代变换使用的前提条件如下：

（i）选定一个（或几个）自由点作为原象，如平面上任一点或线（直线、线段、射线、圆、轨迹）上的任一点，如例 16.9 的 B 点.

（ii）由选定的点产生的目标点（不要选定，出现迭代对话框后，再选定），如线段的中点，或由选定点经过变换产生的点，如例 16.9 的 B' 点.

例 16.10　边数可变的正多边形的画法（一）.

目标图形效果如图 16-31 所示. 按小键盘上的"＋"键（笔记本电脑按住"Shift"键再按"＋"键），可增加 n 的值，按小键盘上的"－"键（笔记本电脑直接按"－"键），可减少 n 的值，从而改变正多边形的边数，并且图形中的正多边形的边数始终与 n 保持一致（这在黑板上画图是做不到的）.

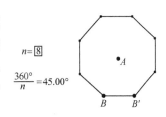

图 16-31　边数可变的正多边形

基本思路

（1）画两个点，标记其中一个点作为正 n 边形的中心，另一个点作为正 n 边形的第一个顶点.

（2）"新建参数" n，计算 $360°$ 除以 n，得正 n 边形的圆心角.

(3) 选取圆心角后"标记角度",让第一顶点绕中心按"标记的角度"旋转,得第二顶点.

(4) 从第一个顶点至第二个顶点按例 16.9 的方法进行迭代.

(5) 选取参数 n,按小键盘上的"+、-"键可以改变参数的值,得到动态的正 n 边形.

操作步骤

(1) 准备工作(确定旋转角的度数和正多边形的边数).

(i) 画两个点 A、B,标记 A 点作为正 n 边形的中心.B 点作正 n 边形的第一个顶点.

(ii) 单击菜单"数据→新建参数(W)"将"新建参数"的对话框(图 16-32)设置如下:名称输入 n,单位选"无",数值输入大于 3 的整数(如 8),单击"新建参数"对话框的"确定"按钮就建立了一个名为 n 的参数.

(iii) 单击菜单"数据→计算"(或按快捷组合键"Alt+="),调出如图 16-33 所示的"新建计算"窗口,输入"360°÷"(其中"°"由"单位"按钮右边的下拉框中选择"度"输入),单击选择新建的参数 n,再单击"确定"得正 n 边形的圆心角,选定该角后标记.

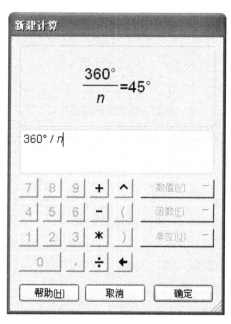

图 16-32 新建参数窗口   图 16-33 新建计算窗口

(iv) 将第一顶点 B 绕中心 A 按"标记的角度"旋转,得第二顶点 B',连接 BB',如图 16-34 所示.

(2) 实施迭代(注意:此法是有缺陷的,若不想了解这种方法,可以直接进入深度迭代的学习).

(i) 选定 B 点,单击菜单"变换→迭代",出现迭代对话框后,单击 B',并按数字小键盘上的"+"键,直到迭代次数变为 7,如图 16-35 所示.

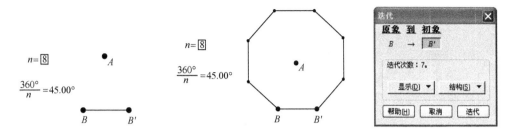

图 16-34　中心及原象点与象点　　　　图 16-35　迭代设置完成时的状态

（ii）单击"迭代"按钮，正 n（本例当前值为 8）边形构造完毕，如图 16-36 所示.

从表面看来，本例的操作很成功，如果选定参数 n 后，按小键盘上的"－"键减少参数的值，分别得到正七边形至正三边形，如图 16-37 所示.

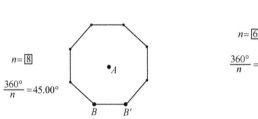

图 16-36　正 $n(n=8)$ 边形　　　　图 16-37　自动变出八边以下的正多边形

但是这样迭代产生的图形有个缺陷，即当选定参数 n 后，按小键盘上的"＋"键增加参数的值时，得到的正多边形就出现缺边的现象，如图 16-38 所示的正十边形就缺少两边.

出现这种现象的原因是采用这种迭代方法时，给系统指定了迭代次数，迭代一旦确定后就无法改变.改进的办法是利用 16.5.2 小节介绍的深度迭代方法.

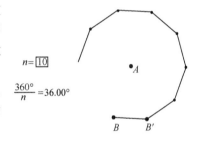

图 16-38　出现缺边的正多边形

16.5.2　深度迭代

前面介绍的例子之所以出现边的缺失，原因在于边数（或圆心角）随参数 n 变化的同时，迭代次数未能相应地随 n 的变化而变化，采用由参数控制迭代的深度（即重复的次数），就不会出现这个问题了.

例 16.11　边数可变的正 n 边形的画法（二）.

目标图形效果与例 16.10 的要求相同.

基本思路

（1）画两个点，标记其中一个点作为正 n 边形的中心，另一个点作为正 n 边形的第一个顶点.

（2）"新建参数" n，用 $360°$ 除以 n，得正 n 边形的圆心角.

（3）选取圆心角后"标记角度"，让第一个顶点绕中心按"标记的角度"旋转，得第二个顶点.

(4) 选取参数 n 及第一个顶点、进行第一个顶点到第二个顶点的"深度迭代".

(5) 选取参数 n,按小键盘上的"＋,－"键可以改变参数,得到动态的正 n 边形.

操作步骤

(1) 准备工作(确定旋转角的度数和迭代的深度)(准备工作与例 16.10 完全一样).

(i) 画两个点 A、B,标记 A 点作为正 n 边形的中心,B 点作最基本的正 n 边形的第一顶点.

(ii) 单击菜单"数据→新建参数(W)"将新建参数对话框(图 16-39)设置如下:名称输入 n,单位选"无",数值输入大于 3 的整数(如 8),单击新建参数对话框的"确定"按钮就建立了一个名为 n 的参数.

(iii) 单击菜单"数据→计算."(或按快捷组合键"Alt＋＝"),调出计算器窗口,输入"360°÷"(其中"°"由"单位"按钮右边的下拉框中选择"度"输入),单击新建的参数 n,单击"确定",得正 n 边形的圆心角,选定该角后标记,如图 16-40 所示.

图 16-39　新建参数窗口

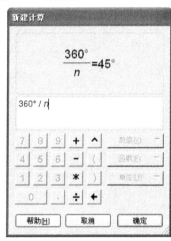

图 16-40　新建计算窗口

(iv) 将第一个顶点 B 绕中心 A 按"标记的角度"旋转,得第二个顶点 B',连接 BB',如图 16-41 所示.

(2) 深度迭代(注意比较与例 16.10 的差别!).

(i) 同时选取点 B 及参数 n.

(ii) 按住"Shift"键不放,单击菜单"变换→深度迭代"弹出如图 16-42(a)所示的迭代对话框.

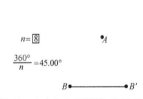
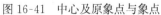

图 16-41　中心及原象点与象点

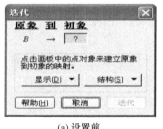

(a) 设置前

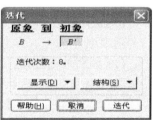

(b) 设置后

图 16-42　深度迭代设置窗口

（iii）单击工作区中的点 B'，使图中"初象"框中的问号变成 B'，单击"迭代"对话框中的"迭代"按钮，得到如图 16-42(b)所示状态.

（iv）正 n（本例当前值 $n=8$）边形至此已经画成，选定工作区中的参数 n，用小键盘上的"＋，－"键可以改变 n 的大小，图形中的边数相应发生变化，如图 16-43 所示.

说明及注意事项

（1）第（ii）步如不按住"Shift"键，"变换"菜单中的命令项是"迭代"，而不是"深度迭代"；如果没有选定参数，即使按住"Shift"键，"变换"菜单中也不出现"深度迭代". 几何画板中部分菜单项会根据按键、工具按钮的选取状态而改变.

（2）本例中为了能动态地构造正 n 边形，必须用深度迭代.

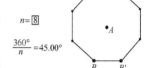

（3）参数可以减少到 2 以下甚至负数，但这时就不能构成正多边形了.

图 16-43　正 n 边形

图 16-43 中给出当 $n=8$ 时的图形.

16.6　自定义变换

如果读者觉得本章前面各节所介绍的变换还不够用，还可以根据需要自己定义变换.

16.6.1　创建自定义变换

将两次或两次以上的变换合并起来（代数中称为变换的乘积），即可以创建新的变换，下面将举例说明.

例 16.12　创建一个由旋转与缩放构成的变换.

（1）画一个角$\angle ABC$ 并标记；

（2）在一条直线上取三点 D、E、F，依次选定 D、E、F 后标记比；

（3）画一个点 O，标记点 O 为中心；

（4）作自由点 G 并选定G，以 O 为中心按标记角$\angle ABC$ 旋转到 G'，再将点 G' 按标记比$\dfrac{DF}{DE}$缩放到 G''；

图 16-44　创建自定义变换窗口

（5）依次选定点 G、G''，单击菜单"变换→创建自定义变换"，在如图 16-44 所示的"自定义变换名称"中将"$G \to G''$变换"改为"旋转缩放"，单击"确定"按钮，这时在系统的"变换"菜单下自动添加"旋转缩放"变换，快捷组合键为"Ctrl＋1".

一般地，任取两点，其中第一个点为自由点，第二个点是与第一个点关联的点，均可创建自定义变换.

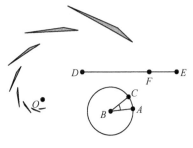

图 16-45　对图形进行旋转缩放变换

16.6.2　自定义变换的使用

自定义变换与系统原有的变换用法相同,下面举例说明 16.6.1 中的自定义变换的使用.任意画一个三角形,构造内部并隐藏顶点,选定这个三角形,选择"旋转缩放"即得到经过旋转及缩放后的三角形.选定三角形后,反复按自动生成的快捷组合键"Ctrl＋1",即得一系列相似的三角形经旋转兼有缩放的变化过程产生的图形,如图 16-45 所示.

拖动点 C、F 均可观察到图形会发生相应的变化.

16.6.3　编辑自定义变换

对于自己创建的变换,可以通过编辑自定义变换进行名称的修改或删除.

单击菜单"变换→编辑自定义变换"调出如图 16-46 所示的对话框进行相应的操作即可.

图 16-46　编辑自定义变换的窗口

注意　创建的自定义变换只能在当前画板文件中使用.

16.6.4　图片的变换

图片可以复制到几何画板中作为图形的一部分,首先选定图片文件并用图片编辑工具打开后将图片复制到剪贴板,在画板中选定 1～3 点,用快捷组合键"Ctrl＋V"粘贴,则选定的文本立即复制到画板中相应位置.若选定一点,则图片中心与该点重合,若选定两点,则图片的一组对角与这两点重合,若选定三点,则图片的三个角与这三点重合,读者可以据此特征在复制前确定应该选多少个点,根据作者的经验,选择三点后复制对后期的操作比较方便,因为通过选定三点后进行粘贴,可以通过对三点的拖动很方便地对图片进行仿射变换.图 16-47 是对同一图片进行不同的仿射变换后的效果.

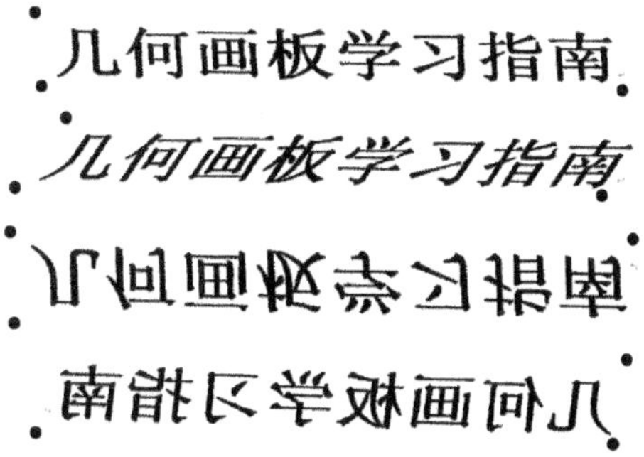

图 16-47　对同一图形进行不同变换的效果比较

本 章 小 结

通过本章的学习可以看到,利用变换菜单作图比仅仅运用工具箱和构造菜单作图有更多优势,主要有这样一些特点,在前面章节的方法中,主要是根据图形本身的定义来作图,作图过程需要用的辅助对象较多,步骤较繁.运用变换菜单作图,大多是根据图形的几何性质来作图,这样做的优势在于作图速度快,而且可以精确作图,因此,读者应该很好地掌握这种方法.

第 17 章 操作类按钮的制作

一个好的课件总是希望在演示时由演示者按自己想要的方式控制对象的变化,如对象的显示和隐藏、图形的移动、观察图形的动态效果、页面间的跳转和链接的控制等.这些功能在几何画板中都是可以通过对按钮进行设置来实现的.在几何画板 5.X 版本中的"操作类按钮"有"隐藏/显示""动画""移动""系列""声音""链接""滚动"共 7 个能生成可操作按钮的命令,如图 17-1 所示.通过这些命令制作出具有相应功能的按钮,再通过这些按钮对相关对象进行操作.下面通过一些实例来学习这些按钮的制作.

图 17-1 操作类按钮下拉菜单

17.1 "隐藏/显示"按钮的制作

17.1.1 "隐藏"与"显示"按钮

例 17.1 隐藏与显示的切换.

(1) 在工作区中画出一个三角形,拖动鼠标成矩形框选定三角形.

(2) 单击菜单"编辑→操作类按钮→隐藏/显示",自动生成"隐藏对象"按钮.

单击该按钮,△ABC 在工作区中隐藏起来,按钮变成"显示对象",单击"显示对象"按钮,隐藏的三角形又被显示出来,原按钮又变成"隐藏对象".在这里,通过一个"隐藏/显示"切换按钮控制对象的显示或隐藏,如图 17-2 所示.

例 17.2 分别用"隐藏对象""显示对象"两个按钮控制同一对象.

如果想实现这样一个效果:在隐藏一个三角形的同时,显示一个正方形;而当隐藏显示的正方形的同时,隐藏的三角形又显示出来.要制作出这样的效果,就要熟悉"隐藏/显

图 17-2　隐藏/显示对象的动作设置窗口

示"按钮的属性.

下面同时生成"隐藏对象"按钮与"显示对象"按钮各一个.

(1) 选定工作区中△ABC,按例 17.1 中的操作再生成一个"隐藏对象"按钮.

(2) 右键单击"隐藏对象"按钮,选择下拉菜单中的"属性",打开"操作类按钮隐藏对象"窗口,选择"隐藏/显示"标签下的"动作"选项"总是显示对象".

(3) 右键单击另一个"隐藏对象"按钮,仿(2)将"动作"选项设置成"总是隐藏对象".

这时,三角形的显示和隐藏通过两个按钮分别进行控制,单击"显示对象"按钮显示△ABC,单击"隐藏对象"按钮隐藏△ABC,如图 17-3 所示.

图 17-3　操作类按钮"隐藏/显示"的设置

小技巧　几何画板 5.0 以上版本可以同时生成"隐藏对象"与"显示对象"两个按钮:选定对象,按住"Shift"键,单击菜单"编辑→操作类按钮→隐藏 & 显示",两个按钮同时出现.

17.1.2　"系列"按钮的制作

例 17.3　制作一个"系列"按钮.

(1) 接例 17.2,通过右键单击"显示对象",单击菜单"属性→标签",将标签名由"显示对象"改为"显示三角形".用同样的方法将标签名"隐藏对象"改名为"隐藏三角形",如图 17-4 所示.

(2) 在工作区中画出正方形 ABCD,仿上面的方法制作两个按钮"显示正方形""隐藏正方形",属性分别设置成"总是显示对象"和"总是隐藏对象".

(3) 依次单击"隐藏三角形"和"显示正方形"按钮,单击菜单"编辑→操作类按钮→系列",打开"系列对象属性"对话框,选择"系列"标签下的"系列动作"为"依次执行"(本例中

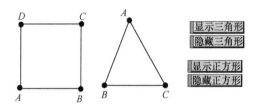

图 17-4　据按钮的功能设置按钮的标签名称

设置成"同时执行"也可).

（4）单击"标签"标签,将标签文本框中"系列 2 个动作"改为正方形,单击"确定"按钮,这时生成"正方形"按钮;

（5）依次选定"隐藏正方形"和"显示三角形"按钮,仿上生成一个系列按钮,名称设置为"三角形".

（6）选定"正方形"和"三角形"两个按钮以外的其他按钮,按快捷组合键"Ctrl＋H"隐藏这些按钮,在最后效果图中,单击"三角形"按钮隐藏正方形显示三角形,单击"正方形"按钮隐藏三角形显示正方形,如图 17-5 所示.

图 17-5　据显示的图形名称设置按钮的标签名称

17.2　"移动"按钮的制作

本节介绍如何通过"移动"按钮来控制对象的移动. 当在工作区中依次选定点 A 和点 B,单击菜单"编辑→操作类按钮→移动",打开移动属性对话框（图 17-6）,根据需要选择适当的速度,单击"确定"后在工作区中生成一个名为"移动 $A→B$"的移动按钮,单击该按钮时点 A 向点 B 沿 A 到 B 的直线方向移动. 直到点 A 与点 B 重合时移动停止.

图 17-6　移动按钮的设置窗口

注意事项：

（1）如果选定的点在某图形对象（如圆）上，则该点在移动中沿相应的图形对象进行移动.

（2）如果选定的第一个点在某图形对象（如圆）上，第二个点在该图形对象以外，则移动时点沿相应的图形对象移动至离第二个点距离最近处后移动停止. 移动时两点间的距离可以不是单调减少的，而是按移动总距离最短的方式自动选择移动路径，读者可以取第一个点在一个多边形的边界上试试. 例如选择一个凹四边形 $ABCD$ 上一点 E 及形外一点 F，制作一个按钮"移动 $E \to F$"，如图 17-7 所示，左右两边分别是单击"移动 $E \to F$"按钮前后的效果.

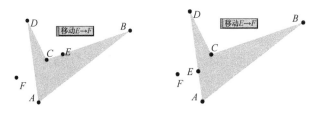

图 17-7　点在移动中自动选择最短路径

（3）如果想实现文本的移动，可以把文本合并到点，然后按上面的步骤生成点的移动按钮，再隐藏点，便可以通过按钮控制文本的移动了.

（4）如果在移动过程中用鼠标移动目标点，则移动过程中的点将跟随新目标移动，直到两点重合或两点间的距离达到最短为止.

例 17.4　制作一个"演示两个三角形全等"的课件.

（1）在工作区中画△ABC，如图 17-8 所示.

（2）选定整个△ABC，单击菜单"变换→平移"，打开"平移"对话框（图 17-9），在"固定距离"框输入 5，在"固定角度"框输入 0. 单击"平移"按钮，得到△$A'B'C'$.

这样得到的△$A'B'C'$ 会随着△ABC 的形状改变而改变，以保持两个三角形的形状总是全等的，如图 17-10 所示.

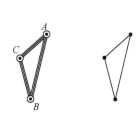

图 17-8　原位置的三角形

图 17-9　平移的设置窗口

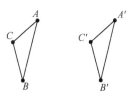

图 17-10　三角形的初始位置及目标位置

（3）在工作区中画出任意△DEF，依次选定点 D、A、E、B、F、C. 单击菜单"编辑→操作类按钮→移动", 打开"移动点"属性对话框, 如图 17-11 所示. 速度设置为"高速", 标签输入"移动点 1", 单击"确定"生成按钮"移动点 1".

（4）依次选定 D、A'、E、B'、F、C', 仿上操作, 速度设置为"中速", 标签输入"移动点 2", 单击"确定"生成按钮"移动点 2", 如图 17-12 所示.

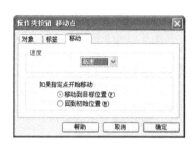

图 17-11　移动按钮的设置窗口

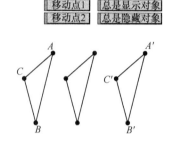

图 17-12　动态三角形与初始及目标三角形

（5）单击文字工具后, 依次单击△DEF 的三个顶点, 隐藏点的标签.

（6）选定△DEF, 制作两个"显示/隐藏"按钮, 属性分别设置为"总是显示对象"和"总是隐藏对象".

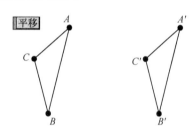

图 17-13　课件在演示前的效果图

（7）依次选择"移动点 1""显示对象""移动点 2""隐藏对象", 单击菜单"编辑→操作类按钮→系列"调出系列对话框, 属性设置为"依序执行", 时间间隔设置为 0s. 单击"确定"后得到"顺序 4 动作"按钮. 用文字工具双击该按钮, 改其名称为"平移". 最后效果如图 17-13 所示.

单击"平移"按钮后, 从△ABC 处有一个和它全等的三角形平移到△$A'B'C'$, 直到与△$A'B'C'$ 重合. 拖动三角形的顶点, 任意改变三角形的形状后, 再次单击"平移"按钮, 移动的三角形仍然保持和工作区中的两个三角形全等.

17.3　"动画"按钮的制作

几何画板真正激动人心的是动画效果的实现, 利用动画功能可以制作出很多赏心悦目的课件或作品. 下面通过实例介绍"动画"按钮的制作.

17.3.1　对象上的单个点的动画

例 17.5　点在线段上运动的动画.

（1）在工作区中画线段 AB 和 CD, 并且点 C 在线段 AB 上, 选定点 C, 如图 17-14 所示.

（2）单击菜单"编辑→操作类按钮→动画", 打开"动画"属性对话框（图 17-15）, 单击"确定"按钮在工作区中自动生成一个"动画点"按钮, 可通过该按钮来控制点 C 在线段

AB 上的运动.

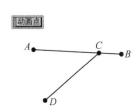

图 17-14 动画的初始状态　　　　　图 17-15 "动画"属性设置窗口

经观察可以看出,当一个点运动时,与此相关的子对象随之运动.

注意　在动画属性中,动画方向有"向前、向后、双向、随机"4 种,速度分"慢速、中速、快速、其他"4 种,通过"标签"可以改变生成标签的名称,所有这些均可根据需要设置,也可通过右键单击生成的动画按钮调出"动画"属性对话框重新设置.

例 17.6　点在圆上运动的动画.

(1) 在工作区中画圆 AB(A 为圆心,B 为圆周上的点),画线段 CD,使 C 点在圆上(但不要选择 B 点).

(2) 选定 C 点,仿例 17.5 生成"动画点"按钮,这样可以通过按钮来控制点在圆周上的动画,如图 17-16 所示(如果选择点 B 生成动画,由于点 B 是自由的,单击"动画点"时圆的大小将随机运动,无法实现点在圆周上的动画的目的).

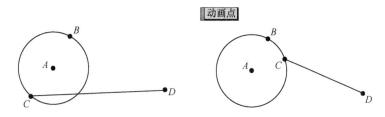

图 17-16 点在圆周上的动画

17.3.2 多个点同时运动的动画

例 17.7　制作一个能同时控制几个点的动画.

前面的例子是用一个按钮控制一个点的动画,根据课件的需要还可以用一个按钮同时控制几个点的动画.

(1) 在工作区中画出图形并满足点 C 在线段 AB 上,点 G 在圆周 EF 上.

(2) 选定点 C 和点 G,单击菜单"编辑→操作类按钮→动画",打开"动画点"属性对话框(图 17-17),可以根据需要进行相关设置.

(3) 单击"确定"按钮,生成一个"动画点"按钮(图 17-18),通过此按钮可以同时控制点 C 和点 G 的运动.

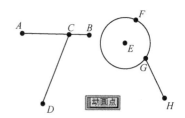

图 17-17　多个对象时的"动画"属性设置窗口　　　　　图 17-18　同时控制两个点运动的动画

17.3.3　参数的动画

除了设置图形对象的动画外,还可以设置参数的动画.几何画板中的参数是不同于度量值和计算值的能够独立存在的一种数值,它的建立不依靠具体的对象.使用参数可以进行计算、构造可控制的动态图形、建立动态的函数解析式、控制图形的变换、控制对象的颜色变化等.参数具体的应用在后面有专题介绍,这里只说明如何通过按钮控制参数的动画.

例 17.8　制作一个参数并由动画进行控制.

(1) 建立参数.单击菜单"数据→新建参数"出现"新建参数"对话框(图 17-19),参数默认无单位,也可以建立单位为"度"的角度参数及单位为"厘米"的距离参数.参数的"名称"及"值"均可以在建立参数时输入,也可在以后通过右击参数图标选择"属性"进行更多属性的修改,单击"确定"后,在画板工作区便出现了参数,如图 17-20 所示(说明:还可以通过单击菜单"数据→计算→数值"调出"新建计算"窗口,单击"数值"下拉列表框选择"新参数"建立参数.)

图 17-19　"新建参数"对话框　　　　　图 17-20　动画参数设置窗口

(2) 参数的动画.选定参数,单击菜单"编辑→操作类按钮→动画",打开"动画参数"属性对话框,根据需要进行相关设置,单击"确定",自动生成一个"动画参数"按钮,单击此按钮参数按设置进行变化.

(3) 键盘控制参数.选定参数,每按数字小键盘的"+"或"−"一次,参数将按"动画参数"的设置进行相应增加或减少一次.

17.3.4　多重运动的控制

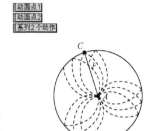

在 17.3.1 小节中介绍了对象上的单个点的动画,如果对象又因另一个点的运动而运动,就形成二重运动. 例如,画一个圆 AB,在圆周上取一点 C,画圆的半径 AC,在 AC 上取一点 F,选择点 C 生成"动画1",选择点 F 生成"动画2",同时选择"动画1"和"动画2",生成"系列 2 个动作",选定点 F,单击菜单"显示→追踪点". 单击"系列 2 个动作"可以观察到点 F 的二重运动的轨迹,如图 17-21 所示.

图 17-21　追踪二重运动的轨迹

17.4　"链接"按钮的制作

利用操作类按钮中的"链接"命令,可以链接到互联网上的资源、进行本机其他文件的超级链接以及实现几何画板文件中页面的"跳转".

17.4.1　文档的操作

单击菜单"文件→文档选项"(或在绘图空白区击右键选择"文档选项"命令)调出文档选项窗口,如图 17-22 所示.

当画板文件中只有一个文档时,在页名称处显示"1",可以在页名称框中输入页的名称. 如果已有多个文档并已取名,将在"文档选项"窗口左下方显示所有的页名称. 如果在复选框"显示页切换"按钮前打"√",则在画板工作区下方将出现所有页面的标签(类似 Excel 的表格标签),可以方便地通过单击在已有页面间切换,如图 17-23 所示.

图 17-22　文档选项窗口

图 17-23　文档选项窗口中"显示页切换"的设置

页面的增加. 单击按钮"增加页"出现下拉菜单,如果单击"空白页面",将增加一个新的页面;如果单击"复制",将出现本文档中所有页面的名称,单击所需页面名称将该页面的内容复制到一个新页面中,如图 17-24 所示.

如果想改变页面的顺序,只需用鼠标左键按住"文档选项"窗口左下角的页面标签上下拖动.如果要删除不需要的页面,只需选定相应页面标签后单击"删除页"即可,但只有一个页面时无法删除,即一个画板文件至少要保留一个页面.文档窗口的操作完成后必然单击"确定"按钮,其操作才生效.

"文档选项"窗口还可对工具进行操作,只需把视图类型处的单选框由"页面"改为"工具",其余操作方法与对页面的操作相同,如图 17-25 所示.

图 17-24　文档选项窗口中增加页的两种方法

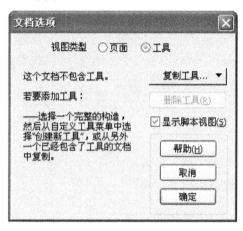

图 17-25　文档选项窗口中工具的设置

17.4.2　"链接"的种类与操作方法

"链接"的属性对话框如图 17-26 所示.生成该按钮时对链接进行不同的设置可以分别实现多页面画板文件的页面间跳转、页面上的按钮转变、链接到本地文件或网上资源.

准备工作:制作一个包含有"1 等边三角形""2 正方形""3 正五边形"三个页面的画板文件.

添加链接按钮:选择第一个页面,单击菜单"编辑→操作类按钮→链接",打开"链接"对话框.根据不同的设置,可以实现不同的链接.

（1）链接到几何画板文件中其他页面.在"链接"属性对话框中选择单选框"页面",单击右边的下拉箭头立即显示当前文件中除当前页面外的所有页面的标签,单击想要跳转的目标页面标签,如 2 正方形,单击"确定",这时在第一页面工作区中自动生成"链接到 2正方形",单击该按钮可跳转到所链接的页面"2 正方形"上,如图 17-27 所示.

图 17-26　"链接"的设置窗口

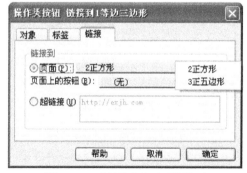

图 17-27　"链接"到页面的设置

（2）链接到几何画板文件中其他页面的同时,执行该页面上的某个按钮.先在刚才的文件中第三个页面上生成一个按钮"移动 A→B"备用(图 17-28),返回第一个页面,仿步骤(1).当要选择所要链接到的页面时,选择"3 正五边形",再单击"页面上的按钮"右边的下拉框,选择"移动 A→B",再单击"确定".这时,在第一个页面自动生成"链接到 3 正五边形",表面观察与(1)中生成的按钮一样,但单击这个按钮时,不仅页面跳转到"3 正五边形",而且该页面上的"移动 A→B"按钮自动发生作用,如图 17-29 所示.

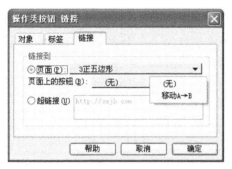
图 17-28 存在按钮的页面

图17-29 页面跳转中自动执行目标页面上的按钮

（3）实现本地文件的超级链接.假定在 D 盘"user"文件夹下有一个 Word 文档"几何画板教案.doc".添加按钮,如果想在几何画板工作区中设置一个按钮,单击该按钮就能打开该文档,可以仿(1)调出"链接"对话框,选择单选框"超链接",在对应的文本输入框中输入"D:\user\几何画板教案.doc",单击"确定"生成链接按钮"D:\user\几何画板教案.doc".单击该按钮自动连接到指定文档并打开.注意:文件名后必须要加扩展名,否则单击时将无法打开超级链接,如图 17-30 所示.

（4）链接到互联网上的资源.仿(1)调出"链接"对话框,单击"超级",在文本输入框中输入要链接的网址(如 http://www.baidu.com),单击"确定",生成一个链接按钮(如"http://www.baidu.com"),单击这个按钮将自动链接到指定的网页(本例进入百度主页),如图 17-31 所示.

图 17-30 "链接"到本地文档的设置

图 17-31 "链接"到网页的设置

17.5　"滚动"按钮的制作

最后一个"操作类按钮"是"滚动"按钮,它的功能是当页面内容很多而无法全部显示时,可以通过该按钮控制整个屏幕的滚动.具体操作如下:

在工作区中画一个点并选定该点,通过单击菜单"编辑→操作类按钮→滚动",打开"滚动"属性对话框(图 17-32),选择滚动方向后单击"确定"后生成一个"滚动"按钮,单击该按钮时,整个屏幕将随着选定点进行滚动.滚动共有两种方向:如果"滚动方向"选择的是"窗口左上方",则单击"滚动"时,选定的点滚动到窗口左上角时停止;如果"滚动方向"选择的是"窗口中央",则单击"滚动"时,选定的点滚动到窗口正中央时停止.

图 17-32　"滚动"的设置窗口

17.6　"声音"按钮的制作

几何画板软件以绘图为主,绘图功能非常强大,而对声音的操作没有特别之处.几何画板 3.X 曾经能提供声音,而 4.X 不能提供声音.为了满足部分用户的特殊要求,在 5.X 版本中又添加了声音的功能.

由于声音是一种波,所以先定义一个周期函数,如 $f(x) = 10\sin(1024x^2)$,也可绘制其图形,然后选定函数,选择菜单"编辑→操作类按钮→声音"出现"听到函数 f",单击即可听到函数的声音.为了听到不同频率的声音,可以在变量前乘以一个参数,让参数变动过程中听函数的声音.此外,函数的振幅控制声音的高低.

练　　习

听函数 $f(x) = A\sin\left(\dfrac{36000}{x}\right)$ 的声音,其中 A 由线段的长度控制.

第18章　几何画板软件在解析几何中的应用

通过几何画板的度量菜单,可以解决许多与解析几何有关的问题.

18.1　度量菜单及对象的度量

所有的度量都是先选定对象然后操作,如果某次操作中菜单命令是灰色的,就表示选定对象不符合要求.

18.1.1　度量值的分类

可以度量的对象可以分为两类,在"度量"菜单中用一条横线把两类隔开.

第一类是与坐标系无关的度量值,有线段的长度;两点间的距离;多边形的周长及面积;圆的周长、面积及半径(单位有"像素""厘米""英寸",默认单位"厘米")、角的度数(单位有"弧度""度""方向角",默认单位"度");弧的弧长、半径及长度;三点决定的两条线段的比或两条线段决定的比;路径对象上点的值.

第二类是与坐标系有关的度量值,有线段、射线、直线的斜率;直线、圆的方程;点的全坐标、横坐标、纵坐标;两点间的坐标距离.

如果度量值涉及坐标系,则系统将在未显示坐标系的情况下自动显示出坐标系.

坐标距离是相对于坐标系的单位长度的距离,不带单位"厘米",当坐标轴上的单位点与坐标原点的距离为1厘米时,两点间的"距离"与"坐标距离"一致.读者可以分别度量两点间的距离与坐标距离,然后拖动坐标轴上的单位点,观察到两个定点间的距离始终不变而坐标距离随单位点的变化而变化.

除了"点的值"外,其余的度量值都与解析几何中的对应概念一致,而且操作方法简单,因此不再一一描述,下面只介绍"点的值"的意义及操作方法.

18.1.2　点的值的度量

在"度量"菜单中有一个"点的值"命令是最"难"理解及操作的,因为初学者不知这里"点的值"的意义,任意选中一点后,该菜单命令仍处于灰色.事实上,这里所谓"点的值"是指一个点分一条线段所成的比例.明确这个意义后就知道其操作方法了.

(1) 线段上点的值.画一条线段 AB,然后在线段 AB 上取一点 C,选定 C 点,单击菜单"度量→点的值",就会出现结果"C 在 $\overline{AB}$ 上 $=0.68$",其意义是两条线段的比值 $\dfrac{AC}{AB}=0.68$,这一点可用下面方法进行验证:依次选定 A、B、C,单击菜单"度量→比",得到比的结果"$\dfrac{AC}{AB}=0.68$". 经比较可见,这个"比"值与"点的值"完全一致,这时"比"的取值范围是[0,1],如图 18-1 所示.

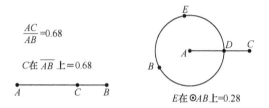

图 18-1　度量出的"比"与"点的值"的关系

(2) 射线上点的值. 将 1 中的线段改成射线,在相同的操作方法下,可以得到度量结果"C 在 $\overrightarrow{AB}$ 上=0.57",关于"比"也可类似进行度量并验证,这时"比"的取值范围是[0,+∞),当 C 在 AB 的延长线上时"比"大于 1.

(3) 直线上点的值. 将 1 中的线段改成直线,在相同的操作方法下,可以得到度量结果"C 在 $\overleftrightarrow{AB}$ 上=0.80",关于"比"也可类似进行度量,这时的"比"与线段的定比分点中的比一致,"比"的取值范围是(-∞,+∞). 在制作与定比分点公式有关的问题时,利用直线上点的值是很方便的.

(4) 圆周上的点的值. 画圆 AB,以圆心 A 为端点水平向右画一条射线与圆的交点为 P,P 点把整个圆周分成以 P 为起点,按逆时针方向为正向的圆弧,终点仍为 P. 这时"点的值"是选定点在上述弧上分出的两条弧的比值,圆的周长相当于 1. 中线段 AB 的长,如图 18-1 所示.

当选定点同时位于两条线段上或两个圆上时,度量"点的值"无效. 读者可以仿上对椭圆、轨迹、函数图像上的点的值进行探讨.

由"度量"菜单度量出的所有值及方程都是动态的,会随着对象的变化而变化,与坐标轴位置有关的度量值还会随着坐标位置的变化而变化.

18.1.3　用"点的值"控制点的运动

明确了 18.1.2 小节中路径上的自由点的值的意义后,可以由这个值反过来对路径上的点的运动进行控制.

例 18.1　通过点的值建立线段与圆上的点之间的一一对应关系.

绘制线段 AB,在 AB 上任取一点 C,度量 C 的值,如图 18-2(a);绘制圆 OD;选择圆 OD,单击菜单"绘图→在圆上绘制点",显示窗口如图 18-2(b);单击"C 在 $\overline{AB}$ 上=0.35",结果如图 18-2(c);单击"绘制"按钮,得到如图 18-2(d)所示的图形. 拖动线段 AB 上的 C 点,圆上的 P 点跟随运动.

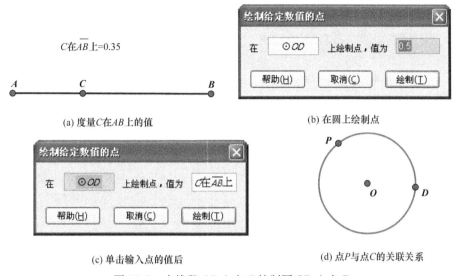

(a) 度量 C 在 AB 上的值　　(b) 在圆上绘制点

(c) 单击输入点的值后　　(d) 点 P 与点 C 的关联关系

图 18-2　由线段 AB 上点 C 控制圆 OD 上点 P

18.2　数据菜单的应用

"数据"菜单中的"新建参数"命令完成参数的操作,其用法将在第 20 章详细介绍;"计算"命令调出一个相当于计算器的窗口,可以完成数学中的常见计算;"制表"命令完成表格的制作;"新建函数"命令完成新函数的建立;"定义导函数"命令可通过对选择的函数进行求导运算产生新函数,"定义绘制函数"命令可对手工绘制的曲线创建一个形式表达式,下面分别进行介绍.

18.2.1　"计算"的操作

单击菜单"数据→计算"调出计算窗口,如图 18-3(a)所示,用于编辑一个计算式,在窗口中通过鼠标单击或键盘敲击输入 0~9 的数字、基本运算符号、括号,通过"数值"下拉列表框可以建立参数或输入常数 π 或 e,如图 18-3(b)所示(常数 π 或 e 也可以在可输入数值时通过键盘敲击 P 或 p、e 得到). 而"函数"下拉框中有 13 个数学函数可供选择(也可以在准备输入函数时,从键盘敲击函数的首字母得到,如果有多个函数的首字母相同,可以接着敲击第二个字母得到,图 18-3(c)),距离类数据的"单位"有"像素、厘米、英寸"可供选择,不论在"新建计算"时选择什么单位,在计算结果中总是自动转换成"参数选项"设置中对"距离"所设置的单位,角度类数据的"单位"有"弧度、度"可供选择,选择结果有与距离类数据类似的情况. 在进行计算时,由前节"度量"菜单度量的所有结果以及其他计算结果均可以参与运算,需要时直接单击选中度量值即可,如图 18-3(d)所示. 在输入过程中,可以通过输入框上方的预览观察计算结果,如果需要对计算结果进行修改,可以右击计算结果调出快捷菜单选择相应命令进行.

18.2.2　"制表"的操作及应用

如果要把一个函数关系以表的形式表示出来,或者构造一个数列,均可以通过"数据"

菜单下的"制表"命令完成. 下面以构造圆的半径与周长、面积的关系为例介绍表的制作.

(a) "计算"窗口

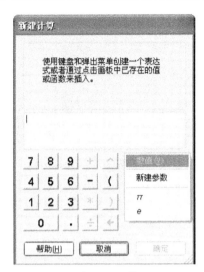

(b) 常数π及e的输入

(c) 键盘输入函数的方法

(d) 度量值的引用

图 18-3　计算窗口的操作

例 18.2　借助"点的值"建立线段与圆上的点之间的一一对应关系.

单击菜单"数据→计算"调出计算窗口,如图 18-4(a) 所示. 新建参数 $R=1$,计算周长 $2\pi R$ 及面积 πR^2,依次选中这三个结果,单击菜单"数据→制表"立即生成一个二行三列的表. 选中参数 R 及表格后按"＋"或"－"键改变参数的同时增或减表的行(图 18-4(b)),若只选中参数 R 后改变参数值,则只改变表的最后一行,对表中数据进行增加可以通过单击"数据→增加表中数据"进行(图 18-4(b)),快捷方式是用鼠标双击表格,对表中数据进行删除可以通过单击菜单"数据→删除表中数据"命令进行(图 18-4(c)),快捷方式是按住"Shift"加鼠标双击表格.

$R=\boxed{5.0}$

R	$2\cdot\pi\cdot R$	$\pi\cdot R^2$
1.0	6.28	3.14
1.1	6.91	3.80
2.0	12.57	12.57
3.0	18.85	28.27
4.0	25.13	50.27
5.0	31.42	78.54

$2\cdot\pi\cdot R=31.42$

$\pi\cdot R^2=78.54$

(a) 表格的制作

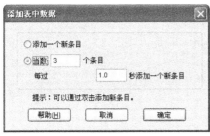

(b) 表中添加新行的窗口

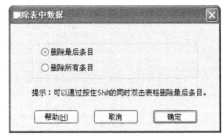

(c) 删除表中行的窗口

图 18-4 表格制作及行的增删

上述操作也可以对图形对象的度量结果进行.

18.2.3 "新建函数"的操作

"新建函数"对话框与"新建计算"对话框类似,只是增加了方程形式选择,其中有 $y=g(x)$ 与 $x=g(y)$ 两种直角坐标形式的方程及 $r=g(\theta)$ 与 $\theta=g(r)$ 两种极坐标形式的方程,相应的变量为 x、y、θ 或 r. 表达式的输入有与计算式的输入相同的快捷方式,如图 18-5 所示.

图 18-5 "新建函数"窗口

　　选定一个已经建立的函数后,单击右键选"编辑函数"命令调出"编辑函数窗口"对函数表达式进行修改,也可以通过单击菜单"数据→创建导函数"求出选定函数的导数. 例如,下面的例子:

$$f(x)=x \cdot \sin(x)-x+x^2,$$
$$f'(x)=2 \cdot x+x \cdot \cos(x)+(-1)+\sin(x).$$

　　手工绘制函数:通过标记工具手工绘制一条曲线,选定后由菜单"数据→定义绘制函数"得到该曲线的"表达式",甚至还可以求出这种函数的导数(近似值)及绘制的图像,如图18-6 所示.

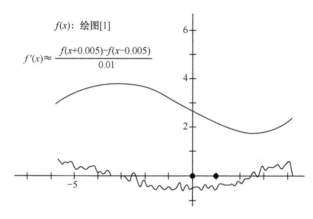

图 18-6　绘制函数及其导数的图像

　　如果复制一个图片文件后仿上操作,"定义绘制函数"将变成"定义图片函数".

　　若求绘图函数在某点 x_0 的值,结果由"过 x_0 且与 x 轴垂直的直线与曲线的交点的纵坐标决定,只有一个交点时就是该点的纵坐标的值;有多个交点时,取交点中纵坐标最大的值;没有交点时,显示函数无定义. 对于图片函数,则取相同横坐标的点中图片上边界点的纵坐标值.

18.3　函数图像的绘制

　　利用几何画板的"绘图"菜单,可以非常方便地绘制各种函数图像,主要包括坐标系的定义及种类、网格与格点、点与数据的绘制、绘制函数及绘制参数曲线四大类命令.

18.3.1　坐标系的类型、建立及标记

　　坐标网格包括极坐标网格、方形网格、矩形网格三种,同一画板文件中只能最多选择一种. 此外,如果选择"三角坐标网格",则 x 轴(或极坐标网格下的极轴及过极点且与极轴垂直的直线)上的刻度将根据设置的单位长度的大小显示 $n\pi$ 或 $\dfrac{\pi}{n}$,其中 n 为正整数,类型的选择可通过单击菜单"绘制→网格样式"进行,如果画板中没有坐标系,选择后自动出现所选类型的坐标系;如果画板中原有坐标系,选择后自动变成所选类型的坐标系.

定义坐标系有下列多种方式:①默认;②一个圆;③一个点;④一条线段或一个长度值;⑤两条线段或两个长度值、⑥其他(如③与④或③与⑤)均可定义一个坐标系.当所选条件中无点时以屏幕中心为坐标原点;当所选条件中带点时,该点就是坐标原点;当所选条件中无线段或无长度值时,以 1 厘米为单位长;带有一条线段或一个长度值时,以该长度值为单位长度建立方形网格;当条件中带有两条线段或两个长度值时,以该两个长度值为单位长度建立矩形网格,在"默认"情况下,坐标系以窗口中央为坐标原点,1 厘米为单位长的方形网络直角坐标系(非三角坐标网格),如图 18-7 所示.

定义坐标系的方法:在选择"网格类型"(或"显示网格")时自动生成对应的坐标系.此外,也可在选定前段所述"定义坐标系的前提"中的一种后,单击菜单"绘制→定义坐标系(因所选条件不同而显示不同的菜单)"(如选定一点后,"定义坐标系"变成"定义原点"),在未显示坐标系的画板中立即出现一个与所选网格对应的坐标系.

由默认方式定义的方形网格中,x 轴上有一个单位点,默认距离原点 1 厘米,可以通过拖动单位点改变坐标系的单位长度.在矩形网格中,x 轴与 y 轴上各有一个单位点分别控制两个轴上的单位长度,默认距离原点 1 厘米,也可以通过拖动单位点改变坐标系的单位长度,由其他条件定义的坐标系由相应条件决定,如图 18-8 所示.

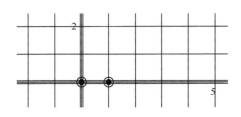

图 18-7　方形网格坐标系

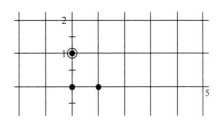

图 18-8　矩形网格坐标系

当网格样式由方形网格变成极坐标网格时,两轴上的单位长度相同,但当网格样式由矩形网格变成极坐标网格时,两轴上的单位长度可以不相同,如图 18-9 所示.

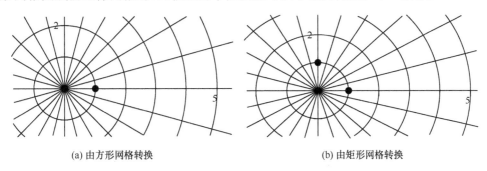

(a) 由方形网格转换　　　　　　　　　　(b) 由矩形网格转换

图 18-9　两种单位长度下的极坐标网格

在定义一个坐标系时,如果此前已经定义了一个坐标系,则显示提示信息如图 18-10 所示,选"是(Y)"就构建一个新的坐标系.如果此前已经定义了一个坐标系但是被隐藏,则显示提示如图 18-11 所示,选"是(Y)"就构建一个新的坐标系.这两种情况下,选"否(N)"保留原坐标系.

图 18-10　原有坐标系,建立第二个坐标系时的提示

图 18-11　原有隐藏坐标系,建立第二个坐标系时的提示

坐标系的标记:当有至少一个坐标系时,选定原点、x 轴、y 轴、单位点或相应条件后,单击"绘制→标记坐标系"可把选定对象确定的坐标系标记为当前坐标.如果未进行标记,则后定义的坐标系为当前坐标系,读者可以度量一点在不同坐标系下的坐标进行比较.

18.3.2　网格及格点

几何画板中点的类型　点除了有表现形式上的大小及颜色不同外,还因点的位置及活动的自由度不同分成自由点、格点、路径上的点、边界上的点等类型.

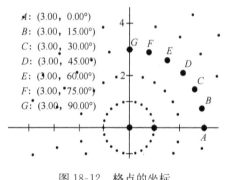

图 18-12　格点的坐标

自由点可在窗口范围内任意移动,可用鼠标拖到任意位置;直角坐标系下的格点是坐标为整数的点,极坐标系下的格点是极径为整数、极角为 $15°$ 的整数倍的点,如图 18-12 所示.拖动格点时只能停留在格点位置,如果对点进行追踪,也只在格点留下痕迹,但由格点产生的动画与自由点效果相同;路径上的点只能在路径上自由运动;边界上的点只能在边界上自由运动.

网格可以通过"显示网格"或"隐藏网格"进行显示或隐藏,在无坐标系的情况下选择"显示网格"也会自动生成坐标系.如果同时选择"显示网格"及"显示格点",则在显示坐标系的同时,把窗口范围内的所有格点显示出来(单位长度取得较大时在格点之外还有一些点).

点的绘制　自由点可通过"点工具"绘制(见 14.1.3 小节);对象上的点、中点、交点由 15.2 节介绍的方法进行.

由数值在对象上绘制点　在 18.1.2 小节中介绍了点的值,其值由对象上的点决定.反之,一个数值也能决定对象上的点.例如,画一条线段,新建一个参数 $t_1 = 0.3$,选定线段及参数,单击"绘制→在线段上绘制点",则点绘制成功.当对象为线段时,数值只能在 0 与 1 之间;如果只选数值,单击菜单"绘制→在轴上绘制点",还可以选择 x 轴或 y 轴后在选定的轴上绘制给定值的点;如果只选对象,数值可以临时输入,如图 18-13 所示.

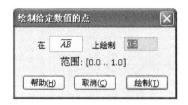 

(a) 由数值在线段上绘制点 　　　　　　(b) 由数值在轴上绘制点

图 18-13　由数值在路径上绘制点

格点的绘制　在"格点"命令前打勾后,网格中只现坐标为整数的点,若在"自动吸附网格"命令前打勾,则在点工具状态下绘制点时,只要光标到达格点附近便快速到达最近的格点,感觉像在网点处有磁铁把点吸引过去一样.

由坐标绘制点.依次选定两个数值,单击菜单"绘制→绘制点(x,y)"将绘制以选定数值为坐标的点;直接单击上述菜单,可以临时输入坐标后绘制点,如图 18-14 所示.

图 18-14　用坐标绘制点

点的批量绘制　如果要一次性构造多个相互关联的点,可用"绘制表中数据"完成,操作方法见 20.5 节例 20.1.

由数值绘制的点、由坐标绘制的点及由表绘制的点均不能自由移动,但仍可随数值的变化而改变其位置.

18.3.3　函数图像

由 18.2.3 小节介绍的方法建立函数,选定一个函数,单击菜单"绘制(G)→绘制函数(F)"即绘制成功,函数图像可随函数表达式的改变而改变.如果不选定函数,菜单变成"绘制(G)→绘制新函数(F)",将出现与单击菜单"数据(M)→新建函数(N)"一样的窗口进行函数表达式的输入,然后单击"确定"按钮便绘图.

函数图像的两端在默认状态下有个箭头,鼠标移动到图像端点附近变成"十"字形后拖动可以改变自变量 x 的取值范围,也可通过右击曲线调出如图 18-15 所示的窗口进行修改.

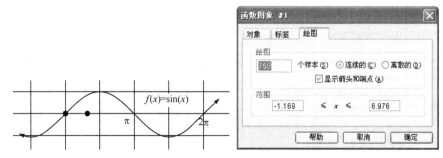

图 18-15　图像属性窗口

如图 18-16 所示,在一个画板中同一坐标系下可以同时绘制 4 种形式的函数的图像,当然,也可在不同坐标系下绘制同一函数的图像.

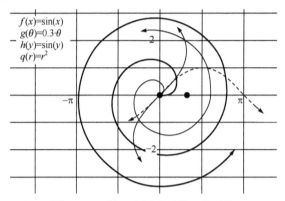

图 18-16 同一坐标系下的四种函数

参数方程表示的函数的绘制.设有如下参数方程表示的函数,为了绘制其图形(图 18-17).

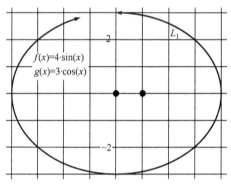

图 18-17 用参数方程表示的椭圆

先新建两个函数:$\begin{cases} x=4\sin t \\ y=3\cos t \end{cases}$,

先分别新建两个函数:$f(x)=4\sin(x)$、$g(x)=3\cos(x)$,依次选定这两个函数后单击菜单"绘图(G)→绘制参数曲线(C)"调出如图 18-18(a)所示的窗口,修改参数 t 的变化范围,按"绘制"按钮即可.若画板中已经定义了至少两个函数,不先选定函数,单击菜单"绘图(G)→绘制参数曲线(C)",则窗口变成图 18-18(b),再依次选定函数后按"绘制"按钮也能绘制参数曲线.

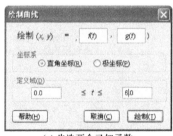
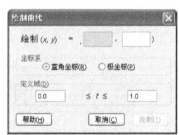

(a) 先选两个已知函数   (b) 后选两个已知函数

图 18-18 由两个已知函数绘制参数曲线

第19章 几何画板的智能化菜单

通过前面的学习已经知道,在几何画板中,所有的命令都可以在菜单中找到.而在几何画板 5.X 版中菜单的智能性比以前的版本有了增强.下面通过一些实例对几何画板 5.X 版本的部分智能化菜单命令进行介绍.

19.1 "分离/合并"的智能特征

在"编辑"菜单下有一个"分离/合并"命令,运用它可以把一个对象合并到另一个对象,或者把合并的对象分离开.随着选取对象的不同,此命令的名称会相应改变而表现出菜单的智能性特征,通过该命令可以实现如下效果.

19.1.1 点与点的合并与分离

如果用画线工具画一个三角形,不小心画成了如图 19-1(a)的形式,这时只要依次选定点 D 和点 A,单击菜单"编辑→合并点",则 D 点合并到 A 点,两点合为一点并显示 A 点,D 点消失,如图 19-1(b)所示.这时,选定 A 点再单击菜单"编辑",刚才的"合并点"变成"分离点",单击后点 A 又分成两个点,如图 19-1(c)所示.同样地,可以对 B 或 C 点进行分离及合并.

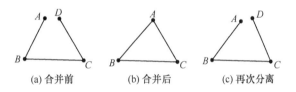

(a) 合并前   (b) 合并后   (c) 再次分离

图 19-1 点与点的合并与分离

注意 选定的两点都是自由点时,将其合并后不能再分开.

19.1.2 点与线的合并与分离

例 19.1 将一个任意三角形变成直角三角形(用"分离/合并"实现).

任意画一个 $\triangle ABC$,选定点 B 和线段 BC,单击菜单"构造→垂线",得到 BC 的垂线;选择点 A 和垂线,单击菜单"编辑",发现"合并"变成了"合并点到垂线",选择该命令实现合并,$\triangle ABC$ 变成直角三角形.再次打开"编辑"菜单,刚才的"合并点到垂线"命令又变成了"从垂线中分离点",单击该命令后点与垂线分离,如图 19-2所示.

说明 运用上面的方法同样还可以实现点到线段、圆、圆弧、多边形内部、圆内部、轨迹、函数图像的合并与分离,"合并/分离"命令会随着选择对象的不同而进行相应的改变.请读者自己试验.

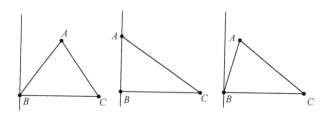

图 19-2　点与直线的合并

19.1.3　文本与文本的合并与分离

对于 5.0 以下版本,只要选定两个(或两个以上独立)文本,在"编辑"菜单下有一个"分离/合并"命令立即变成"合并文本",单击后该命令后两个文本合并成一个文本,并且先选定的在前.选定合并后的文本,在"编辑"菜单下有一个"分离/合并"命令又变成"分离组合的文本",如图 19-3 所示.

图 19-3　5.0 以下版本中的"合并文本"命令

在 5.X 及以上版本中,已经没有"两个文本的合并",取代此功能的操作方法是:用文字工具单击第一个文本成编辑状态,并将光标移到插入点,按住 Shift 键单击第二个文本,则后一个文本合并到光标插入点处,第二个文本仍在原处保留.

19.1.4　文本和度量值的合并

可以把对象的度量值看作一个文本,并与其他文本进行合并.合并方法与两个文本合并的方法相近(不完全相同),假设已经度量出了线段 AB 的值,例如度量出该线段的长度得距离度量值文本 $m\overline{AB}=2.70$ 厘米,再建立另一个文本并输入"线段 AB 的长度=",用鼠标单击"$m\overline{AB}=2.70$ 厘米",则线段的长度"2.70 厘米"自动添加到"线段 AB 的长度="的后面变成"线段 AB 的长度=2.70 厘米".合并后的文本中的度量值仍然是动态的,当拖动 A 点或 B 点时,合并后文本中的长度值发生相应变化,如图 19-4所示.

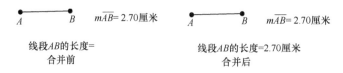

图 19-4　文本与度量值的合并

上述操作中,当光标在文本中时,如果按住"Shift"键再用鼠标单击"$m\overline{AB}=2.70$ 厘米",则出现"标签:m_1""数值:2.70 厘米""数值增加:+2.7 厘米""名称:$m\overline{AB}$"等 4 个选项供选择,如图 19-5 所示,可以根据需要粘贴相应的内容,不同内容粘贴后的效果如图 19-5 所示.

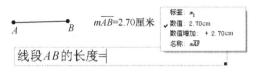

线段AB的长度=m_1,线段AB的长度=2.70厘米, 线段AB的长度=+2.70厘米,线度AB的长度=$\overline{mAB}$

图 19-5　度量值与文本合并的四种选择

19.1.5　参数与文本的合并

操作方法与"文本和度量值的合并"基本相同,把参数值当成度量值同样对待,只是在按住 Shift 键的同时,用鼠标单击建立的标签时减少了"名称"选项.合并后原参数仍保留,而且合并入文本的参数是动态的.选定参数 $n=4$ 后用键盘上的"+、—"键来控制参数的改变,合并到文本中的参数值也进行相应的改变,如图 19-6所示.这样就可以实现一些很直观的演示效果,如动态解析式的实现.

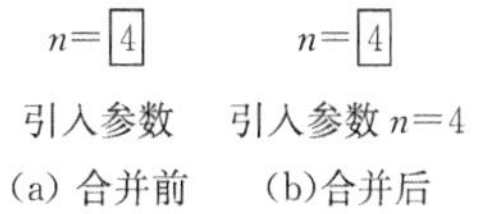

$n=\boxed{4}$　　$n=\boxed{4}$
引入参数　引入参数 $n=4$
(a) 合并前　(b)合并后
图 19-6　文本与参数的合并

19.1.6　文本与点的合并

类似于 PPT 的动态字幕,几何画板也可实现动态字幕,动态字幕通过点的运动实现.只要把要实现动态的字幕先建成一个文本,然后合并到一个点上,再通过点的运动就可以控制字幕运动了.这里关键的一步是当依次选定文本和点后,必须要按住 Shift 键,"编辑"菜单中才会出现"合并文本到点"这个命令.

19.2　"构造"菜单的智能特征

"构造"菜单的智能特征也很明显,如其中第一个命令"对象上的点"就随着选定对象的变化而变化.为使读者了解此命令的各种变化,下面以表格形式列举出菜单命令"对象上的点"的各种变化情况(表 19-1).

表 19-1　"构造"菜单的智能变化情况表

选定的对象	菜单命令"对象上的点"的变化
一条(或多条)线段	线段上的点
一条(或多条)射线	射线上的点
一条(或多条)直线	直线上的点
一个(或多个)圆	圆上的点
一段(或多段)弧	弧上的点

续表

选定的对象	菜单命令"对象上的点"的变化
一个(或多个)多边形的内部	边界上的点
一条(或多条)轨迹	轨迹上的点
一条(或多条)函数图像	函数图像上的点
同时选定线段与射线或直线	直线型对象上的点
同时选定圆与弧	曲线上的点
同时选定线、圆、内部、轨迹、函数图像中的至少两种对象	路径对象上的点

　　具有智能性的菜单很多,只要读者留心观察,就不难注意到菜单的变化. 此外,几何画板中还有一种菜单的变化与是否按住 Shift 键而不同. 主要的变化如表 19-2 所示.

表 19-2　按住 Shift 键才显示出来的智能菜单

上级菜单	不按住 Shift 的菜单	按住 Shift 的菜单	说　明
文件	另存为	另存为网页	—
编辑	撤销	撤销所有	—
	重做	重做所有	
	参数选项	高级参数选项	
显示	标签	重设下一标签	什么都不选时
变换	迭代	深度迭代	必须选定参数
度量	坐标	横 & 纵坐标	至少选择一点
绘图	显示网格	显示坐标系	没有坐标系时
	隐藏网格	隐藏坐标系	已有坐标系时
编辑-操作类按钮	隐藏/显示	隐藏 & 显示	至少选择一个对象

　　其实,操作过程中不必一一记住这些对应菜单,只要当某个希望出现的菜单没有出现时,不要忘记按住"Shift"键试试就行了.

第 20 章　参数的应用

本章主要介绍如何在教学实践中运用几何画板的参数功能.几何画板中的参数是不同于度量值和计算值的能够独立存在的一种数值,它的建立不依赖于具体的对象.使用参数可以进行计算、构造可控制的动态图形、建立动态的函数解析式、控制图形的变换、控制对象的颜色变化等.

20.1　新　建　参　数

20.1.1　参数的建立

启动几何画板后,单击菜单"数据→新建参数"或按快捷组合键"Shift＋Ctrl＋P"后出现"新建参数"对话框(图 20-1),通过此对话框可以改变参数的"名称""数值"、对参数的单位"无""角度""距离"进行选择.单击确定后,在画板工作区便出现了建立好的参数(说明:还可以通过菜单"数据→计算"调出"新建计算"窗口,单击"数值"按钮调出"新建参数"对话框).参数的名称可以像标签一样设置下标,也可用汉字,如图 20-2 所示.

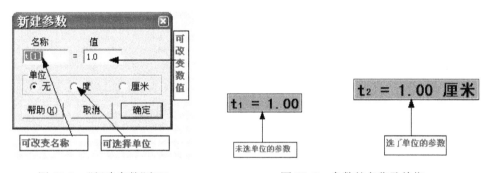

图 20-1　"新建参数"窗口　　　　　　图 20-2　参数的名称及单位

快捷方式　在"新建计算"窗口直接输入数值后按"确定"可以立即定义一个参数.

20.1.2　控制参数值的改变

对已经建立的参数进行控制常用以下三种方法:

方法一:选定参数,通过按键盘上的"＋"或"－"键可以使参数值增加或减少(台式机按数字键盘上的"＋"或"－"键).

方法二:双击参数,打开"编辑参数值"对话框(图 20-3),可以在"数值"输入框直接输入需要的参数值,当然,名称也可在此处修改.

方法三:选定参数后,单击菜单"编辑→操作类按

图 20-3　参数编辑窗口

钮→动画",打开"动画参数"对话框,根据需要进行相关设置.单击"确定"按钮后,在工作区中出现一个"动画参数"按钮,单击此按钮,参数将按设置进行变化.

动画参数的设置项有以下几个:

(1)变化方向."增加""减少""双向""随机".

(2)参数变化的速度.分"连续"或"离散"以"X单位"每"Y秒"进行变化,X与Y可以按需输入.

(3)参数变化的范围.默认$-100\sim100$,如图20-4所示.

图 20-4　动画参数设置窗口

"只播放一次"选项在参数操作中不起作用.

20.2　用参数构造动态图形

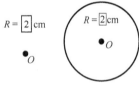

图 20-5　以参数为半径的圆

以构造一个"用参数控制圆的缩放"为例,说明如何用参数构造动态的图形.在工作区中建立一个以"cm"为单位的参数R,然后画点O,选定参数R和点O,单击菜单"构造→以圆心和半径画圆"画出⊙O,如图20-5所示.这样构造的圆可以通过改变参数值控制圆的缩放.用20.1.2小节的方法1可以使圆的半径递增(减);方法2可以直接输入想要的半径的值;方法3制作一个运动参数的按钮后(可隐藏参数),单击"运动参数"按钮,⊙O自动进行缩放,再次单击按钮,圆停止缩放.该方法可用于直线与圆、圆与圆的位置关系的课件制作.

20.3　用参数控制对象颜色

以图20-5的图形为例,介绍用参数控制对象的颜色变化.选定⊙O,单击菜单"构造→圆内部"填充圆内部,依次选定参数R和圆内部,单击菜单"显示→颜色→参数",打开"颜色参数"对话框(图 20-6),(不需进行任何操作)单击"确定"按钮.经过这样的设置后,圆内部的颜色会随着参数的改变而改变.当用动画参数按钮控制圆的缩放时,圆内部的颜色会发生五颜六色的变化.

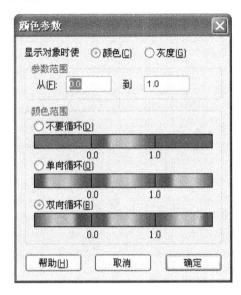

图 20-6 "颜色参数"设置窗口对话框

20.4 用参数构造动态解析式

用参数构造的函数解析式,可以通过参数的改变来控制解析式的改变,进而控制函数图像的改变.动态解析式的实现可以生动直观的揭示函数的性质以及函数图像的变化规律,在教学实践中能取得非常好的教学效果.下面用包含参数 a、h、k 的函数的动态解析式 $y = a(x-h)^2 + k$ 为例,来看动态解析式是如何通过参数来实现的.

(1)新建三个参数 a、h、k.

(2)画函数的图像.

(i)单击菜单"绘制→绘制新函数",弹出"新建函数"窗口,如图 20-7 所示.

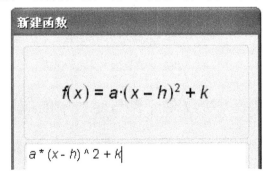

图 20-7 "新建函数"窗口

（ⅱ）依次单击"工作区中的 $a=\cdots$"、新建函数窗口上的" $*$ ""("" x ""－""工作区中的 $h=\cdots$"，移动光标到括号外，再单击新建函数窗口上的" $\wedge$ ""2""＋""工作区中的 k".

（ⅲ）这时，"新建函数"窗口中显示如图 20-7 所示，单击"确定"按钮，这时工作区中会出现函数的图像和坐标系，如图 20-8 所示.

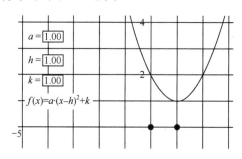

图 20-8　由参数控制的函数

这时改变参数 a、h、k 的值，抛物线的形状进行相应的改变.

（3）动态解析式的建立.

由图 20-8 知，函数表达式中的参数以标签名称出现，对演示效果有一定影响，通过建立动态参数可以解决这个问题. 用"文本"工具，在文本框中依次输入" $y=$ "→单击参数" $a=\cdots$ "→键盘输入" $*$ [$x-($ "→单击参数" $h=\cdots$ "→键盘输入")] $^2+($ "→单击参数" $k=\cdots$ "→键盘输入")"，→文本框外单击，这样便得到了动态的解析式如图 20-9 所示，有些地方加上小括号是为了当参数变成负数时符合运算规则. 通过改变参数可以同时控制解析式及其图像的变化.

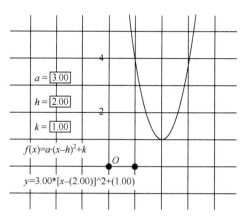

图 20-9　动态参数表达式及函数图像

20.5　参数在计算与变换中的应用

参数可以作为数值进行计算，还可以控制对象的变换，如以参数为旋转角度，以参数为平移的方向角或平移的距离，以参数为缩放的比例均可. 在 16.5.2 小节的深度迭代中更体现了参数的重要性.

数列的构造.数列通常可以进行递归进行定义,因此,也可利用几何画板的迭代进行讨论.

例 20.1 生成首项 6,公比 $d=\dfrac{4}{5}$ 的等比数列的前 10 项.

(1) 新建三个参数:$a=6,d=0.8,n=9$ 分别作为数列的首项、公比、项数,分别计算 $a+1,a+1-1,a*d$.

(注意:计算 $a+1-1$ 是为了得到数列的首项 a. 因为当迭代次数为 0 时,a 的值在迭代数据表中是不会显示出来的.)

(2) 选择 a 和 n,作深度迭代,原象是 a,初象是 $a+1$,自动生成数据表.

(3) 右键单击数据表,选择"绘制表中数据",调出"绘制表中数据"对话框(图 20-10),设置 x 列变量为 n,y 列变量为 $a+1-1$.坐标系选择"直角坐标系".单击"绘制"按钮,得到如图 20-11 所示的结果.

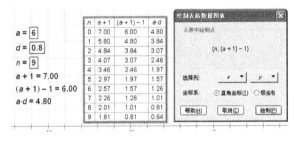

图 20-10 "绘制表中数据"对话框

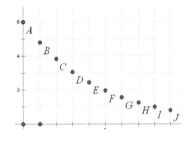

图 20-11 绘制的数列

第 21 章　帮助及其应用

本书只介绍了几何画板的基本功能,很难面面俱到,因此,当读者在使用几何画板时,如果遇到困难无法在本书找到解决办法,可以通过本软件的帮助功能得到解决,本章重点介绍如何借助帮助进行自主学习.下面针对"几何画板 5.06 最强中文版"的帮助菜单进行介绍.

21.1　帮助里的学习中心

图 21-1　帮助菜单

如图 21-1 所示,单击菜单"帮助→学习中心",立即进入几何画板安装目录下的 Sketchpad Help 文件夹,其中有"3D 几何画板使用教程. pdf""分形艺术程序设计. pdf""几何画板迭代全解. doc""几何画板控制教程. pdf""几何画板培训教程. pdf""几何画板使用手册. pdf"等文件,读者可在任意时间打开学习,当然也可直接单击"学习中心"组的相应命令打开对应的三个 Word 文件学习.读者在利用这些文件资料进行学习时,需要注意一个问题,就是有些对容是针对 5.0 以下版本的,而 5.0 及以上版本已经有较多改变,特别是"分离/合并"的变化很多,在较高版本下使用时,这部分内容可优先参考本教材.

21.2　帮助中的画板实例

借鉴别人制作的优秀的画板文件学习几何画板软件是一种较快、较好的办法,单击菜单"帮助→画板实例"将调出几何画板安装目录下的 Samples 文件夹,其中的"4. x 实例"文件夹包含了"初中数学积件库. gsp"、"经典实例. gsp"、"物理课件集. gsp",在"官长寿作品"中还包含"其他教学、地理物理、平面应用、空间应用、空间曲面、杂例"等六类画板文件,这些课件都是在几何画板 4. X 版本下制作的. "5. x 实例"文件夹包含了 17 位作者制作的画板文件,对"分形艺术"感兴趣的读者可以打开 Samples 文件夹下的"分形艺术"文件夹进行学习. 其中包含多达 310 个画板文件.

21.3　帮助中的在线资源中心

在接通网络后,单击菜单"帮助→在线资源",或直接选择"课件园"立即进入网页 http://www. kejianyuan. com/,其中有丰富的关于几何画板的内容,选择"论坛交流"进入 http://www. gspggb. com/,此处可以对几何画板的使用中的问题进行交流. 选择"检查更新"可以随时关注新版本的发布等信息. 进入全英文的几何画板资源中心的网址为：http：//www. dynamicgeometry. com/.

21.4　几何画板打包机的使用

几何画板文件的扩展名为. gsp. 这种文件只能在几何画板软件下打开，作者经常发现有些教师课前做好了课件，等到讲课时却发现计算机上没有安装相应软件，造成讲课失败. 为了防止这种情况发生，一个办法是把几何画板软件复制在 U 盘上随身携带，但仍存在还要现场安装软件而耽误时间的麻烦. 一种更好的办法是通过几何画板打包机对画板文件进行打包变成 exe 文件，这样的文件就能脱离几何画板软件独立运行了.

假设在 D：\user 下有一个画板文件"相似三角形. gsp"，单击菜单"帮助→打包机"调出"几何画板打包机"对话框（图 21-2），单击文本框右边的按钮 <<< ，选择盘符 D：及路径 user，选择文件"相似三角形. gsp"，这时窗口中两行分别显示源文件及目标文件（图 21-2），其中的综合设置可以根据需要自行处理.

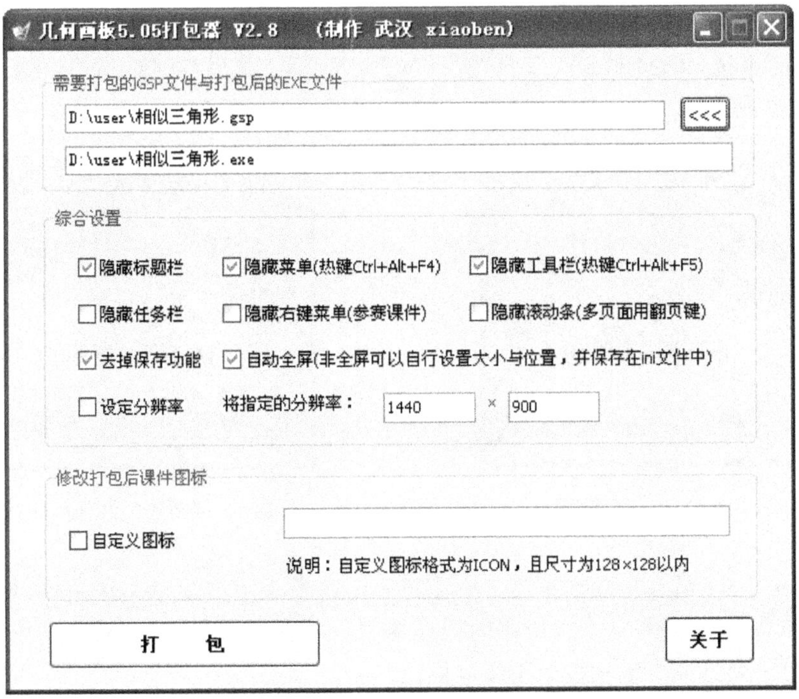

图 21-2　"几何画板打包机"对话框

打包后的可执行文件自动保存在与源文件同名的目录下，如果需要修改，可以通过单击文本输入框"请选择输出文件路径"右边的按钮，调出"另存为"窗口进行修改. 再单击窗口右下方的"打包"按钮，则自动生成与原文件同名的可执行文件，并且保存在与源文件同名的文件夹下，提示打包成功.

注意　打包后的文件可以在没有安装几何画板软件的计算机上双击打开，并且显示的界面与几何画板完全相同,但无法保存修改,因此,打包后源画板文件应该保留,以便日后修改.此外,打包后的文件占用储存空间较大,如果不需把课件带到别的计算机上演示,没有必要把画板文件打包成可执行文件.

21.5　利用创建新工具学习几何画板

　　前面各章节对几何画板的基本操作进行了介绍,读者学习后对于不太复杂的图形的绘制或课件的制作,应该没有太大的困难了.但是,要想制作出好的课件,不仅要求对制作平台的操作较熟悉,还要求容入较好的教育教学理念.通过本节介绍的通过现成课件的制作过程的学习,可以学到更好的课件制作的方法.

　　在 21.2 节中讲到在安装几何画板软件后在相关目录下有许多画板文件,除了可以对这些画板文件进行必要的修改而变成符合自己要求的画板文件外,还有一个重要作用是可以借助这些现成的画板文件学习几何画板的操作过程.下面就来介绍如何从已有的画板文件了解该画板文件的制作过程.

　　以 16.3.2 小节中"画出两个三角形相似"得到的画板文件为例.打开这个画板文件,按"Ctrl＋A"全选,单击"自定义工具"选择"创建新工具"调出"新建工具"窗口(图 21-3),在"显示脚本视图"前打"√",单击"确定"按钮,如图 21-4 所示.

图 21-3　"新建工具"窗口

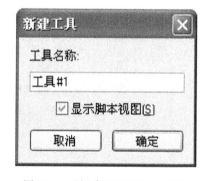
图 21-4　"新建工具"窗口的设置

　　这时,出现"工具♯1 的脚本"窗口(图 21-5),在横线上方显示先决条件,而横线下方显示操作步骤.通过查看这个窗口中的操作步骤,可以了解到所选画板的制作过程,同时还可以通过下列方式再现画板的制作过程:

　　新建一个画板文件,绘制先决条件中的全部对象(在本例中,先画一条直线并标记为"i",再分别画三个点并分别标记为 A,B,C).按先决条件中显示的顺序选定这些对象(窗口下方有提示,同类对象选择时不分先后,但可能影响图形效果),这时,"工具♯1 的脚本"窗口中的先决条件下的各对象说明全变成绿色,而"操作步骤"中的第一条被红线框住,如图 21-6 所示.这时,只要每单击"下一步骤"按钮一次,便自动执行对应的操作,并且红线框下移一行直到最后一条操作步骤.因此,通过继续单击"下一步骤"即可观察到这个画板文件的完整制作过程.如果单击"所有步骤",则将快速完成刚才的所有操作步骤而达不到学习的目的.

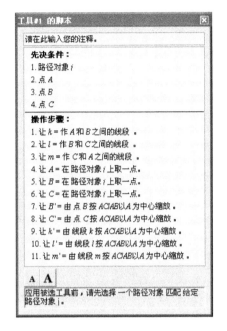
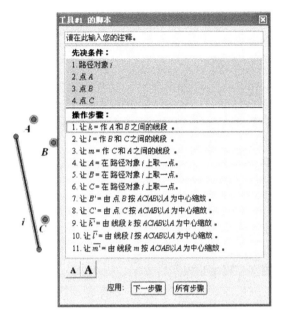

图 21-5　"脚本"窗口　　　　　图 21-6　利用"脚本"窗口自动执行绘制

　　"脚本窗口"操作说明:通过鼠标拖动,可以改变"先决条件"中的顺序,通过右键单击"操作步骤"后的行,可以改变所画对象"线型或点型""颜色""追踪""属性""页面""打印"等项的设置.

　　单击左下角的大字母"A"可以使"脚本窗口"中的字体变大,而单击左下角的小字母"A"可以使"脚本窗口"中的字体变小.

　　自定义工具只在当前文本下起作用,关闭当前画板文件后,所定义的工具立即失效.如果自定义工具不再使用,可以通过"自定义工具→工具选项"调出"文档选项"窗口后,单击"删除工具"进行删除,也可由此复制已有的自定义工具.该窗口也可以通过单击菜单"文件→文档选项"调出,如图 21-7 和图 21-8 所示.

图 21-7　文档选项窗口的"工具"设置　　　图 21-8　自定义式具的复制及删除

第 22 章 不同版本比较

作者从几何画板 3.0 版本开始使用,至今此软件已发展到 5.06 最强中文版. 对于 4.06 以前的早期版本. 由于发行时间较长,可以不再多讲述. 本章从 4.06 版本开始,对不同版本的功能及操作中的问题进行简要的介绍.

22.1 4.X 版本

关于汉字乱码问题,在 5.X 以下版本中,一直存在文本中汉字的乱码问题,当在画板中用文本工具拖动一个文本框后,从其他文字编辑工具中复制一段文字进入该文本框,一般不会出现汉字乱码. 但是,如果将光标移动到两个汉字之间,按一下"删除"键,则光标之后的汉字将变成乱码.

如果恰当地利用几何画板的这个"缺陷",通常能将乱码变得正常,只需将光标移动到出现乱码的字符前,按一下"删除"键,则原有乱码(特别是正常汉字由于误删除形成的乱码)就能变得正常.

实用技巧:当浏览网页中的文字时,如果碰到乱码,把乱码复制到几何画板的文本中,通过上述方法,就可变成正常汉字.

Mathematica 4.0 中的程序中如果包含汉字注释,将它们复制到 Word 中时通常会出现乱码,这时只要先复制到几何画板中的文本,然后再(在编辑状态下)选定文本后进行复制,进入 Word 后粘贴,结果就不是乱码了.

22.2 5.X 版本

本节主要介绍 5.0 版的新增功能,由于许多功能均在前文中有所描述,指出了对应章节编号便于读者查找. 对于 5.0 以上版本的新增功能,只作简单介绍,不进行详细的讲解.

22.2.1 新增功能介绍

几何画板 5.0 最强中文版整合了 4 份几何画板详细图文教程,帮助读者从入门到精通;精心整合收集整理的近 400 个几何画板课件实例,让读者可以直接与画板高手接触;可选安装几何画板 5.0 PPT 控件和 VB 6 运行环境,安装后可在 PPT 无缝插入几何画板文件,新版控件已解决了含画板文件的幻灯片每次运行都要重新插入的问题,更方便、更实用了. 经测试,本控件在 XP 和 Windows 7 系统下,PowerPoint 2003、2007、2010 中均能正常使用;整合了常用工具箱,含 580 个常用工具,并按相近功能分成了 38 个类,使用起来很方便;整合了 3D 几何画板工具集,用于解决立体几何问题并含详细使用教程;整合了几何画板 5.0 打包机,gsp 画板文件打包后无需安装几何画板软件即可运行;画板教程、实例目录、打包机的链接可从帮助菜单或开始菜单打开.

在 PowerPoint 中无缝插入几何画板文件的方法如下:

(1) 在 PowerPoint 2003 中单击菜单"视图→工具栏→控件工具箱→其他控件"(PowerPoint 2007 和 2010 中是"工具→控件→其他控件").

(2) 在"其他控件"中找到"jhhb5.gsp"命令,点击后在幻灯片上绘制该控件,如果要调节尺寸,可以拖动尺寸柄来调节大小.

(3) 单击"控件工具箱"上的"属性"按钮,或控件框右键里的"属性",打开属性对话框.

(4) 在 sfilename 中,单击"…"打开选项卡,选择 gsp 画板文件,单击"确定"按钮.

注意 "几何画板 5.0 最强中文注册版"注册信息.

用户名 thongnong VUAUJR;**注册码** D7F674FA.

22.2.2 中文乱码、窗口及自定义工具

(1) 解决打开旧版文件或自定义工具时中文乱码的问题.刚安装的 5.X 版在调用自定义工具及打开由 4.X 版本制作的画板文件时,其中的汉字将出现乱码,只需在启动几何画板后按住 Shift 键单击"编辑→高级参数选项",打开"系统"选项卡,勾选"对 gsp3/4 的语言支持",并从下拉列表中选择"简体中文"选项,点"确定"后退出几何画板,以后启动就不会有乱码了.

(2) 窗口最大化.系统安装后第一次运行时将窗口最大化,关闭后重新运行时系统自动记忆最大化(对前一次退出时的窗口状态有记忆功能).

(3) 自定义工具的使用.刚安装的系统在第一次使用时,要选择一下工具目录 ToolFolder(在安装目录中).

具体操作:点击界面左侧工具箱最下面的图标(自定义工具),然后点击"选择工具文件夹…",找到安装目录里的 ToolFolder 目录(如默认状态为 C:\ProgramFiles\Sketchpad5\ToolFolder),最后点击"选择"按钮,稍等片刻就会出现如图 22-1 所示的窗口表示选择成功.

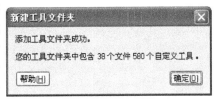

图 22-1 5.06 版添加工具文件成功提示

22.2.3 新版本软件特性

1. 增强的表现力

(1) 点有 4 种大小尺寸供选择,对线或是轨迹等路径可选的有 4 种宽度和 3 种模式的任意组合.

(2) 可以通过"标记工具"创建角标记,标记相等的角度或是直角,以及通过角标识进行角度测算.

(3) 可以通过"标记工具"创建记号来识别路径,标记相等的线段或是相互平行的线.

(4) 根据自己的喜好,创建显示多边形的框架或者隐藏多边形内部.

(5) 能对图片、内部或轨迹以及他们的迭代进行透明度的设定.

(6) 函数显示的方式可选择"y＝""f(x)＝"二者之一,通过单击菜单"编辑→参数选项→文本→新函数用符号 y＝"前打勾时显示"y＝表达式"的形式,否则以默认显示方式显示为"f(x)＝表达式".该设置也可通过调出"新建函数"窗口中的"方程"按钮弹出菜单

进行选择.

（7）通过"参数选项"将角度的单位设置成"弧度"后,一些特殊角的度量值将显示为多少分之 π 弧度,而非特殊角用小数表示,如图 22-2 所示.

（8）通过任意两个点（一个点关联另一个点）自定义一个变换（操作方法见 16.6.1 小节）,作为一个范例,几乎可以将这个变换应用到其他任何对象.

2. 操作的便捷性

（1）通过使点更大或更有磁性（自动吸附网格状态下）让点更容易被选取,数学中的点是无大小的,但本系统为了操作方便,将点设置了 4 种大小,再配上各种颜色就可表现出各种各样的点,如图 22-3 所示.

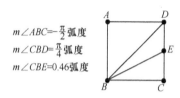

图 22-2　弧度制下的特殊角

图 22-3　不同"大小"及颜色的点

（2）使用关联菜单（右击鼠标出现）方便地选定特定对象的相关命令,包括更改对象层级、更改参数值、更改图片透明参数、构造轨迹的分辨率以及更改迭代深度.

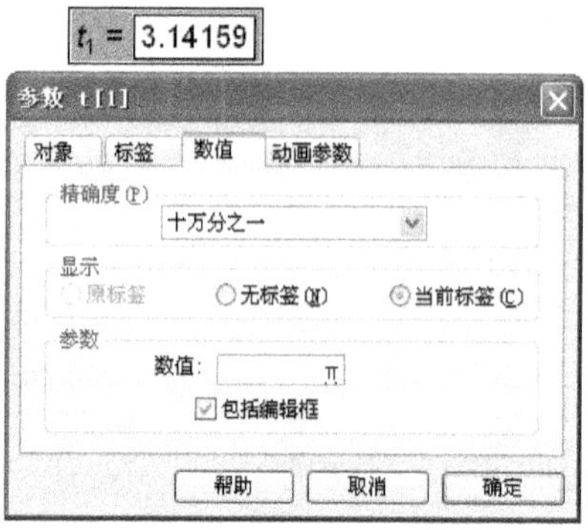

（3）计算器中直接通过键盘快捷键创建参数（4.06 版已有此功能）(见 20.1.1 小节）.

（4）参数带有编辑框,可以直接编辑参数数值,如图 22-4 所示.

（5）通过参数属性可以设置参数精确度,并能更容易通过键盘调整参数大小.

（6）可同时创建两个单独的按钮,一个隐藏按钮和一个显示按钮,低版本要设置两次,而 5.X 可以一次完全（操作方法见 17.1.1 小节）.

图 22-4　参数的可编辑性

3. 强大的文本特征

（1）将所创建文件中的标签、数值等热字化（见 19.1.4 小节文本与度量值的合并）,更便捷也更容易将标题以数学格式表达.

（2）显示的计算结果、函数和对象的标签统一使用数学排版最常见的斜体.

（3）文本的格式包含粗体、斜体或下划线,键盘快捷组合键 Ctrl＋B,Ctrl＋I,Ctrl＋U（与 Word 相同）.

（4）使用包括数学符号及多种语言的 Unicode 代码,能实现多语言标题,对希腊字母等使用快捷方式.

（5）设置默认的文本样式,更容易设置标签、标题、数值、操作按钮、表格以及轴刻度的格式.

（6）附着的文本跟随点一起迭代.

4. 更多、更好的工具

（1）使用多边形工具来构建带边线的多边形、不带边界或仅仅有边线的多边形.

（2）使用标记工具绘制角标和刻度线，甚至可以用徒手画来定义一个函数（见18.2.3小节绘制函数）.

（3）使用信息工具显示图形对象间的关系或探索对象的属性.

（4）能方便地通过选择恰当的对象自定义工具.

（5）更容易选择工具文件夹，工具可以自动复制（见21.2.2小节）.

5. 更多、更好的对象

（1）对图片旋转、缩放，并能对图片进行自定义变换.

（2）图片可以附加到一个、两个或三个点上，由此可以实现一般仿射变换（见16.6.4小节）；

（3）通过多边形剪裁图片，只显示图片的特定部分，可以改变裁剪形状和大小.

（4）使用了高效率图片压缩技术.

（5）构建轨迹上的位点（见18.3.2小节中由数值在对象上绘制点）.

（6）构作基于变化参数的轨迹（见18.3.3小节）.

（7）通过运动按钮来改变参数值（见20.1.2小节）.

（8）创建声音播放按钮来播放声波函数（见21.6节）.

6. 更简便、更强大的图形

（1）通过参数变化对含参数的函数图像进行探究现实函数族的研究（包络）.

（2）测算出路径或轨迹上点的比值以及构造路径或轨迹上的特定比值的点（见18.1.2小节及18.3.2小节）.

（3）轻松构造线、圆与方程轨迹的交叉点（见14.1.6小节及15.2.3小节）.

（4）使用三角编号的坐标系统（见18.3.1小节）.

（5）使用"手写笔"功能或是导入图片来定义一个函数（见18.2.3小节）.

（6）按住Shift键的同时单击菜单"度量→横&纵坐标"可以进行多点横、纵坐标的测量.

7. Java Skechpad

（1）导出画板文件交互式网页文件，纳入更多的功能，包括方程以及方程构造点.

（2）输出网页文件时自动复制文件jsp5.jar.

几何画板5.0最强中文版由金狐工作室从网上收集、整理并制作，方便"板友"使用，版权归原著美国Key Curriculum Press公司所有；收录的相关教程、实例和工具版权归原作者（李玉强、周光亚、朱俊杰、欧阳耀斌等）所有，打包机和ppt控件由黑天老师精心打造.

对于5.02版本，容量变为1.43MB，含529个常用式具；对于5.03版本，容量变为1.46MB，含591个常用工具.5.06最强中文版本，容量变为39.7MB，含784个自定义工具.与5.0版本相比，没有其他新版特性，故不重述.

参 考 文 献

施武杰.1986.A_5 的一个特征性质.西南师范学院学报(自然科学版),(3):11~14

施武杰.1997.元的阶给定的有限群.科学通报,(21):1702~1706

首都师范大学数学系组.2004.几何画板课件制作教程.2 版.北京:科学出版社

王绍恒.2007.利用 Mathematica 与 Lingo 求解优化问题之比较.重庆三峡学院学报,23(3):59~62

王绍恒,冯天祥.2010.新增结点下最小生成树研究.数学杂志,30(6):1122~1128

王绍恒,贾振声.2009.计算对称群 S_n 的所有极大子群.数学杂志,29(4):551~556

王绍恒,宋念玲,陈祥英.2011.借助绘制函数图像探讨直观性教学原则.重庆三峡学院学报,27(3):25~29

谢金星,薛毅.2005.优化建模与 LINDO/LINGO 软件.北京:清华大学出版社

徐士良.1989.计算机常用算法.北京:清华大学出版社